ABRÉGÉ

DE

PHYSIOLOGIE ANIMALE

II

LES GRANDES FONCTIONS

CHEZ LE MÊME ÉDITEUR

Du même auteur

PHYSIOLOGIE ANIMALE, *Abrégés de Sciences.*
Tome 1. — Les cellules dans l'organisme. 1992, 4e tirage, 272 pages.

Dans la série des Abrégés

ABRÉGÉ DE ZOOLOGIE, par P.-P. GRASSÉ.
Tome 1 — Invertébrés, en collaboration avec D. DOUMENC. 1990, 3e édition, 272 pages.
Tome 2 — Vertébrés. 1992, 2e édition, 2e tirage, 192 pages.

BIOLOGIE GÉNÉRALE, par P. VAN GANSEN. Préface de J. BRACHET. 1993, 3e édition revue et corrigée, 440 pages.

GÉNÉTIQUE, par J.-L. ROSSIGNOL. 1992, 4e édition revue et augmentée, 296 pages.

BIOLOGIE CELLULAIRE, par M. MAILLET. Préface de E. LEGAIT. 1995, 7e édition refondue, 344 pages.

ÉVOLUTION DE L'ORGANISATION ANIMALE, par J. BAILENGER. 1989, 136 pages.

Autres ouvrages

ATLAS DE BIOLOGIE CELLULAIRE, par J.-C. ROLAND, A. SZÖLLÖSI, D. SZÖLLÖSI et J.-C. CALLEN. 1993, 4e édition refondue et augmentée, 128 pages. *Également publié en anglais (1977), espagnol (1976), italien (1977), russe (1978).*

GÉNÉTIQUE, 120 principes et exemples, 80 exercices corrigés, par A.J.F. GRIFFITHS et J. MCPHERSON. Traduit de l'anglais par S. MÉNART et A. ABOUSSEKHRA. *Série des Mémo-Guides.* 1993, 208 pages.

BIOLOGIE MOLÉCULAIRE, par D. FREIFELDER. Préface de A. ADOUTTE. Traduit de l'anglais par T. LANGIN et M.-H. LEBRUN. 1990, 352 pages.

PHYSIOLOGIE DES RÉGULATIONS, par E. SCHOFFENIELS. *Collection Enseignement des Sciences de la Vie.* 1993, 344 pages, 2e édition.

BIOCHIMIE GÉNÉRALE, par J.-H. WEIL et collaborateurs. Préface de J.-P. EBEL, 1994, 7e édition, 576 pages.

ABRÉGÉS

Physiologie animale

2. les grandes fonctions

M. RIEUTORT

Maître de conférences
à l'Université de Paris VI

MASSON

Paris Milan Barcelone

ISBN : 2-225-**80480**-X

MASSON S.A. - 120, bd Saint-Germain, 75280 Paris Cedex 06

TABLE DES MATIÈRES

AVANT-PROPOS

Les grandes lignes de la physiologie de certains types cellulaires, les possibilités de communication entre cellules et les systèmes d'intégration nerveux et hormonal ont été envisagés dans le tome 1 de cet Abrégé de physiologie animale.

Le tome 2 se propose de replacer ces données dans le contexte du fonctionnement intégré des organismes, en tenant compte de la variété des plans d'organisation des animaux et de la diversité de leurs biotopes. Cette approche intégrée de la physiologie est indispensable pour comprendre des fonctions telles que la circulation du milieu intérieur, les fonctions digestives, les défenses immunitaires... auxquelles participent des types cellulaires variés, appartenant à plusieurs tissus et organes et selon un schéma spatio-temporel souvent complexe. La dimension comparée de la physiologie permet aussi de prendre du recul lors de l'étude d'une fonction : pour ne citer qu'un exemple, il n'est pas rare que dans l'esprit de certains étudiants, la respiration soit simplement assimilée à la ventilation pulmonaire. Des connaissances de physiologie comparée devraient permettre aux futurs chercheurs et enseignants en biologie de mieux appréhender les choix des modèles animaux appropriés à l'analyse expérimentale ou à l'exposé didactique de telle question précise.

Comme dans le premier tome, le souci de rester concis sans être superficiel obligeait à faire des choix dans les thèmes abordés, puis à donner une certaine logique à l'exposé pour rester compréhensible aux lecteurs qui n'auraient pas une vision d'ensemble de la physiologie animale. Il est bien évident, en effet, que toutes les fonctions se déroulent simultanément dans un organisme : l'animal qui se reproduit ne cesse pas pour autant de respirer, de se nourrir (le plus souvent), d'assurer sa thermorégulation... et l'étude de chaque « grande fonction » séparément revêt un caractère artificiel qu'il ne faut pas oublier. Les choix retenus refléteront probablement en partie la formation initiale de l'auteur mais nous espérons qu'ils couvrent tout de même l'essentiel de la physiologie animale. Les aspects qui ne pouvaient être envisagés dans ce manuel d'initiation pourront être retrouvés dans les divers ouvrages cités en référence dans les deux tomes.

REMERCIEMENTS

L'auteur tient à remercier tous ceux qui ont bien voulu le conseiller lors de la préparation de cet ouvrage, l'orienter vers certaines lectures ou relire et critiquer de façon constructive certains chapitres : Jacques BOURBON, Daniel BUTLEN, Pascal FERRÉ, Yves GALIFRET, Jean-Michel GAREL, Alain KERVRAN, Solange MAGRE, Gérard MORY, Claude PETTER, Jacques PREPIN, Randy THOMAS, Jean-Paul TRUCHOT, Yves TURQUIER et Claude VILAIN.

Est remerciée tout particulièrement Mireille pour sa patience et l'aide apportée dans la réalisation d'une partie du manuscrit. Les deux tomes de cet Abrégé lui sont dédiés, ainsi qu'à Isabelle et Jean-Philippe, pour tant d'heures qu'ils ont soustraits à la vie familiale.

1

LES FONCTIONS DE NUTRITION : UNE CONTRAINTE THERMODYNAMIQUE

I. THERMODYNAMIQUE ET ORDRE BIOLOGIQUE

Les êtres vivants sont constitués des mêmes matériaux que ceux que l'on rencontre dans le monde inanimé. Les interactions entre atomes et molécules étant assez bien comprises, voire manipulées par les physiciens et chimistes, on peut s'interroger sur ce qui fait la différence entre l'inanimé et le vivant.

L'ordre biologique * s'observe au moins à deux niveaux chez tous les êtres vivants :

— un ordre *structural* est représenté par les assemblages des diverses macromolécules en cellules puis en unités supérieures ;

— un ordre *fonctionnel* est représenté par l'ensemble des voies métaboliques et de leur contrôle.

A. *Thermodynamique classique et thermodynamique généralisée*

Il est utile de rappeler ici quelques concepts de base qui permettront de mieux comprendre la complexité des fonctions de nutrition et la forme donnée à la suite de l'exposé. Les considérations théoriques de la thermodynamique généralisée, au sens que lui donnent les spécialistes contemporains ne peuvent pas, bien évidemment, être reprises ici, mais quelques remarques sont intéressantes.

Au plan thermodynamique, un système est dit (fig. 1) :

— *isolé* s'il ne présente aucun échange d'énergie ou de matière avec son environnement (on ne connaît pas de tels systèmes dans nos conditions terrestres) ;

— *fermé* s'il ne peut échanger que de l'énergie avec l'extérieur ;

— *ouvert* s'il peut échanger énergie et matière avec l'extérieur.

Les méthodes de la thermodynamique classique ne permettent pas une

* *L'ordre biologique,* A. LWOFF. Éditions du Seuil.

analyse parfaitement satisfaisante des mécanismes physico-chimiques qui se déroulent chez les êtres vivants, pour diverses raisons. Entre autres :

a) elles s'appliquent à des systèmes fermés à l'équilibre ;

b) sans prendre en considération la vitesse et la durée des changements d'état du système ;

c) elles sont mal adaptées à l'étude de suites de réactions chimiques nombreuses ;

d) elles sont d'autant plus exactes dans leurs prévisions que les populations moléculaires qu'elles étudient sont grandes (aspect statistique).

Or, les systèmes vivants ne sont pas à l'équilibre et ils nécessitent un

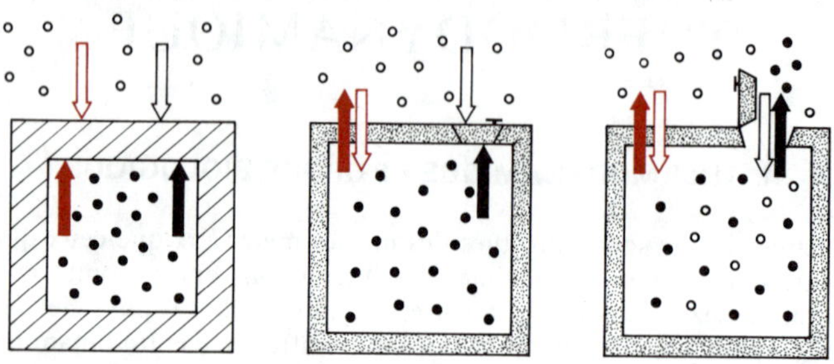

FIG. 1. — *Échanges d'énergie* (flèches rouges) *et de matière* (flèches noires) *entre un système et son environnement.* Les échanges d'informations n'ont pas été figurés.

apport permanent d'énergie. Les caractéristiques de ces systèmes sont alors :

a) ce sont des systèmes ouverts ;

b) le temps et les vitesses de réaction prennent une grande importance ici ;

c) les chaînes métaboliques font appel à de nombreuses réactions successives ;

d) les cellules renferment certaines molécules en nombre fini, parfois très limité (certains enzymes, les ions H^+ libres n'existent parfois qu'à raison de quelques dizaines d'exemplaires par cellule).

B. *Structures dissipatives et variation d'entropie*

Un organisme vivant est donc une structure qui se forme et se maintient en entretenant des échanges de matière et d'énergie avec son environnement (dans la mesure où celui-ci est suffisamment grand pour rester dans un état constant). De tels systèmes, en *état stationnaire de non-équilibre* sont associés à des structures supermoléculaires qui prennent naissance et se maintiennent, dans un système éloigné de son équilibre thermodynamique, grâce aux courants d'énergie et/ou matière entretenus avec l'environnement extérieur. Les exemples de telles structures dissipatives et les processus dissipatifs sont nombreux et dépassent le cadre de la biologie. Certains théoriciens de l'étude des mécanismes en non-équilibre ont décrit des systèmes non biologiques qui en permettent une bonne approche thermodynamique *.

Tous les processus naturels connus présentent une tendance à augmenter toujours leur *entropie* (qui peut être assimilée à la partie de l'énergie totale inutilisable pour effectuer un travail), et si un système vivant peut retarder cette augmentation d'entropie (jusqu'à sa mort ou sa reproduction), c'est qu'il prélève de l'énergie dans son environnement. L'organisme maintient un faible niveau d'entropie au prix d'une augmentation de l'entropie de son environnement. Les cellules vivantes prélèvent des molécules complexes, dont l'ensemble a une entropie relativement faible (glucides, protides, lipides...) pour les transformer en molécules plus simples, d'entropie plus élevée, qui sont retournées à l'environnement. Ceci n'est vrai que pour les organismes non chlorophylliens car les cellules photosynthétiques abaissent leur entropie en captant l'énergie lumineuse, ce qui leur permet d'élaborer plus de matière organique qu'elles n'en consomment, en assurant ainsi la croissance des tissus non chlorophylliens (racines, troncs d'arbres...) mais aussi des tissus des animaux consommateurs.

C. *Les couplages énergétiques*

1. *Énergie libre* (G)

L'énergie libre est la composante de l'énergie totale d'un système qui est susceptible de fournir un travail dans des conditions isothermes et à pression constante. Dans une liaison chimique, l'énergie libre représente la quantité d'énergie utilisable. La relation qui existe entre l'énergie totale (enthalpie : H) d'une liaison et l'énergie libre est :

$$G = H - T.S$$

avec T = température absolue

S = entropie

En pratique, ce sont les variations de ces valeurs qui sont estimées

$$\Delta G = \Delta H - T \Delta S$$

Les comparaisons entre plusieurs systèmes ne sont possibles que si les concentrations des diverses molécules impliquées dans les réactions (substrats et produits) sont ramenées à la valeur de 1 mol.l^{-1} ; on parle alors de la variation de l'*énergie libre standard* (ΔG^o). Si le pH du milieu dans lequel se déroulent les réactions est égal à 7 (pH fréquent dans les milieux biologiques), on emploie le symbole $\Delta G^{o\prime}$. Les valeurs de $\Delta G^{o\prime}$ sont ainsi définies pour des conditions arbitraires (pH = 7 et 1 mol.l^{-1}), parfois, sans

* Par exemple :

— en hydrodynamique, l'instabilité de Bénard, qui concerne la structuration d'un milieu liquide par des courants de convection, lorsqu'il reçoit un flux approprié de chaleur (il existe une valeur critique du gradient de température) ;

— en chimie non biologique, la réaction de Belousov-Zhabotinsky (« réaction BZ »), oxydation de l'acide malonique par le bromate de potassium, en présence d'ions cérium.

rapport évident avec les conditions physiologiques : elles ont une valeur surtout indicative.

Considérons la réaction :

$$A + B \rightleftharpoons C + D$$

il existe une relation entre la constante d'équilibre $K_{eq} = \frac{[C]\ [D]}{[A]\ [B]}$ et la variation d'énergie libre qui accompagne la réaction :

$$\Delta G = \Delta G^{o\prime} + R\,T \ln K_{eq} \quad (J.mol^{-1})$$

avec R = constante des gaz parfaits ($8{,}314.J.K.^{-1}.\ mol^{-1}$)

T = température absolue en K

A l'équilibre : Δ G = 0 et l'on peut écrire $\Delta G^{o\prime} = -RT \ln K_{eq}$.

Cette relation permet le calcul de $\Delta G^{o\prime}$ dès que l'on connaît K_{eq}. Si la valeur de la constante d'équilibre est inférieure à 1 (10^{-3}, 10^{-2}...), cela signifie que la réaction est très partielle et la variation de l'énergie libre est alors positive : il faut fournir de l'énergie au système pour qu'une mole de A + B évolue vers les produits C + D (réaction *endergonique*). Au contraire, si K_{eq} a une valeur supérieure à 1 (10^2, 10^3...), la réaction a tendance à se produire spontanément et $\Delta G^{o\prime}$ prend une valeur négative (réaction *exergonique*).

2. *La molécule d'ATP*

L'adénosine triphosphate (ATP) est universellement répandue chez les êtres vivants, des microorganismes aux animaux et végétaux. La libération du groupement phosphoryl ($-PO_3H_2$) lors de l'hydrolyse de l'ATP s'accompagne d'une variation de l'énergie libre standard de — 30 $kJ.mol^{-1}$ environ (à 25 °C et pH = 7). La variation d'énergie est due au relâchement de la contrainte électrostatique qui existait entre les charges négatives de la structure triphosphatée linéaire ; après rupture de la liaison anhydride, au niveau du phosphate terminal, les charges négatives de l'ADP^{3-} et du HPO_4^{2-} se repoussent alors.

Le rôle majeur que joue cette molécule dans les échanges énergétiques provient de la valeur intermédiaire de l'énergie libre standard d'hydrolyse de l'ATP, par rapport à d'autres composés phosphorylés « riches en énergie » (fig. 2). Le système ATP/ADP permet un transfert d'énergie chimique des donneurs de phosphates riches en énergie aux accepteurs, pauvres en énergie : il joue le rôle d'intermédiaire, de *navette*, entre les réactions exergoniques et les réactions endergoniques. Ceci est possible, car dans les processus de transfert d'énergie biologique il est très fréquent que le produit d'une réaction devienne le substrat de la réaction suivante.

Compte tenu de la faible concentration d'ATP présente dans les cellules (de l'ordre de 10^{-3} $mol.l^{-1}$), on peut penser que le groupement phosphate terminal de l'ATP cellulaire doit être libéré puis reformé très souvent. L'estimation du renouvellement de l'ATP a pu être faite expérimentalement, avec l'utilisation de ^{32}P.

Principe

L'addition de ^{32}P dans le milieu de culture (ou *in vivo*) de cellules qui respirent est suivie de prélèvements séquentiels au cours des minutes qui suivent. L'isolement de l'ATP montre alors que, bien que sa concentration soit stable (par unité de masse des protéines cellulaires), la radioactivité spécifique du groupement phosphate (en γ) augmente jusqu'à atteindre la même valeur que la radioactivité spécifique du pool de phosphate présent dans le milieu. La demi-vie du PO_4 en γ est estimée de cette manière à 1 ou 2 minutes dans une cellule de foie de Mammifère par exemple. Par extrapolation, il a été calculé que les cellules d'un homme de 70 kg hydrolysent au total quelque 40 kg d'ATP par 24 heures, ce qui suppose un renouvellement équivalent.

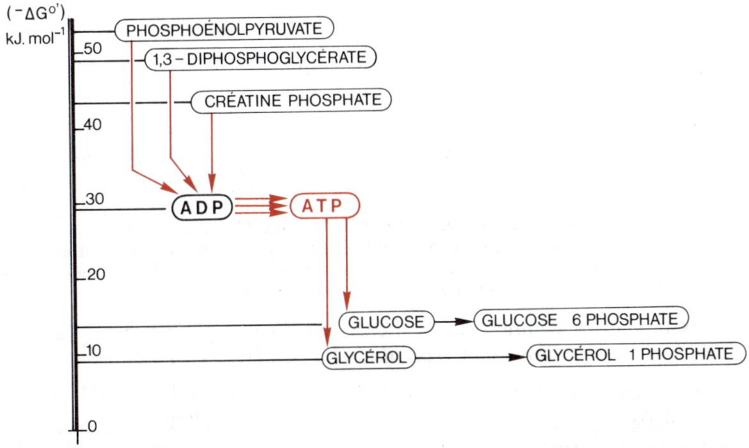

FIG. 2. — *Énergie libre standard d'hydrolyse de divers composés phosphorylés.* Les composés situés au-dessus de l'ATP sont des *donneurs* de groupement phosphate « riches en énergie » ; les composés situés en dessous de l'ATP sont des *accepteurs* de groupement phosphate « pauvres en énergie ». La molécule d'ATP occupe une position moyenne sur cette échelle, ce qui explique son rôle de transporteur d'énergie dans les systèmes vivants.

(Adapté de A. LEHNINGER, *Bioénergétique,* Ediscience, 1969.)

II. LES SOURCES D'ÉNERGIE LIBRE

Dans la plupart des cellules animales, la formation d'ATP à partir d'ADP et de phosphate inorganique (réaction endergonique) est couplée à des réactions d'oxydations complètes, produisant de l'eau et du dioxyde de carbone, qui s'accompagnent d'une diminution souvent importante d'énergie libre :

$\Delta G^{o\prime} = -2870$ kJ.mol^{-1} pour l'oxydation complète du glucose ($C_6H_{12}O_6$)

$= -9784$ kJ.mol^{-1} pour l'oxydation complète du palmitate ($C_{16}H_{32}O_2$)

Pour les cellules qui vivent en anaérobiose (milieu dont la P_{O_2} est quasi nulle), ce n'est pas l'oxygène qui joue le rôle d'accepteur final d'électrons mais un substrat dérivé des nutriments : la molécule initiale est scindée en deux fragments et l'oxydation est ensuite incomplète (fermentation : fig 3).

A. **Les fermentations**

Les fermentations sont des oxydations incomplètes de substrats organiques qui se déroulent en général en milieu dépourvu d'oxygène (milieu anoxybiontique nommé plus communément milieu anaérobie). Parmi les

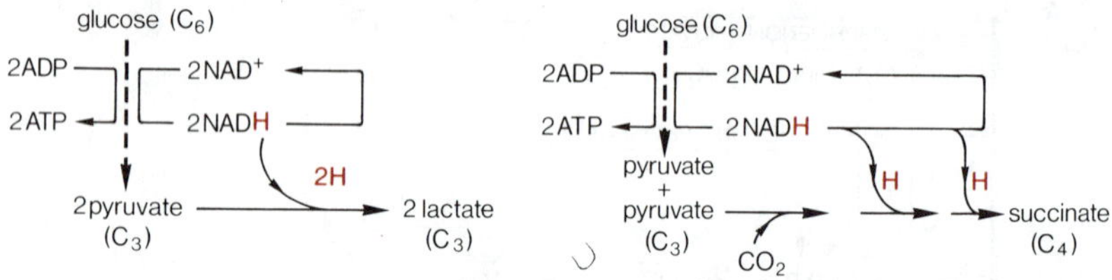

FIG. 3. — *Fermentations.* Une molécule riche en atomes d'hydrogène, telle que le glucose, est oxydée partiellement, l'accepteur d'hydrogène n'étant pas l'O_2 mais une molécule organique. Les produits finaux de la réaction sont le plus souvent des acides organiques : lactate *(à gauche),* succinate *(à droite),* butyrate, propionate, etc.

diverses modalités connues, la fermentation du glucose, avec production d'acide lactique est largement répandue chez les êtres vivants :

$$\underset{\text{glucose}}{C_6H_{12}O_6} \rightarrow \underset{\text{pyruvate}}{2\ CH_3CO\text{-}COOH} + 4\ H \rightarrow \underset{\text{lactate}}{2\ CH_3CHOH\text{-}COOH}$$

La variation d'énergie libre standard qui accompagne la formation d'acide lactique est faible (-197 kJ.mol^{-1}) par rapport à celle qui accompagne l'oxydation complète du glucose (-2870 kJ.mol^{-1}). En outre, une fraction importante (près de 70 %) de l'énergie est dissipée sous forme de chaleur et c'est seulement 61 kJ par mole (180 g) de glucose qui participent à la formation d'ATP à partir d'ADP + P_i (fig. 4).

Dans la plupart des espèces, la fermentation n'existe pas comme processus unique de production d'ATP : elle n'intervient que si la disponibilité en oxygène est insuffisante pour permettre une respiration adaptée aux besoins énergétiques du moment. C'est par exemple le cas dans les milieux pauvres en oxygène (eaux dormantes, atmosphère de haute montagne...), lors de la plongée chez divers Vertébrés, ou au début d'un exercice musculaire intense (cf. chap. 8).

Seuls des parasites ou des symbiontes, Protozoaires (cf. chap. 3 : digestion symbiotique), Trématodes (ex. : *Fasciola hepatica,* la Grande Douve du foie), divers Nématodes et quelques autres groupes peuvent (ou doivent) vivre de manière prolongée en milieu anaérobie. La biochimie de l'Ascaris *(Ascaris lumbricoides),* un parasite anaérobie strict, dépourvu des cytochromes *c* et *a,* a été particulièrement étudiée : chez cet animal, les besoins énergétiques sont couverts en totalité par des fermentations, au cours desquelles apparaissent divers acides tels que les acides acétique, propionique, succinique, etc.

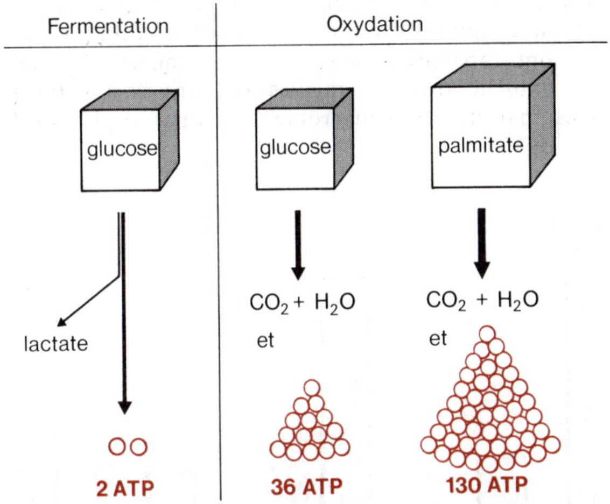

FIG. 4. — *Production d'ATP par fermentation ou oxydation du glucose* (masse molaire 180) *et par oxydation du palmitate* (masse molaire 256).

B. *La respiration*

Les produits d'oxydation des substrats organiques sont le plus souvent le dioxyde de carbone et l'eau, accompagnés par des composés azotés (ammoniaque, acide urique, urée...). La figure 5 rappelle quelques valeurs des productions d'énergie associées au métabolisme oxydatif de plusieurs substrats organiques. L'énergie libérée est très supérieure à ce qu'elle était dans le cas des fermentations.

On notera également que les productions d'énergie sont équivalentes pour chaque volume d'oxygène consommé, quelle que soit la nature du substrat oxydé : environ 20 kJ par litre d'oxygène (ramené aux conditions standard : « STPD » pour « standard temperature, pressure, dry » soit 0°C, 1,013. 10^2 kPa, air sec). Ceci permet d'estimer l'intensité du métabolisme d'un animal en mesurant simplement sa consommation d'oxygène.

Plusieurs étapes peuvent être distinguées dans la chaîne des processus métaboliques qui permettent la production d'énergie chez des cellules qui respirent au sein d'un organisme supérieur. Après que les substances énergétiques aient été rendues assimilables, par la digestion (cf. chap. 3), elles sont pour la plupart converties en radicaux acétyl, dans l'acétyl-CoA (voir annexes). Cette étape permet une production d'ATP modeste alors que l'étape suivante, l'oxydation complète du radical acétyl, *via* le cycle des acides tricarboxyliques (cycle de Krebs) et la phosphorylation oxydative produit l'essentiel de l'ATP utilisable par les cellules. Les divers processus respiratoires se déroulent dans les mitochondries où sont présents les complexes enzymatiques qui les catalysent, et seules les cellules qui possèdent ces organites sont capables de respirer : les hématies du sang humain, dépourvues de mitochondries lorsqu'elles sont arrivées à maturité, consomment du glucose par glycolyse anaérobie et non par respiration.

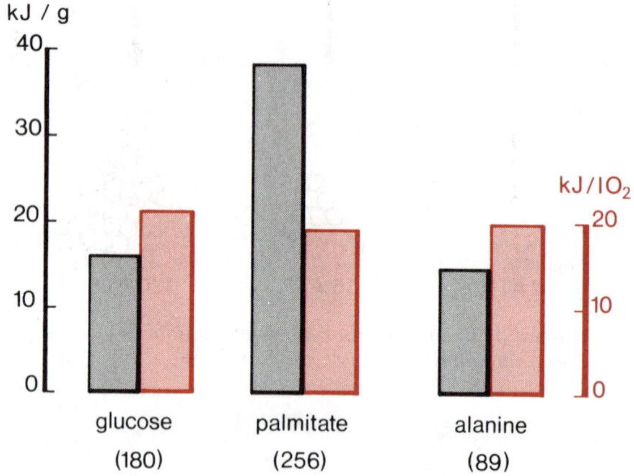

FIG. 5. — *Production d'énergie* ($\Delta G^{o'}$) *par oxydation de trois substrats organiques*: les productions d'énergie par gramme de substrat consommé *(colonnes noires)* ou par litre d'oxygène (ramené aux conditions « STPD ») consommé *(colonnes rouges)* sont représentées.

(Valeurs empruntées à P. DEJOURS, *Principles of Comparative Respiratory Physiology,* Elsevier, 1981.)

III. QUANTIFICATION DES BESOINS ÉNERGÉTIQUES

A. *Le métabolisme énergétique d'une cellule*

La concentration des divers composants d'une cellule varie peu dans les intervalles de temps courts, alors que le renouvellement des molécules peut être très intense. On a vu plus haut que la resynthèse d'ATP, à partir d'ADP et P_i est un processus extrêmement actif dans toutes les cellules.

L'exemple qui suit permettra de saisir comment il est actuellement possible d'estimer les besoins énergétiques d'une population cellulaire en fonction de son état d'activité. Cet exemple illustre également quelques-unes des techniques utilisées en physiologie métabolique.

1. *Préparation d'une population cellulaire homogène*

a. Les neutrophiles

Les leucocytes polynucléaires neutrophiles représentent 60 à 70 % des leucocytes circulants dans le sang chez l'homme (2000 à 7500 neutrophiles par µl, selon l'état physiologique). Il s'agit des cellules de défense de « première ligne » lors d'une invasion par des microorganismes (voir chap. 10). Elles présentent alors une activité phagocytaire intense, leur métabolisme énergétique étant essentiellement assuré par la glycolyse anaérobie (ce que laisse prévoir la faible densité de mitochondries dans ces cellules).

Parmi les avantages du choix de ce modèle, on note :

— la possibilité d'obtenir des cellules vivantes en grande quantité, sans manipulation excessive du tissu d'origine (sang) ;

— les cellules sont naturellement isolées et non associées en un tissu cohérent, ce qui obligerait à les dissocier par des traitements enzymatiques, par exemple avec de la collagénase (cf. tome I) ;

— il est facile de définir deux états d'activité des cellules : repos ou phagocytose.

b. Isolement des cellules (fig. 6 a)

Du sang hépariné (voir p. 225) est conservé à température ambiante pendant 30 minutes pour permettre la sédimentation des hématies. Le liquide surnageant (plasma, leucocytes et quelques hématies) est repris et déposé sur un milieu isosmotique dont la densité est ajustée pour permettre une sédimentation zonale des diverses catégories cellulaires lors d'une centrifugation ménagée (15 min., 800 g). Le culot formé renferme essentiellement des neutrophiles, « contaminés » par quelques hématies. Les neutrophiles étant moins sensibles à l'hémolyse que les hématies, le culot est enrichi en leucocytes par choc osmotique bref : immersion dans l'eau puis rétablissement de l'isotonicité 30 secondes après, par addition de NaCl.

La solution obtenue ne renferme alors pratiquement que des neutrophiles et plus de 98 % des cellules sont vivantes si l'on en juge par leur capacité d'expulser le bleu Trypan (substance qui colore les cellules mortes alors qu'elle ne pénètre pas dans les cellules vivantes).

2. *Principe des mesures effectuées* (fig. 6 b)

Les divers paramètres biochimiques sont mesurés sur des neutrophiles « au repos » (peu actifs) ou chez lesquels on déclenche une phagocytose intense par addition, par exemple, de billes de latex (0,81 µm) recouvertes d'IgG (cf. chap. 10).

Les cellules sont conservées en suspension (2 à 5.10^7 cellules par ml) dans un tampon physiologique, à O °C jusqu'au début d'une expérience. Le tampon d'attente est alors remplacé par le même volume de tampon préchauffé à 37 °C et additionné des divers substrats ou des substances que l'on veut étudier. Des parties aliquotes de l'incubat sont prélevées à des temps variés après le début d'incubation (fig. 6).

• L'addition d'*acide perchlorique* dans les échantillons permet de stopper instantanément le métabolisme :

— l'abaissement du pH entraîne en effet la dénaturation de toutes les protéines (enzymatiques ou structurales) ;

— d'autres molécules ne sont pas affectées, par contre, par un tel traitement : lactate, glucose, nucléotides adényliques... ; la mesure de leur concentration dans un broyat cellulaire permet d'établir le profil, au moment *t* des concentrations de substrats énergétiques ou des molécules à liaison riche en énergie.

• La mesure des *activités enzymatiques* (phosphorylase dans le présent exemple) nécessite un autre traitement des échantillons : refroidissement instantané et addition de substances bloquant le métabolisme (chélateurs des ions divalents, Ca^{2+}, Mg^{2+}..., cofacteurs de nombreuses enzymes) et NaF (bloquant de la glycolyse). L'homogénéisation des cellules peut être obtenue par sonication. La concentration des enzymes est estimée en termes d'*activité* : moles de produits formés par unité de temps, en conditions standardisées.

• Le *flux de glucose* vers la voie de la glycolyse anaérobie est estimé en mesurant le passage de tritium depuis le glucose tritié en 5 (sur le carbone 5) vers l'eau tritiée qui se forme en même temps que le pyruvate (voir annexe 2).

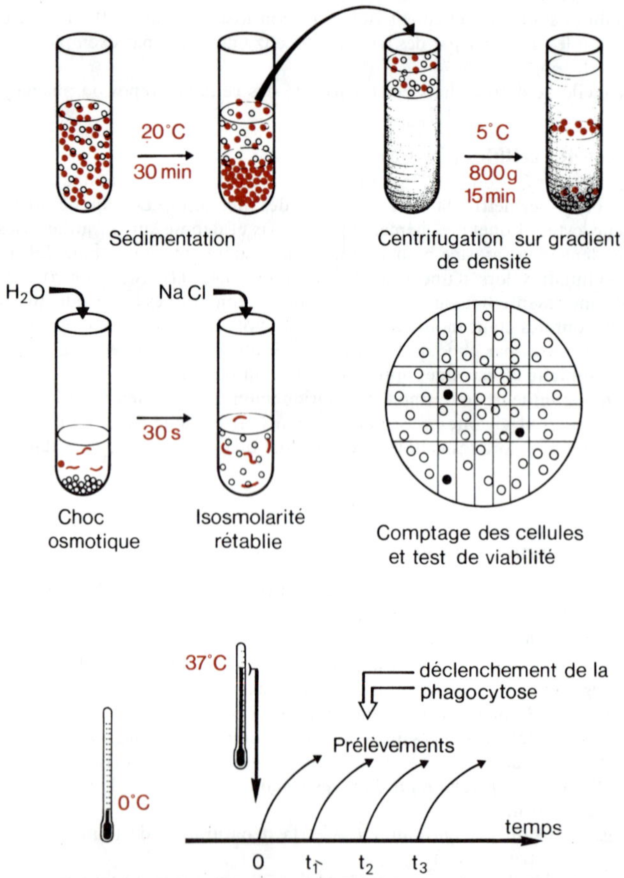

FIG. 6. — *Principe de la préparation d'une population homogène de leucocytes* **(a)** *et de l'étude* in vitro *de leur métabolisme énergétique* **(b)**. Précisions dans le texte.

3. *Résultats : le bilan du métabolisme d'un neutrophile*

Les mesures effectuées sont rapportées à une cellule. Au repos, en présence de glucose, l'ATP formée dans les neutrophiles provient essentiellement de l'utilisation du glucose prélevé dans le milieu (avec production de *lactate*), alors que le stock de glycogène intracellulaire reste intact. Le contenu en ATP par cellule est de 1,9 fmol (1 mole d'ATP = 507 g ; 1 fmol = 10^{-15} mole) pour un renouvellement de 1,3 fmol par minute, par cellule.

Lorsque les cellules phagocytent activement les billes de latex, la consommation de glucose extracellulaire ou la production de lactate ne sont pas augmentées sensiblement, mais la concentration d'ATP diminue rapidement (fig. 7), sans que les concentrations d'AMP ou d'ADP n'augmentent, ce qui indique que l'ATP est consommée de façon irréversible lors de la phagocytose, avec libération de *deux* liaisons riches en énergie. Quand le milieu est dépourvu de glucose, la production d'ATP est réduite, au repos, à 0,75 fmol par minute par cellule, et provient uniquement de la *glycogénolyse* locale ; la phagocytose augmente la production d'ATP, qui reste cependant inférieure à ce qu'elle était en présence de glucose extracellulaire.

(*NB :* Il est possible que la perte irréversible des nucléotides à adénine qui s'observe lors de la phagocytose soit un facteur limitant de celle-ci.)

B. *Besoins énergétiques d'un organisme*

Le besoin énergétique d'un organisme correspond à la couverture des dépenses énergétiques des cellules qui le constituent. Plusieurs méthodes

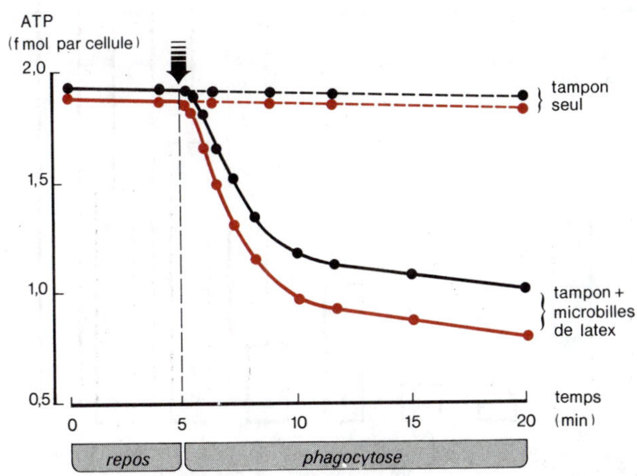

FIG. 7. — *Évolution de la concentration intracellulaire d'ATP de neutrophiles au repos ou lors d'une phagocytose intense déclenchée par addition* (flèche) *de microbilles de latex recouvertes d'IgG. Courbes noires :* pas de glucose dans le milieu d'incubation ; *courbes rouges :* avec addition de glucose (5 mmol.l^{-1}). Chaque point est la moyenne de quatre expériences indépendantes.

(Simplifié et redessiné, d'après N. BORREGAARD et T. HERLIN, 1982, *J. Clin. Invest.*, **70,** 550-557.)

permettent de déterminer l'intensité du métabolisme durant un intervalle de temps donné :

— mesure de la valeur énergétique de tous les aliments ingérés, diminuée de la valeur énergétique des « excréta » (urines et fèces). Cette méthode n'est pas applicable à un organisme en croissance ou qui consomme ses réserves énergétiques (jeûne) ;

— mesures des échanges thermiques et du travail fourni par l'organisme isolé dans une chambre calorimétrique ;

— mesure de la consommation d'oxygène : elle est proportionnelle à la quantité d'ATP produite lorsqu'un animal respire. Cette technique est inapplicable si une proportion non négligeable de tissus fonctionne en anaérobiose.

L'intensité du métabolisme de l'organisme entier, exprimée en unité d'énergie (J) par unité de temps, et rapportée au poids de l'animal est très variable selon les espèces et le degré d'activité des individus (fig. 8). Le *métabolisme basal* est la valeur des dépenses d'énergie minimales, mesurée dans des conditions standardisées :

— neutralité thermique,
— repos total,
— état postabsorptif (environ 12 h après le dernier repas).

⁂

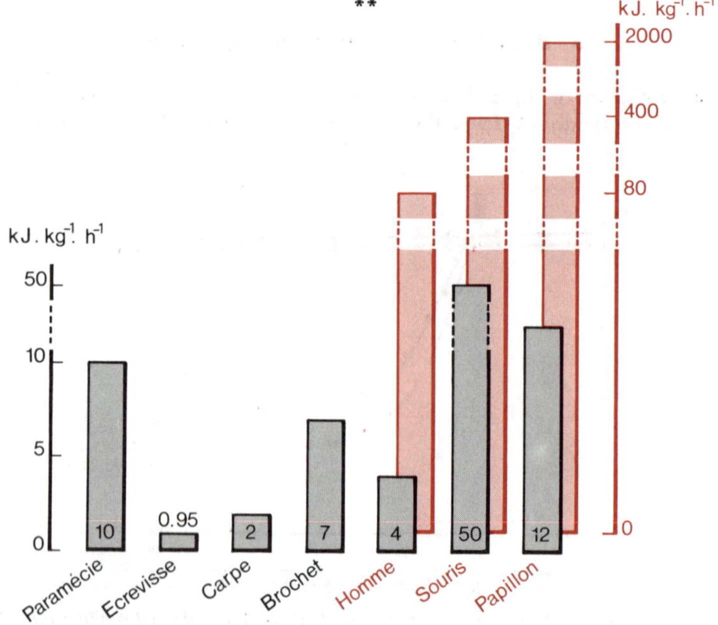

FIG. 8. — *Estimations du métabolisme énergétique* (kilojoules par heure et par kg) *de quelques organismes, calculées à partir de leur consommation d'oxygène au repos* (tracés noirs) *ou lors d'un exercice musculaire intense* (tracés rouges ; noter les changements d'échelle).

(Valeurs recalculées à partir de A. KROGH, 1941, *The Comparative Physiology of Respiratory Mechanisms,* Univ. Pennsylvania Press.)

Les paragraphes qui précèdent permettent d'introduire les divers aspects qui seront abordés sous l'intitulé général de *fonctions de nutrition* (chap. 2 à 6). Une cellule doit trouver dans son environnement immédiat les nutriments qui lui sont indispensables. Elle consomme en particulier des substrats énergétiques, de l'oxygène, et rejette du dioxyde de carbone, de l'eau, des acides organiques... ; elle produit du travail et de la chaleur...

Les chapitres qui suivent reprennent ces divers aspects, en considérant les stratégies retenues par un certain nombre d'organismes pour assurer aux cellules un accès permanent et ajustable aux nutriments (chap. 2), énergétiques ou non (chap. 3), à l'oxygène (chap. 4), l'élimination des déchets et la gestion du métabolisme intermédiaire au cours de divers états nutritionnels (chap. 5) ainsi que le maintien dans un environnement hydrominéral stabilisé malgré les sources de perturbation, internes ou externes (chap. 6).

2

LA CIRCULATION DU MILIEU INTÉRIEUR

I. LA DIFFUSION NE PERMET PAS LES ÉCHANGES LOINTAINS DANS UN ORGANISME

Les nutriments, les gaz respiratoires, les produits du métabolisme sont en mouvement permanent entre les sites d'approvisionnement, de consommation ou de production et de rejet, dans tout organisme. On sait que les gaz diffusent aisément dans les milieux biologiques (cf. tome 1) et l'exemple de la diffusion de l'oxygène va permettre d'apprécier l'intérêt d'une circulation du milieu intérieur.

Chez un être de petite taille, l'oxygène peut diffuser depuis la surface vers chaque région de l'organisme. Imaginons un être aquatique de composition homogène, sphérique, qui consomme de l'oxygène à vitesse constante et chez lequel la pression partielle d'oxygène est nulle au centre. Il est possible de calculer la pression partielle d'O_2 nécessaire en surface pour lui assurer un apport d'O_2 permanent, couvrant sa consommation, en appliquant l'équation * : $C_o = \dfrac{A.r^2}{6\,D}$

C_o : concentration d'oxygène en surface, exprimée en kPa.
A : taux de consommation d'oxygène, en $ml.g^{-1}.min^{-1}$.
r : rayon de la sphère, en cm.
D : coefficient de diffusion de l'O_2, en $cm^2.\ Pa^{-1}.min^{-1}$.

Avec $D = 11.10^{-8}\ cm^2.kPa^{-1}.min^{-1}$ (valeur mesurée pour le tissu conjonctif de divers animaux) et $A = 1{,}4.10^{-3} ml.g^{-1}.min^{-1}$ (ordre de grandeur correspondant à un Invertébré), on trouve une pression partielle d'oxygène nécessaire égale à 21,2 kPa pour un rayon de 1 mm et de 2 120 kPa pour un rayon de 1 cm. Il est évident que l'organisme de petite taille (1 mm de rayon) peut couvrir son besoin en oxygène dans une eau saturée en air (P_{O_2} = 0,21 at = 21,2 kPa), alors que l'organisme de plus grande taille ne

* D'après E. N. Harvey (1928) : « The oxygen consumption of luminous bacteria », *J. gen. Physiol. II*, 469-475.

peut pas assurer ses besoins en O_2 par simple diffusion. Les adaptations possibles à une telle situation sont (fig. 9) :

— une diminution de la distance de diffusion (Protozoaires, Plathelminthes...) ;

— une diminution de la consommation d'oxygène (les méduses peuvent atteindre de grandes tailles mais elles renferment jusqu'à 99 % d'eau et minéraux) ;

— le développement de mécanismes de transport (circulation du milieu intérieur, ou/et de la source d'oxygène).

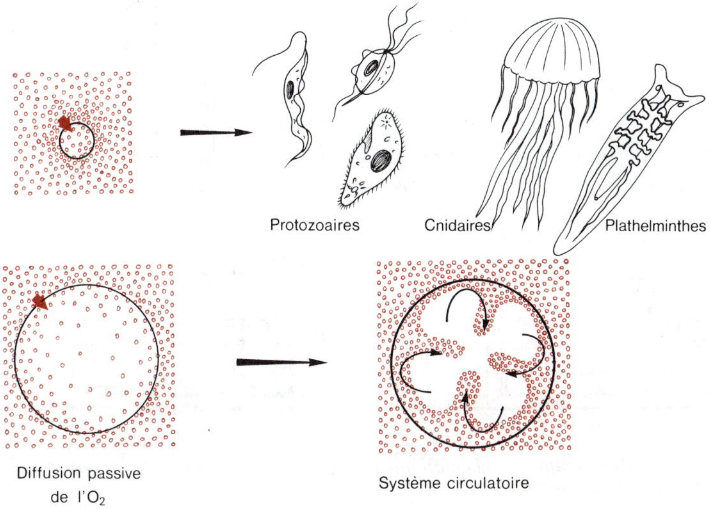

FIG. 9. — *La diffusion passive de l'oxygène ne permet pas l'oxygénation des parties profondes d'un organisme de grande taille* (schémas de gauche). *Des adaptations possibles sont schématisées* à droite de la figure : conservation de distances de diffusion faibles et développement de mécanismes de transport.

Le même genre de raisonnement peut s'appliquer aux échanges des autres nutriments ou des produits du métabolisme ainsi qu'aux échanges éventuels de chaleur entre les divers territoires d'un organisme. L'acquisition d'un *milieu intérieur circulant* est un avantage évolutif, même si certains groupes bénéficient de systèmes de transport différents (trachées aériennes des Insectes par exemple pour le transport des gaz respiratoires).

II. LES SYSTÈMES DE TRANSPORT INTERNE

La compartimentation du milieu intérieur est envisagée dans le chapitre 5 : seuls les aspects *circulatoires* sont abordés ici.

A. *Niveaux d'organisation*

Plusieurs niveaux d'organisation de systèmes assurant une circulation du milieu extracellulaire peuvent se rencontrer chez les animaux (fig. 10) et même parfois coexister (chez les Echinodermes par exemple).

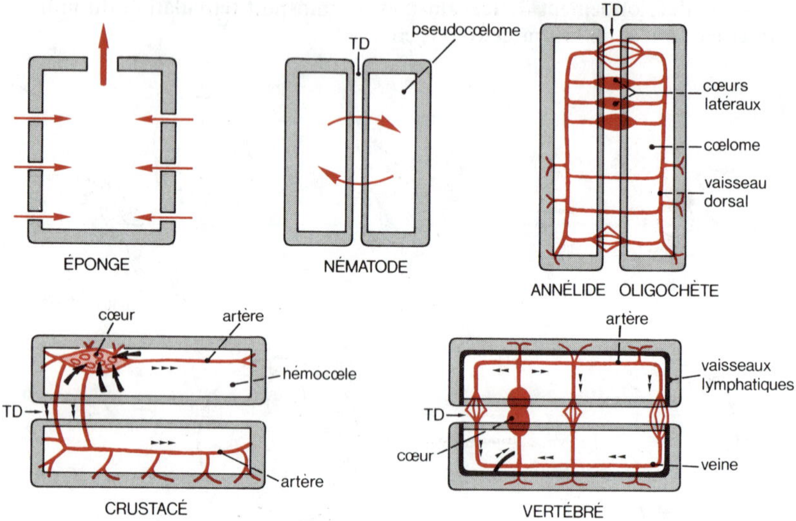

FIG. 10. — *Représentation schématique des systèmes de transport interne, représentatifs de divers groupes animaux.*

1. *Mouvements du milieu extérieur*

Chez les Spongiaires et les Cnidaires, c'est le milieu environnant qui permet les transports de nutriments ou de catabolites, grâce à un renouvellement permanent, assuré par l'activité de cellules ciliées, flagellées ou musculaires.

2. *Mouvements de liquides internes assurés par la musculature*

Ce sont les mouvements de l'animal qui assurent une certaine circulation des liquides interstitiels dans le *pseudocoelome* (Nématodes, Rotifères), le coelome (Bryozoaires, Echinodermes) ou l'appareil circulatoire et les sinus (Annélides).

Chez divers Invertébrés, la pression exercée sur les liquides circulants peut d'ailleurs remplir les fonctions d'un véritable squelette hydraulique (locomotion des étoiles de mer, des lombrics et de divers animaux fouisseurs).

3. *Mouvements de l'hémolymphe dans un système circulatoire ouvert*

La plupart des Arthropodes, Mollusques et Ascidiens présentent un système circulatoire dont le contenu, l'*hémolymphe,* est mis en mouvement par une pompe cardiaque. L'hémolymphe passe des vaisseaux vers les espaces interstitiels et revient au cœur en empruntant des sinus.

4. *Mouvements du sang dans un système circulatoire clos*

Un (ou plusieurs) cœur(s) fait circuler le sang dans un système plus ou moins complexe de vaisseaux. Cette disposition est celle qui est rencontrée chez les Vertébrés mais elle existe déjà dans de nombreux groupes d'Invertébrés (nombreux Annélides, Mollusques Céphalopodes, etc.). Chez les Vertébrés, les liquides interstitiels sont drainés en outre par le système lymphatique.

L'existence d'échanges permanents de liquides et de solutés entre le milieu interstitiel et les liquides vasculaires (sang et lymphe), au niveau des capillaires par exemple, suppose un équilibre dynamique très précis dont on abordera, plus loin, certains aspects : régulation du volume intravasculaire, de l'osmolarité, de la pression artérielle...

B. *Valeur adaptative des systèmes circulatoires*

Les systèmes circulatoires n'ont eu de valeur adaptative que lorsqu'ils étaient susceptibles de conduire les liquides circulants non seulement aux sites précis où ceux-ci étaient nécessaires pour assurer rapidement les échanges, mais aussi en *proportions* convenables et avec des possibilités d'*ajustements* rapides aux conditions d'activité locale. Les systèmes circulatoires ouverts, dépourvus de pompe cardiaque, ne sont efficaces que si la demande en nutriments, oxygène compris, est modeste et varie lentement. Quand les animaux augmentent de taille et d'activité, un cœur devient nécessaire, même si le système circulatoire est ouvert (Crustacés, divers Mollusques), mais, dans ce dernier cas, il ne peut y avoir développement d'une forte pression d'irrigation. Les Insectes, dont certains présentent un métabolisme très intense (Insectes volants), ont également un système circulatoire ouvert mais, chez eux, l'oxygène est apporté aux tissus par les trachées.

Les Mollusques Céphalopodes et les Vertébrés présentent un système circulatoire essentiellement clos et la pression systémique ainsi que la vitesse de circulation du sang deviennent alors importantes, avec des capacités d'adaptation rapides.

C. *Enrichissement des fonctions des liquides circulants*

Il n'est pas possible d'attribuer une fonction particulière au sang des Vertébrés, sinon celle de circuler : le sang est en effet impliqué, de près ou de loin, dans tous les aspects de la physiologie d'un organisme et sa participation à l'une ou l'autre des grandes fonctions est envisagée dans les chapitres qui suivent (distribution des nutriments, régulations endocriniennes, maintien de l'équilibre acido-basique, défenses immunitaires, etc.).

Par contre, chez les Vertébrés au moins, la *circulation* du milieu intérieur correspond à une fonction qu'il est possible d'analyser sur le plan dynamique (organes propulseurs, vaisseaux, échanges...), avec les éléments de régulation qui sont relativement bien compris dans ce groupe.

D. *Le système circulatoire clos des Vertébrés*

Chez les Poissons non pulmonés, le sang venant des tissus traverse le cœur, se rend aux branchies et va irriguer à nouveau les tissus (fig. 11). Chez les Mammifères, le sang venant des tissus arrive au cœur droit, est dirigé vers la petite circulation (pulmonaire), revient au cœur gauche, d'où il est propulsé vers la circulation systémique (autres tissus). Les systèmes circulatoires des autres classes de Vertébrés (fig. 11) représentent la série des transformations qui mènent du cœur et des arcs artériels d'un Poisson à ceux d'un Mammifère ou d'un Oiseau. La dernière disposition, avec cœur dédoublé en deux compartiments indépendants, implique une dissociation des pressions artérielles systémique et pulmonaire : les résistances étant moindres dans la circulation pulmonaire, le système est à basse pression. On notera également que la contraction synchrone des deux ventricules doit chasser un volume équivalent de sang dans les deux circulations : les poumons reçoivent ainsi, par unité de masse, un flux sanguin supérieur à tous les autres tissus de l'organisme.

III. PHYSIOLOGIE CARDIAQUE

A. *Approche expérimentale*

L'étude de la physiologie cardiaque peut faire appel à l'analyse du fonctionnement du cœur *in situ*, du cœur isolé perfusé ou bien de fragments de myocarde ou de cellules cardiaques isolés et placés en culture. Les enregistrements des pressions intraventriculaires ou intra-auriculaires, à l'aide de micromanomètres introduits par voie vasculaire sont praticables pour étudier le cœur en place (fig. 12). L'échocardiographie, les enregistrements électrocardiographiques (fig. 13) sont également utiles à l'étude du cœur *in situ*.

Le cœur isolé perfusé est une préparation qui permet d'étudier le cœur en dehors de toute influence nerveuse : dans le cas du cœur de mammifère, le liquide de perfusion doit être administré avec une pression suffisante pour que le système coronaire puisse être correctement irrigué. La préparation dite « cœur-poumon » a souvent été utilisée (fig. 14) : elle permet de moduler à volonté les résistances périphériques ou la pression veineuse de retour et d'analyser les capacités de réponse du myocarde totalement dénervé.

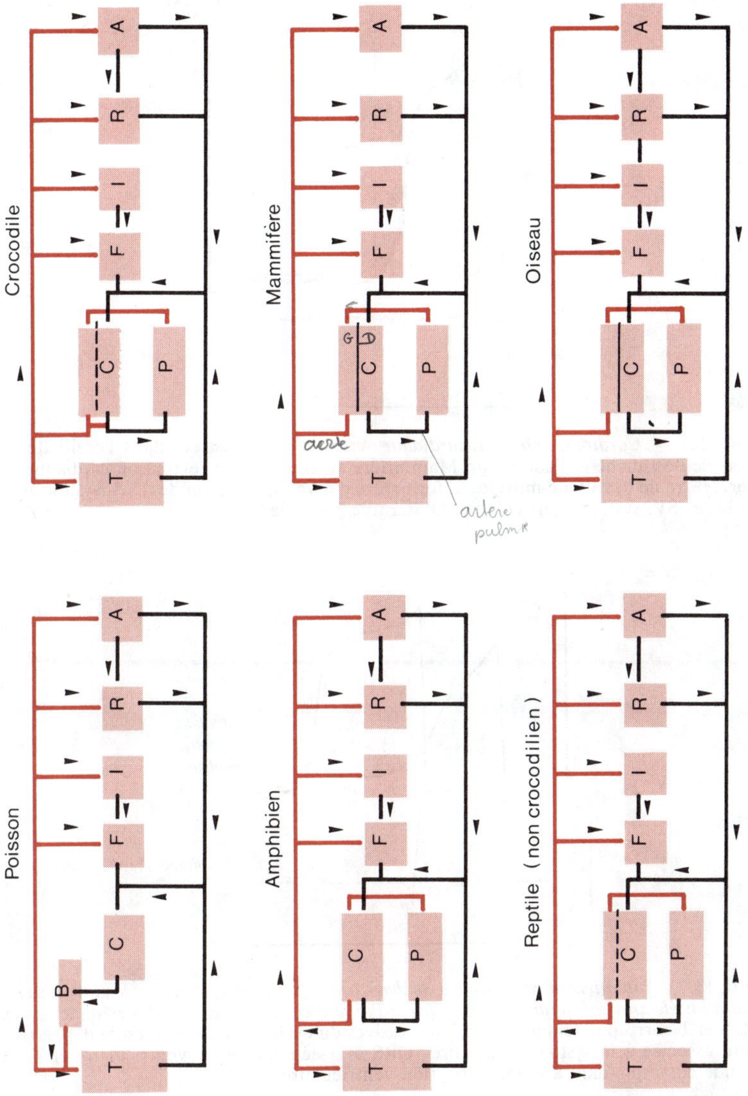

FIG. 11. — *Schémas des principaux circuits de circulation sanguine chez les Vertébrés.* Le sang oxygéné est figuré *en rouge.* T = tête et partie antérieure du corps ; B = branchies ; C = cœur ; P = poumons ; F = foie ; I = autres organes du tube digestif ; R = reins ; A = partie arrière de l'animal.

(Adapté de M.S. GORDON *et al., Animal Physiology, Principles and Adaptations,* 2nd ed., Macmillan Pub. Co., 1972.)

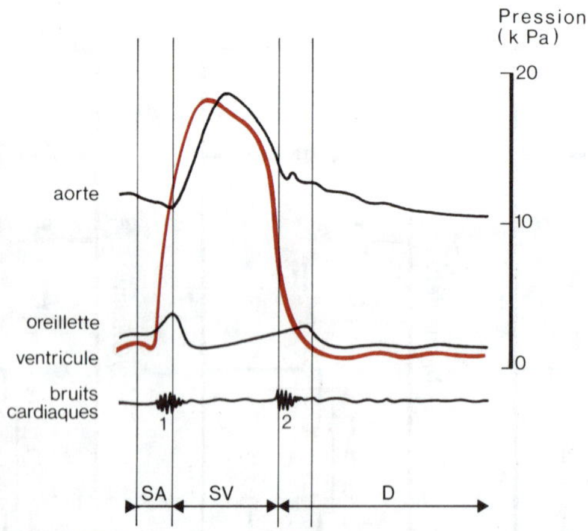

FIG. 12. — *Cardiographie intracardiaque.* Pressions enregistrées dans l'oreillette, le ventricule gauche et l'aorte d'un Mammifère au cours d'une révolution cardiaque. 1, fermeture de la valvule mitrale ; 2, fermeture des valvules sigmoïdes ; SA, systole auriculaire ; SV, systole ventriculaire ; D, diastole générale.

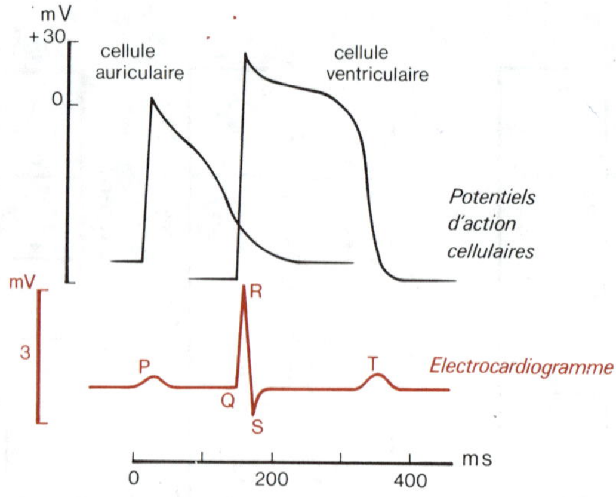

FIG. 13. — *Potentiels intracellulaires de deux fibres (cellules) du myocarde et tracé général d'un électrocardiogramme enregistré à l'aide d'électrodes externes.* Les ondes P, Q, R, S et T correspondent aux étapes successives du cycle cardiaque : P est la dépolarisation associée à la systole auriculaire ; QRS à la dépolarisation ventriculaire et T est l'onde correspondant à la repolarisation ventriculaire.

Les cellules cardiaques isolées permettent les enregistrements des potentiels d'action intracellulaires, peu accessibles sur l'organe entier en mouvement, compte tenu de la fragilité des micro-électrodes (fig. 13).

Les progrès de la microchirurgie, enfin, permettent les interventions expérimentales afin d'explorer la physiologie du tissu nodal ou la vascularisation coronaire.

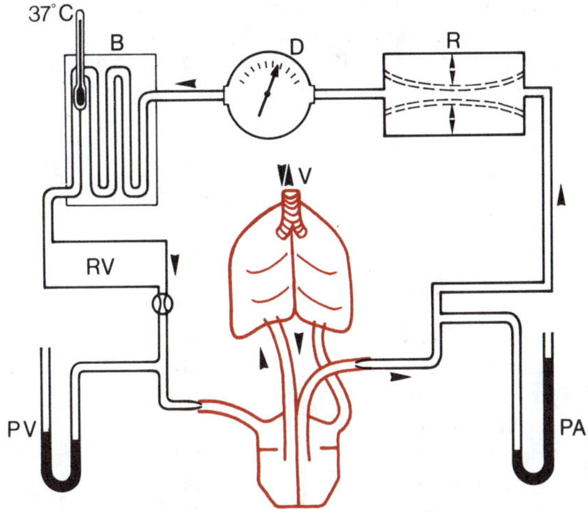

FIG. 14. — *Schéma de principe de la préparation dite « cœur-poumon » de Starling.* B, bain thermostaté ; RV, réservoir veineux dont le débit de sortie est réglable ; PV, pression veineuse ; V, ventilation artificielle des poumons ; PA, pression artérielle ; R, résistance périphérique réglable ; D, débimètre mesurant le débit sanguin.

B. *Le cœur des Vertébrés (essentiellement les Mammifères)*

1. *Données générales*

Le cœur possède un automatisme propre ; il se contracte rythmiquement, dès le 25e jour de la vie embryonnaire dans l'espèce humaine, pour propulser le sang avec force vers le réseau vasculaire. Le rythme des contractions cardiaques est variable selon l'activité instantanée de l'organisme, mais il varie aussi grandement selon les espèces animales considérées (tableau 1).

L'énergie mécanique qu'il développe est couverte par une consommation permanente de nutriments (acides gras, corps cétoniques, lactate, chez l'homme) qui lui parviennent par les vaisseaux coronaires. Le cœur d'un homme prélève chaque jour environ 10 % de la consommation totale d'oxygène pour ses oxydations cellulaires, alors que son poids n'excède pas 0,5 % du poids total.

Le tissu cardiaque est formé de trois types de fibres musculaires (fig. 15) :

— les cellules des nœuds sinusal et atrio-ventriculaire *(tissu nodal)* sont petites, elles ont une contraction peu puissante, un rythme autonome et les potentiels d'action passent lentement de l'une à l'autre (0,1 m.s^{-1}) ;

— les cellules les plus grandes sont situées dans l'endocarde ventriculaire, elles ont une contraction peu puissante mais conduisent très rapidement les potentiels d'action (faisceau de His : 1,5 à 2,5 m.s^{-1}) ;

TABLEAU 1. — *Rythme cardiaque et volume sanguin propulsé par minute dans quelques espèces de Vertébrés*
(d'après M.S. GORDON *et al.*, 1972, *Animal Physiology : Principles and adaptations,* 2nd ed., MacMillan Publishing Co, New York).

		Rythme (battements/ min.)	*Débit cardiaque* (ml. kg $^{-1}$. min. $^{-1}$)
Poisson :	morue (18 °C)	30	9-10
Reptiles :	iguane (20 °C)	20	40
	tortue (22 °C)	40	60
Oiseaux :	canard	240	500
	autruche (80 kg)	60-70	
	colibri (4 g)	615	
Mammifères :	rat blanc	350	200
	chien (repos)	100	150
	homme (repos)	70	85
	homme (effort)	180	510

— les cellules les plus nombreuses ont une taille moyenne et présentent une contraction puissante (conduction : 0,5 m.s^{-1}).

Le fonctionnement cardiaque est modulé, selon les besoins globaux de l'organisme, grâce à des systèmes de rétrocontrôle complexes mettant en œuvre des éléments nerveux, hormonaux ou simplement physiques (voir ci-dessous, loi du cœur).

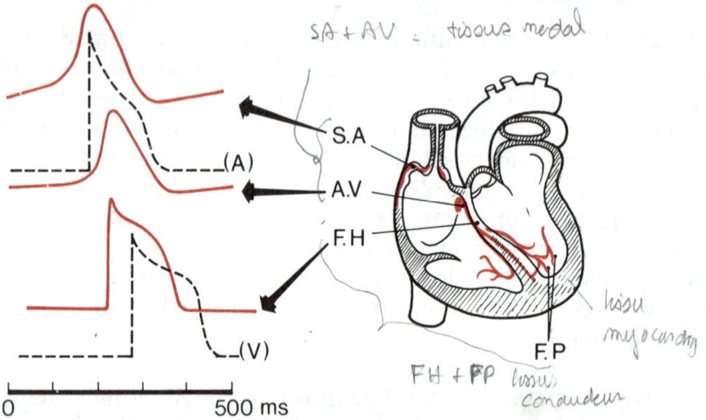

FIG. 15. — *Potentiels d'action transmembranaires enregistrés au niveau du nœud sino-atrial* (SA), *du nœud atrio-ventriculaire* (AV) *ou des fibres du faisceau de His* (FH). Noter la chronologie des divers potentiels et leurs différences de configuration. En *pointillés noirs* sont représentés les potentiels d'action d'une cellule auriculaire (A) et d'une cellule ventriculaire (V). F.P : fibres de Purkinje.
(Adapté de B.F. HOFFMAN & P.F. CRANEFIELD, 1960, *Électrophysiology of the Heart,* Mc Graw Hill.)

2. *L'automatisme cardiaque et sa régulation*

a. Origine de l'automatisme cardiaque

Chaque contraction cardiaque correspond à un mouvement progressif de la masse musculaire, suivi de son relâchement, l'ensemble étant à l'évidence coordonné. Les cellules nodales présentent un rythme propre de contraction, alors que les autres cellules ont un rythme de contraction commandé par les potentiels d'action transmis depuis les cellules nodales (*centre entraîneur* ou « pace maker », ce qui signifie à peu près « rythmeur »), par des jonctions lacunaires (cf. tome 1).

La contraction des diverses cellules cardiaques est précédée d'un potentiel d'action (cf. tome 1) dont le plateau se maintient pendant plusieurs centaines de millisecondes, davantage pour les cellules ventriculaires que pour les cellules auriculaires. La membrane des cellules nodales présente la particularité de ne pas avoir un potentiel de repos stable comme celle des autres cellules : pour une raison encore inconnue, elle se dépolarise spontanément, jusqu'à un seuil à partir duquel le potentiel d'action apparaît (fig. 16). La dépolarisation spontanée est plus ou moins rapide et commande le rythme des potentiels d'action : plus la dépolarisation est lente et plus le rythme ralentit.

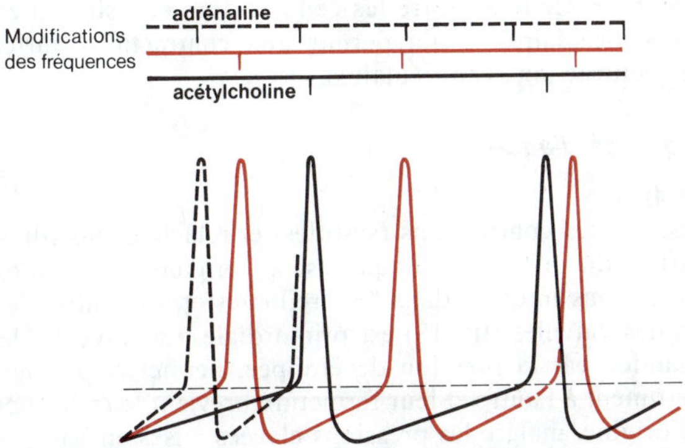

FIG. 16. — *Représentation schématique des potentiels d'action des cellules du nœud sinusal.* La fréquence des influx dépend de la vitesse de dépolarisation membranaire. Les transmetteurs tels que l'adrénaline ou l'acétylcholine modifient la fréquence des influx en accélérant ou en ralentissant la dépolarisation spontanée.

b. Effets des neurotransmetteurs du système végétatif (fig. 16)

L'*acétylcholine,* libérée par les fibres parasympathiques aboutissant au cœur (annexe 5), ralentit le rythme cardiaque en augmentant la conductance au potassium (cf. tome 1) des cellules du centre entraîneur, ce qui provoque une hyperpolarisation membranaire (le potentiel de membrane se rapproche en effet du potentiel d'équilibre du K^+) et retarde par conséquent la dépolarisation spontanée. A forte concentration, l'acétylcholine peut aussi bloquer la conduction atrio-ventriculaire et l'activité autorythmique des ventricules peut alors s'exprimer, ce qui entraîne une perte de coordination entre oreillettes et ventricules.

La *noradrénaline* et l'*adrénaline* (voir tome 1) augmentent au contraire le rythme des contractions en augmentant probablement la conductance au Na^+ et par conséquent la vitesse de dépolarisation des cellules nodales. Les catécholamines augmentent en outre la force de contraction de toutes les cellules cardiaques.

La durée importante de chaque potentiel d'action cardiaque, ainsi que les connexions nombreuses établies entre les diverses cellules myocardiques, par les jonctions lacunaires, interdit les stimulations multiples lors d'un cycle cardiaque : un potentiel issu d'une cellule nodale se traduit par un seul potentiel d'action dans les cellules du myocarde entier. La conduction est, par ailleurs, assez lente entre les cellules du nœud sinusal et celles du nœud atrio-ventriculaire, ce qui permet aux contractions auriculaires de précéder les contractions ventriculaires.

3. *Mécanique cardiaque*

a. Cycle cardiaque

La succession des contractions (systoles) et relâchements (diastoles) des diverses parties du muscle cardiaque est à l'origine de variations importantes des pressions internes dans les oreillettes et les ventricules (fig. 17). La fonction des valvules (fig. 18) est primordiale à ce niveau : leur ouverture, commandée par la pression développée, permet le passage du sang d'un compartiment à l'autre et leur fermeture prévient le reflux vers le compartiment d'origine, malgré les pressions élevées mises en jeu.

b. Travail du cœur et loi du cœur de Starling

Le travail effectué par le muscle cardiaque est égal au produit de la pression développée par le volume de sang propulsé lors d'un cycle. La figure 19 montre les boucles pression-volume tracées pour les ventricules droit et gauche de l'homme, lors d'une révolution cardiaque. La surface de ces graphiques est proportionnelle au travail efficace (une partie de l'énergie des contractions est transformée en chaleur) du cœur : on note que le ventricule droit fournit un travail environ 4 fois inférieur à celui du ventricule gauche, alors que le volume de sang propulsé est le même pour les deux ventricules. Lorsque la pression artérielle est élevée, le cœur doit augmenter la pression intraventriculaire pour maintenir le volume d'éjection systolique au même niveau.

Le volume d'*éjection systolique* varie en fonction :

— du volume de fin de diastole (ou volume télédiastolique), qui dépend lui-même de la pression veineuse de remplissage, des pressions développées par la contraction auriculaire, de la distensibilité des parois ventriculaires et du délai disponible pour le remplissage ;

— du volume de fin de systole (volume télésystolique), dépendant de la pression développée par le ventricule et de la pression aortique.

Lorsque le volume télédiastolique est augmenté (retour veineux plus

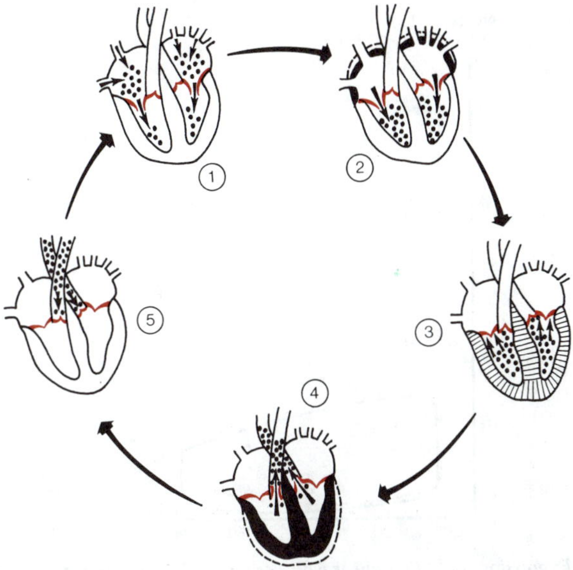

FIG. 17. — *La révolution cardiaque (cycle cardiaque d'un Mammifère) est une succession de contractions (systoles) et relâchements (diastoles) des oreillettes et ventricules qui commandent la fermeture ou l'ouverture des diverses valvules.* 1, diastole générale ; 2, contraction des oreillettes ; 3, contraction isométrique du ventricule ; 4, éjection systolique ; 5, relâchement ventriculaire.

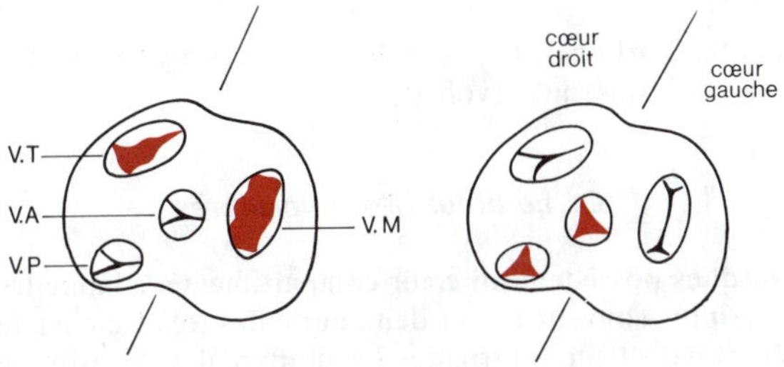

FIG. 18. — *Système valvulaire d'un cœur de Mammifère, représenté en projection sur un plan perpendiculaire à l'axe du cœur.* VT, valvule tricuspide (ou auriculo-ventriculaire droite) ; VM, valvule mitrale (ou auriculo-ventriculaire gauche) ; VA, valvule aortique et VP, valvule pulmonaire (VA et VP formées chacune de 3 valvules sigmoïdes dont le bord est libre). A gauche : diastole ; à droite : systole ventriculaire.

abondant), les contractions ventriculaires sont plus puissantes et ramènent le volume à la normale en quelques cycles. Cette adaptation du travail du cœur persiste sur une préparation cœur-poumon isolée ; elle correspond donc à une propriété intrinsèque du muscle cardiaque et l'on parle de la

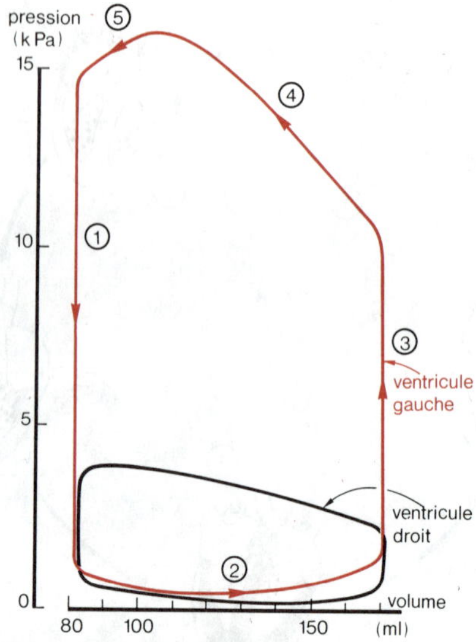

FIG. 19. — *Expression graphique du travail cardiaque.* Les mesures de pression (1 Pa = 1 $N.m^{-2}$) et de volume ventriculaire permettent de construire un diagramme pression-volume ; la surface délimitée par le diagramme est proportionnelle au travail cardiaque (pression × volume = $N.cm^{-2}$ × cm^{-3} = N.cm, dimension d'un travail). 1, relaxation isométrique du ventricule ; 2, remplissage ; 3, contraction isovolumétrique ; 4, phase rapide de l'éjection ; 5, fin d'éjection ventriculaire.

« loi du cœur de Starling ». Le cœur des Vertébrés est soumis par ailleurs à divers contrôles extrinsèques (voir p. 33).

C. *Le cœur des Invertébrés*

Les Mollusques possèdent un cœur compartimenté, comme les Vertébrés supérieurs : le plus souvent un ou deux auricules (quatre chez les Nautiles et chez Néopilina) et un ventricule. La plupart des Arthropodes ont des cœurs formés de tubes contractiles fixés en général en divers points d'un large sinus péricardique.

Les vaisseaux pulsatiles sont largement distribués chez les Invertébrés (Annélides par exemple). Les cœurs branchiaux des Mollusques Céphalopodes sont formés d'un tissu musculo-épithélial spongieux qui entoure de nombreux petits vaisseaux.

On notera que chez de nombreux Invertébrés, le tissu entraîneur cardiaque est représenté non par des cellules musculaires mais par des cellules nerveuses *(rythmeurs neurogéniques).* Chez les Crustacés Décapodes, par exemple, un ganglion cardiaque d'une dizaine de neurones joue le rôle de rythmeur : lorsqu'il est séparé du cœur, celui-ci cesse de se contracter, alors que le ganglion isolé présente toujours son activité spontanée.

IV. PHYSIOLOGIE VASCULAIRE

A. *Le système vasculaire*

La vitesse du flux sanguin en tout point de l'organisme dépend de divers facteurs tels que la pression artérielle systolique, la résistance artériolaire, l'état d'activité de l'organisme, la viscosité du sang... La vitesse de l'écoulement sanguin est liée en particulier à la surface cumulée des sections transversales des vaisseaux en chaque point du système circulatoire. En effet, chaque cylindre liquide propulsé par le cœur doit se partager entre les branches artérielles successives, puis les artérioles et les capillaires, ce qui implique une progression de plus en plus lente du sang au fur et à mesure qu'il accède à un grand volume vasculaire (fig. 20). Dans l'espèce humaine, la vitesse du sang est de l'ordre de 40 $cm.s^{-1}$ à la sortie du ventricule droit, dans un vaisseau (l'aorte) dont la section est d'environ 5 cm^2, alors que dans les capillaires, dont la surface de section cumulée atteint 3 500 cm^2, la vitesse est de 70 $\mu m.s^{-1}$.

Un autre aspect important de l'hémodynamique est lié à l'incompressibilité des liquides : si une modification du volume vasculaire survient dans un territoire, elle se répercutera dans le reste de la circulation. Une vasodilatation musculaire associée à un exercice doit, par exemple, être compensée par une vasoconstriction dans un autre territoire, sous peine de voir la pression artérielle chuter brutalement.

B. *Notions d'hémodynamique vasculaire*

Diverses équations, dérivées des théorèmes de Bernouilli et de la loi de Poiseuille appliqués aux écoulements laminaires de liquides dans un conduit cylindrique, permettent de prédire, avec une assez bonne approximation, les propriétés hydrauliques du système circulatoire. Ces propriétés sont compliquées cependant par la viscosité du sang, l'existence de turbulences et la compliance (ou capacitance) des divers territoires vasculaires.

La *compliance* (rapport des variations de volumes aux variations de pressions) du système veineux est importante : de petites variations de pression produisent de grandes modifications de volume. Les veines ont ainsi une fonction de réservoir sanguin car des variations, même importantes, de volume sanguin modifient peu la pression veineuse et par conséquent le retour veineux au cœur. La compliance globale du système artériel est, au contraire, très faible (200 fois plus faible que pour le système veineux) et les artères représentent une réserve de pression. L'élasticité artérielle permet simplement d'absorber la pression due aux systoles cardiaques et de relayer la propulsion cardiaque lors des diastoles.

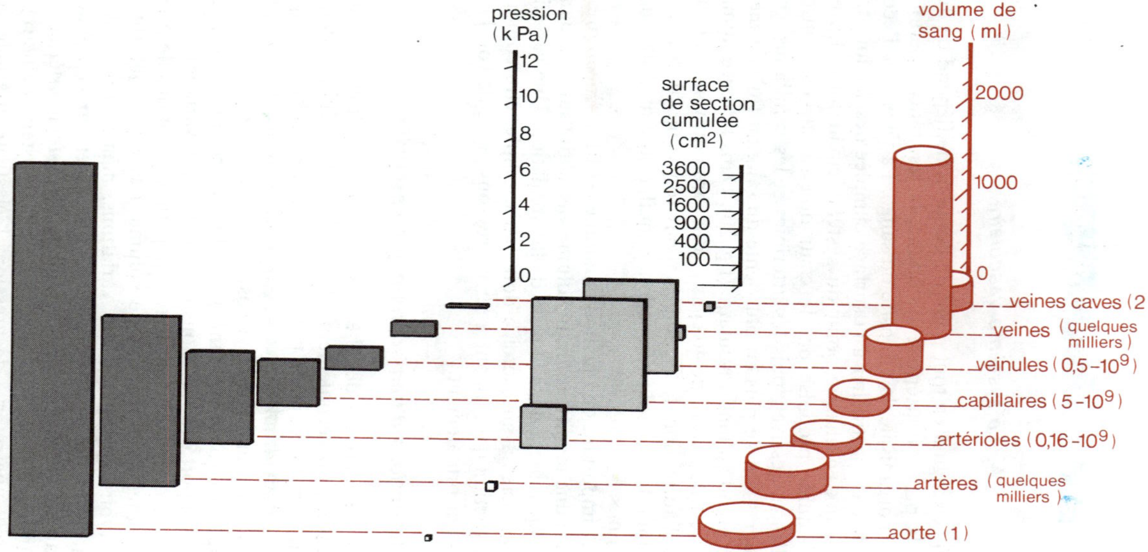

FIG. 20. — *Quelques caractéristiques du système vasculaire humain :* pressions, surfaces de section cumulées, volume sanguin contenu dans chaque compartiment et estimation du nombre de vaisseaux de chaque type.

(Graphique réalisé à partir des valeurs citées par K. SCHMIDT NIELSEN, *Animal Physiology,* 2nd ed., Cambridge University Press, 1979.)

C. *Données structurales*

L'ensemble du système vasculaire sanguin est limité par un épithélium simple de *cellules endothéliales* plates et jointives (fig. 21). Les vaisseaux de gros calibre ont une enveloppe plus ou moins développée de fibres élastiques et de collagène, qui forme l'*intima.* Des fibres musculaires lisses peuvent renforcer ou envelopper l'intima, formant la *média.* La limite entre ces deux tuniques n'est pas toujours très nette. L'*adventice* enfin est une tunique fibreuse qui enveloppe les formations précédentes.

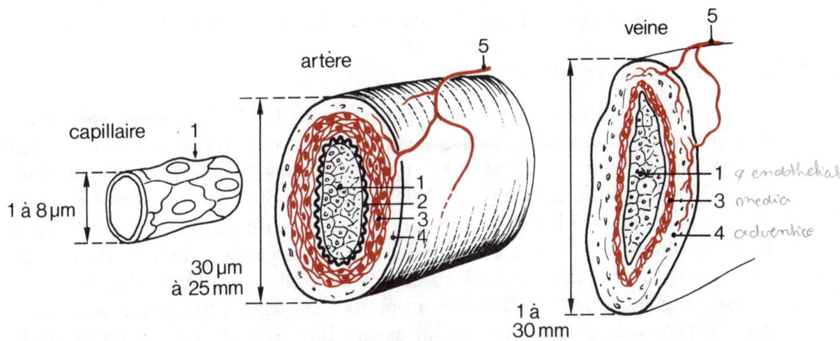

FIG. 21. — *Représentation schématique de la structure des vaisseaux sanguin.* L'artère et la veine correspondent ici à des vaisseaux de moyen calibre (quelques mm). 1, cellules endothéliales ; 2, membrane élastique interne (la tunique située entre la lumière du vaisseau et les fibres musculaires est l'intima) ; 3, fibres musculaires lisses (média) ; 4, adventice (fibres collagènes et dans les gros vaisseaux, faisceaux de fibres musculaires) ; 5, vasa vasorum (irrigation propre du vaisseau).

La paroi des vaisseaux autres que les capillaires présente une épaisseur trop importante pour que les cellules qui la constituent puissent s'approvisionner en nutriments par diffusion à partir de la lumière du vaisseau et un système capillaire dense les irrigue *(vasa vasorum).*

A diamètre externe comparable, les parois des artères sont le plus souvent plus épaisses que celles des veines et plus riches en fibres élastiques et en fibres musculaires (fig. 21).

D. *Système artériel et pression artérielle*

L'anatomie générale du système artériel varie dans les diverses classes de Vertébrés, essentiellement en fonction de l'évolution vers les formes terrestres (voir fig. 11) et la pression artérielle est également variable selon les groupes.

1. *Valeurs de la pression artérielle*

Chez l'homme de 30 ans, au repos, la pression systolique est de l'ordre de 16 kPa (120 mm de Hg) et la pression diastolique de 10 kPa (75 mm de Hg). Lors de chaque contraction cardiaque, la pression développée par le cœur est transmise, avec une valeur à peu près inchangée, dans toutes les artères principales, si les forces de gravité n'interviennent pas (homme allongé) : c'est ce qui permet de mesurer la pression artérielle au niveau du bras, par exemple. A l'inverse, l'affaiblissement de la pression est très important au niveau des petites artères et artérioles, et la pression atteint alors des valeurs de 4 kPa environ chez l'homme. La pression baisse encore au niveau des capillaires, pour être minimale dans le système de retour veineux (fig. 20).

2. *Pression artérielle et posture*

La pression existant dans une artère est la résultante de l'action cardiaque mais aussi de l'action de la pesanteur dans les principaux vaisseaux : chez un homme debout, la pression artérielle n'est pas la même au niveau d'un pied (20 kPa) ou de la tête (7 kPa) par suite du poids de la colonne de sang qui mène du cœur à l'organe considéré. Le poids du sang s'ajoute à la pression systolique si l'organe est situé au-dessous du cœur, alors qu'il diminue la pression si l'organe est situé au-dessus du cœur. Ce phénomène peut être encore plus marqué chez d'autres animaux : la girafe a une pression systolique au repos de 35 kPa, ce qui lui assure une irrigation convenable de la tête, située 2 mètres plus haut. Chez les animaux dont la taille est à l'origine de différences de pressions artérielles importantes, entre le cœur et les membres, on note que le retour veineux est favorisé par la présence de valvules veineuses et par les contractions des muscles squelettiques des membres.

Les changements de posture (animal allongé se mettant sur ses pattes) ne produisent en général pas de perturbations importantes des pressions de perfusion, car celles-ci sont immédiatement ajustées (voir plus loin).

E. *Capillaires, veines et vaisseaux lymphatiques*

1. *Irrigation capillaire*

Toute cellule en activité n'est pas éloignée de plus de trois ou quatre épaisseurs de cellules d'un capillaire, ou bien elle est « nourrie » par une cellule qui se trouve alors au contact d'un capillaire (c'est le cas des ovocytes ou des spermatides de Mammifères par exemple). Dans le cas contraire, la cellule n'ayant pas un approvisionnement rapide en nutriments et ne pouvant éliminer correctement ses déchets, dégénère (c'est le cas des cellules de l'épiderme de Mammifère lorsqu'elles sont repoussées vers la périphérie par le développement des cellules plus jeunes). La densité de capillaires est très importante dans n'importe quel tissu : le système artériel se résout en quelque 5.10^9 capillaires chez l'homme. Le capillaire moyen, au sens statistique du terme, mesure environ 1 mm de long pour 10 à 25 µm de diamètre. Le calcul montre que le volume cumulé des capillaires dépasse largement le volume sanguin total ; cependant, tous les capillaires ne sont pas fonctionnels en permanence : il se trouve que 5 % seulement du volume capillaire est recruté en moyenne, dans des territoires différents selon les besoins de l'instant. Un muscle en activité présente à peu près 30 fois plus de capillaires ouverts qu'un muscle au repos (cf. chap. 8).

2. *Échanges capillaires*

Les parois capillaires sont perméables aux substances dissoutes de faible masse moléculaire (quelques molécules protéiques traversent cependant l'endothélium) et se laissent également traverser par les leucocytes, au niveau des jonctions entre les cellules endothéliales. Le filtrat ainsi formé produit le *liquide interstitiel.*

Les mouvements de liquides prenant place au niveau de l'endothélium capillaire sont uniquement gouvernés par l'évolution de l'équilibre des pressions en présence :

— la pression hydrostatique diminue en effet entre l'extrémité artérielle et l'extrémité veineuse du capillaire ;

— la pression oncotique (effet osmotique lié à la présence des protéines : cf. tome 1) du plasma a tendance à augmenter au cours du transit dans le capillaire (fig. 22).

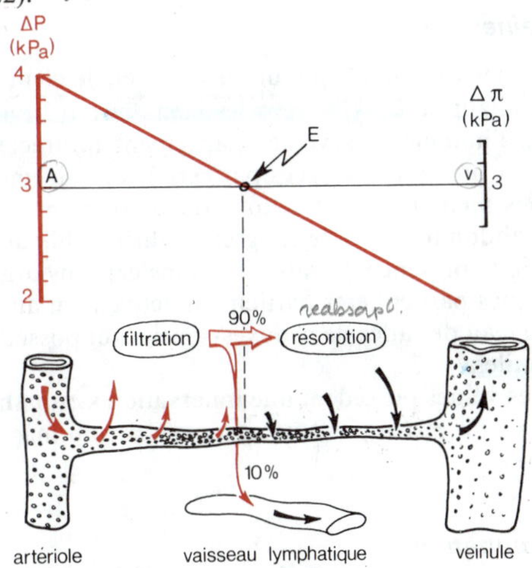

FIG. 22. — *Échanges liquidiens au niveau capillaire.* Les mouvements d'eau et de solutés (sauf protéines) sont commandés par les variations des différences de pression hydrostatique (ΔP) entre le milieu intracapillaire et le milieu interstitiel. Tant que ΔP est supérieur à la différence de pression osmotique (Δπ) entre les deux milieux, le liquide est filtré (entre A et E). Au-delà du point d'équilibre E, la différence de pression osmotique, due aux protéines contenues dans le plasma, devient supérieure à la pression hydrostatique et entraîne une résorption à 90 % du liquide interstitiel (E à V). Au total, la fraction filtrée est égale à la fraction résorbée augmentée de la fraction empruntant les capillaires lymphatiques.

Le bilan net (sorties-entrées) des échanges de liquide filtré de cette manière est le plus souvent un excédent de liquide qui se répand dans les espaces interstitiels. La lymphe est formée par la fraction de liquide qui est alors drainée par les vaisseaux lymphatiques et ramenée vers le sang, dans le système veineux à basse pression.

On estime à 20 l le volume de plasma filtré chaque jour au niveau capillaire, chez l'homme, 18 l étant réabsorbés de suite et les 2 l restant empruntant la circulation lymphatique. Ces débits journaliers n'assurent qu'un très faible pourcentage des échanges de déchets métaboliques, de nutriments et d'ions qui prennent place au niveau des tissus, entre le sang et les liquides interstitiels : l'essentiel des échanges se fait par diffusion.

Lorsque la concentration des protéines plasmatiques diminue (malnutritions, cirrhose du foie...), la pression oncotique n'est plus suffisante pour permettre une réabsorption du filtrat capillaire et l'accumulation trop rapide de liquide extravasculaire est la cause d'œdèmes.

Au niveau de la circulation pulmonaire, assurée à 95 % par le sang issu de l'artère pulmonaire (les 5 % restants sont d'origine systémique), la pression artérielle est faible (3,3 à 1,3 kPa chez l'homme) et la pression hydrostatique capillaire est plus faible que dans le système à haute pression : le bilan des échanges est dans ce cas négatif au niveau capillaire et c'est le sang qui draine le contenu des espaces interstitiels.

3. *Système veineux*

Le système veineux permet le retour du sang vers le cœur : il présente une faible pression, allant de 1,2 kPa pour les veinules à 0,2 ou 0,3 kPa dans la veine cave chez l'homme. Les veines participent indirectement au retour sanguin grâce aux pressions exercées par certains mouvements musculaires (mouvements des membres, contractions du diaphragme qui appuie alors sur les viscères abdominaux...), le sang étant dirigé obligatoirement vers le cœur par suite de la présence de valvules. Dans certains organes, des dispositions anatomiques particulières participent activement au retour veineux : c'est le cas au niveau des ailes de chauves-souris, qui possèdent des veines à propriétés pulsatiles.

Par ailleurs, les veines possèdent une innervation sympathique abondante dont l'activation peut provoquer une vasoconstriction massive et un retour veineux amélioré.

4. *Système lymphatique*

Les vaisseaux lymphatiques sont des capillaires à extrémité aveugle qui convergent, à partir de tous les territoires, pour former des vaisseaux de plus gros calibre, dont la musculature lisse assure des contractions rythmiques. Des valvules permettent un flux unidirectionnel de la lymphe. Les vaisseaux rejoignent la circulation sanguine en un site à basse pression (veines jugulaires chez l'homme).

Ce système permet le retour vers le sang du liquide filtré et des protéines du liquide interstitiel, le transport des chylomicrons (p. 106), et il draine les ganglions lymphatiques (p. 205) d'où sa richesse en lymphocytes.

Chez divers autres vertébrés, il existe des cœurs lymphatiques, dilatations locales qui forcent la lymphe dans les veines du circuit sanguin, en plusieurs sites (divers Poissons, Amphibiens, embryons d'Oiseaux...).

V. LES RÉGULATIONS CARDIOVASCULAIRES

L'activité d'un organisme, les changements de posture, les variations de l'environnement thermique, les périodes digestives sont autant de situations qui se traduisent par des modifications de la sollicitation du système cardiovasculaire.

A. *Approche expérimentale*

Parmi les techniques qui permettent l'étude des régulations cardiovasculaires, on peut citer :

— les mesures de pression en divers sites du système circulatoire ;

— les mesures de débits sanguins (p. 101) ;

— les dérivations d'organes, avec perfusion par un liquide dont on peut modifier la composition ou la pression de perfusion (étude des barorécepteurs et des chimiorécepteurs) ;

— les sections de nerfs, les stimulations de nerfs, les enregistrements de fibres nerveuses ;

— les injections d'hormones, de neurotransmetteurs, de substances pharmacodynamiques ;

— l'étude de fragments de tissus vascularisés placés *in vitro.*

B. *Régulation du débit sanguin capillaire*

Les parois capillaires sont dépourvues d'éléments moteurs (fig. 23) et un capillaire n'est ouvert ou fermé que parce qu'il est ou non perfusé de sang. Ce sont les artérioles, situées en amont, et les veinules, situées en aval, qui gouvernent le passage du sang dans tel ou tel réseau local, en formant une multitude de sphincters qui s'ouvrent et se ferment périodiquement, en provoquant en permanence de nouveaux circuits capillaires.

Les sphincters précapillaires sont sous contrôle local, circulant et nerveux. Des sphincters situés encore en amont, à la jonction artère-artériole sont, par contre, richement innervés et sous contrôle nerveux seulement.

1. *Contrôle local*

Le contrôle local du flux sanguin capillaire est essentiellement lié à l'activité instantanée du tissu et à son intégrité.

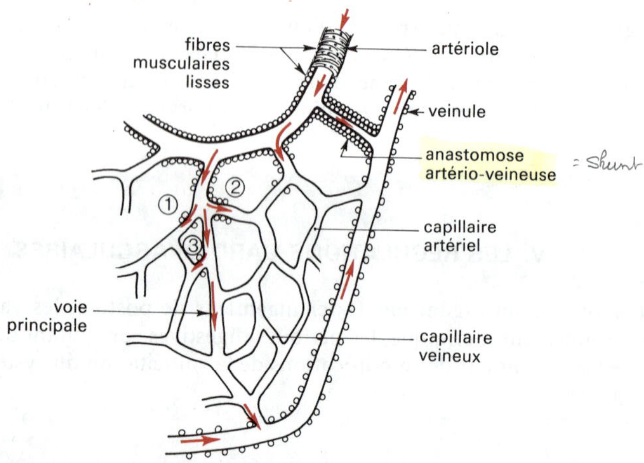

FIG. 23. — *Réseau capillaire.* La distribution des fibres musculaires lisses est schématisée par la densité des cercles longeant les divers vaisseaux. Le sang peut passer directement d'une artériole à une veinule par des anastomoses (shunts) artério-veineuses. La contraction des fibres musculaires des métartérioles (1,2 et 3 par exemple) permet de privilégier l'irrigation capillaire de certains territoires.
(Adapté de COPENHAVER, V.M., BUNGE, R.P. & BUNGE, M.B. ; *Bailey's Textbook of Histology,* 16th éd., Williams & Wilkins, 1972.)

- **Produits du métabolisme**

Des cellules au métabolisme très actif respirent en consommant de l'oxygène et en libérant du CO_2, des ions H^+ et divers autres molécules ou ions (K^+ par exemple). L'augmentation de concentration des produits du métabolisme local, la baisse de pH, la diminution de la concentration d'oxygène sont autant de stimuli de la *vasodilatation locale* des artérioles, par suite du relâchement des fibres lisses contenues dans leur paroi. Il s'ensuit une dilatation des capillaires, avec augmentation du flux sanguin local. L'augmentation de température associée à l'intense activité est également un facteur de vasodilatation artériolaire. Les capillaires pulmonaires font exception à ce mécanisme.

- **Autres facteurs locaux**

Les traumatismes locaux modifient la circulation capillaire. Une vasodilatation capillaire est déclenchée par la libération, à partir des cellules lésées, de substances telles que l'*histamine.*

La *sérotonine,* libérée par les plaquettes sanguines, au niveau d'une brèche vasculaire (voir chap. 10) a un effet vasoconstricteur le plus souvent (effet variable selon les concentrations et les tissus) et participe à l'hémostase.

2. *Contrôle nerveux*

Le contrôle nerveux permet une modulation du débit capillaire global, adapté au débit cardiaque, ce qui assure, en particulier, une pression artérielle suffisante pour la perfusion du cerveau ou du cœur (vascularisations cérébrale et coronaire).

Les artérioles étant largement innervées par le système sympathique, toute excitation de celui-ci entraîne essentiellement une libération de noradrénaline (quelques fibres libèrent d'autres neurotransmetteurs) qui agit sur les récepteurs α des fibres musculaires lisses, entraînant leur contraction et donc une *vasoconstriction*. Une activité tonique sympathique existe dans la plupart des territoires vasculaires par suite de la décharge de certaines terminaisons. Dans certains territoires, tels le cœur et les poumons, les artérioles sont innervées par des nerfs parasympathiques et la libération d'acétylcholine est suivie de vasodilatation.

3. *Substances vasomotrices circulantes*

Les *kinines* sont des petits peptides formés dans le plasma (bradykinine) ou les tissus (lysylbradykinine), par action d'une enzyme (kallicréine plasmatique activée ou tissulaire), sur des précurseurs peptidiques (les kininogènes) présents dans le plasma. Les kinines entraînent une vasodilatation par relâchement des fibres lisses des vaisseaux, alors qu'elles provoquent la contraction des fibres lisses viscérales (du tractus gastro-intestinal par exemple). Ces substances ont aussi un effet attractif sur les leucocytes. La formation des kinines, avec intervention d'enzymes tissulaires ou circulantes, n'est pas sans rappeler la cascade d'activations qui mènent à la coagulation sanguine (p. 223). Le « facteur XII » activé participe d'ailleurs à l'activation de la kallicréine plasmatique.

La noradrénaline circulante, d'origine surrénalienne (le plus souvent) ou associée à une décharge sympathique intense, a un effet vasoconstricteur généralisé, alors que l'adrénaline (toujours d'origine médullosurrénalienne) est vasodilatatrice sur les vaisseaux hépatiques et musculaires, vasoconstrictrice dans d'autre territoires (tableau 2).

L'*angiotensine II* est un octapeptide circulant, vasoconstricteur très puissant (à peu près cinq fois plus actif que la noradrénaline à concentration égale), dont la demi-vie plasmatique est très brève.

Une nouvelle famille de peptides d'origine cardiaque (« atrio peptides natriurétiques », ayant une action sur la régulation de la pression artérielle fait l'objet de nombreux travaux, à l'heure actuelle.

C. *Intégration nerveuse des régulations cardiovasculaires*

Outre le contrôle intrinsèque, en fonction des variations du retour veineux ou de la résistance périphérique, l'activité cardiaque est soumise, comme les autres éléments du système vasculaire, à une régulation centrale de la pression artérielle systémique.

TABLEAU 2. — *Récepteurs adrénergiques de quelques tissus appartenant au système cardiovasculaire*
(d'après CRYER, P.E., in *Endocrinology and Metabolism,* Ph. FELIG *et al.,* 1981, pp. 511-550, Mc Graw Hill).

Tissus	*Récepteurs*	*Effets*
Cœur	β	↗ rythme ↗ contractilité ↗ conduction
Artérioles		
peau	α	constriction
muqueuses	α	constriction
muscles squelettiques	α	constriction
	β	dilatation
viscères abdominaux	α	constriction
	β	dilatation
Veines	α	constriction

Les deux classes de récepteurs, α et β, sont caractérisées par leur sensibilité à des agonistes adrénergiques : les récepteurs α sont plus sensibles à la noradrénaline qu'à l'adrénaline et à l'isoprotérénol (sympathomimétique) alors que la sensibilité des récepteurs β est, dans l'ordre :

isoprotérénol > adrénaline > noradrénaline

1. *Récepteurs*

• Barorécepteurs

Les barorécepteurs sont distribués en divers points du système circulatoire. Il s'agit de fines terminaisons nerveuses qui pénètrent dans l'adventice des vaisseaux (fig. 21) et dont l'activité (décharges efférentes au récepteur, afférentes au centre nerveux) varie selon leur état d'étirement : ils sont donc sensibles à toute variation de la pression artérielle.

La région barosensible du sinus carotidien des Mammifères a été particulièrement étudiée, mais on connaît des récepteurs comparables en divers autres sites du système artériel (crosse aortique, artères pulmonaires, artères sous-clavières...), ainsi qu'en divers points du cœur (oreillettes, ventricule gauche). La fréquence de décharge des barorécepteurs carotidiens est étroitement dépendante de la pression artérielle (fig. 24). Les potentiels d'action issus des barorécepteurs sont conduits *via* les nerfs dépresseurs, qui rejoignent les nerfs crâniens des 9e et 10e paires vers les zones cardio-inhibitrice et vasomotrice (centre bulbaire cardiovasculaire). Les centres sont ainsi informés de l'état de la pression artérielle en divers points stratégiques, de façon permanente : la section bilatérale des fibres issues des barorécepteurs entraîne une très forte hypertension (ces fibres forment les nerfs dépresseurs, bien individualisés chez le lapin ou le chat). Une telle disposition per-

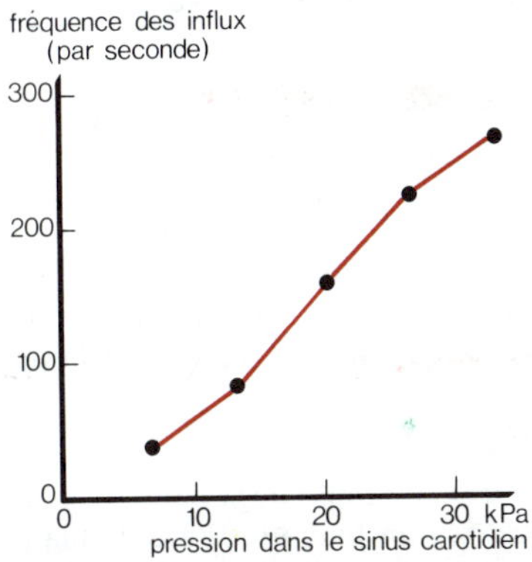

FIG. 24. — *Fréquence moyenne des influx enregistrés au niveau d'un groupe de fibres du nerf issu du sinus carotidien, lorsque la pression intrasinusale est maintenue expérimentalement à diverses valeurs.*
(Simplifié, d'après P.I. KORNER, *Physiol. Rev.*, **51,** 312, 1971.)

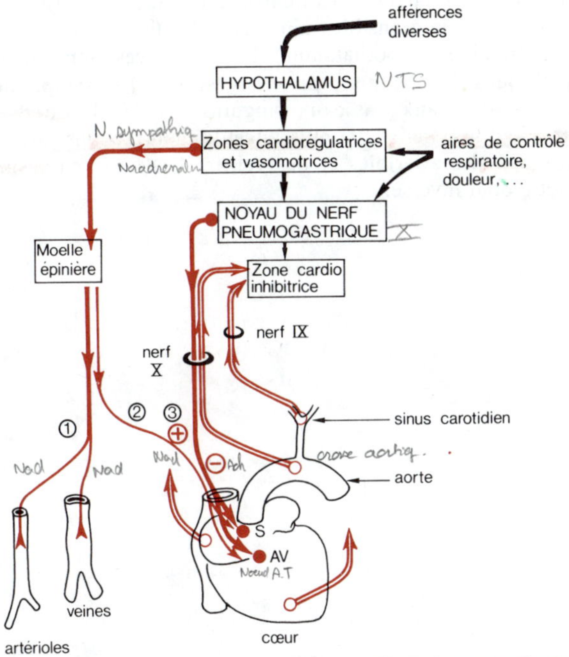

FIG. 25. — *Représentation schématique des éléments de régulation cardiovasculaire. En traits rouges pleins :* innervation motrice ; *en traits rouges évidés,* voies sensitives. S, nœud sinusal, AV, nœud auriculo-ventriculaire ; 1, vasoconstriction (voie α adrenergique) ; 2, stimulation cardiaque ; 3, inhibition cardiaque.

met un ajustement fin de la pression artérielle aux besoins instantanés des tissus (rétrocontrôle négatif : cf. tome 1).

- **Chimiorécepteurs (ou chémorécepteurs)**

Les chimiorécepteurs, impliqués surtout dans le contrôle de la ventilation (chap. 4) participent aussi aux ajustements cardiovasculaires. Lorsque la P_{O_2} diminue ou lorsque la P_{CO_2} (ou la concentration en ions H^+) augmente, au niveau des corps carotidiens et aortiques, la décharge des chémorécepteurs augmente, parvient aux neurones centraux vasomoteurs et entraîne une vasoconstriction périphérique qui fait augmenter la pression artérielle.

2. *Intégrations centrales*

Les régions de l'encéphale impliquées dans le contrôle cardiovasculaire sont localisées dans la région bulbaire. La délimitation anatomique n'est guère précise car les neurones participant aux intégrations cardiomotrices forment des ensembles plus ou moins diffus de neurones cardio-inhibiteurs (leurs décharges diminuent le rythme cardiaque) et de neurones vasomoteurs (leurs décharges entraînent une vasoconstriction ou une vasodilatation).

Les afférences parvenant à ces neurones centraux sont issues des zones barosensibles et chimiosensibles ainsi que de diverses régions de l'encéphale (en particulier l'hypothalamus). Les efférences empruntent les voies parasympathiques (par les nerfs pneumogastriques) et sympathiques pour se rendre au cœur et aux vaisseaux sanguins (fig. 25). Les nerfs sympathiques augmentent le rythme et la puissance des contractions cardiaques et la vasoconstriction des artérioles et des veines. Les nerfs parasympathiques ont un effet global inverse.

3

DES ALIMENTS AUX NUTRIMENTS : LES FONCTIONS DIGESTIVES

Le chapitre 1 rappelait quelles sont les contraintes thermodynamiques qui obligent les organismes hétérotrophes à puiser dans leur environnement les sources d'énergie dont ils ont besoin en permanence. Dans toute la série animale, excepté chez certains endoparasites tels que les Cestodes, on rencontre une organisation plus ou moins complexe qui permet de transformer les substances nutritives prélevées dans l'environnement en substances assimilables par chaque cellule. L'ensemble du processus est regroupé sous l'appellation générale de *fonctions digestives* et nous envisagerons successivement la variété des modèles alimentaires, les étapes de la digestion et leur contrôle, puis l'absorption des nutriments.

I. VARIÉTÉ DES MODÈLES ALIMENTAIRES

A. *Besoins quantitatifs et qualitatifs*

1. *Aliments et nutriments*

Une *cellule* de Métazoaire prélève dans son environnement immédiat des éléments nutritifs que l'on appelle *nutriments* : il s'agit de substances directement assimilables qui peuvent être incorporées dans les structures de la cellule (les sucres simples comme le glucose, le fructose, le ribose ; les acides aminés...) ou utilisées par le métabolisme énergétique. L'eau, l'oxygène, divers minéraux, et des molécules organiques plus complexes (vitamines) sont également indispensables et parfois classées dans les nutriments également ; il convient de distinguer alors les nutriments énergétiques (voir chap. 5) des autres nutriments.

Un *organisme* hétérotrophe consomme le plus souvent des *aliments,* qui renferment les mêmes éléments nutritifs que ceux qui viennent d'être cités mais aussi des macromolécules organiques telles que les glucides complexes (amidon, cellulose, glycogène), les protéines, les acides nucléiques, les lipides... Que ces molécules soient destinées à la croissance ou à l'entretien des structures de l'organisme (rôle plastique) ou encore à la production d'énergie (rôle énergétique), elles sont d'abord transformées en molécules plus petites, pour en faire des nutriments assimilables.

Les aliments organiques sont indispensables pour tous les organismes, à des degrés divers selon leur nature ou leur devenir : très schématiquement on pourrait considérer trois grandes catégories :

— aliments apportant essentiellement l'énergie chimique et dont la consommation est, chez les Vertébrés supérieurs, de plusieurs grammes par jour, pour chaque kilo de poids corporel ;

— molécules telles que des acides aminés ou certains lipides, nécessaires en petites quantités pour fournir les squelettes carbonés dont les cellules ne peuvent assurer la synthèse (mg par kg par jour) ;

— divers coenzymes, des vitamines, sont nécessaires au bon fonctionnement des cellules, les besoins étant de l'ordre du µg par kilo et par jour.

2. *Variété des besoins alimentaires*

a. Principe des études

Lorsqu'un organisme est isolé en laboratoire, il est possible de contrôler très précisément son régime alimentaire ; deux démarches principales sont retenues :

— analyse qualitative et quantitative des aliments prélevés spontanément par l'organisme dans son milieu

— mise au point, par approches successives, de régimes synthétiques assurant un bon état physiologique des individus. La manipulation des diverses substances composant la ration permet de mettre en évidence les composants indispensables.

Une difficulté persiste souvent : l'existence de *symbiotes* associés à l'organisme étudié (Bactéries, Protozoaires...) et qui participent à son équilibre alimentaire en lui fournissant des acides aminés indispensables, des nutriments énergétiques ou des coenzymes qui n'existent pas dans la ration. Pour établir un schéma alimentaire des seuls tissus de l'organisme considéré, on doit recourir à l'étude des *animaux axéniques* (fig. 26).

b. Aspect quantitatif

La quantité d'aliments consommée par un organisme est directement liée à son activité (un thon consomme beaucoup plus qu'une baudroie, par unité de poids) et au besoin éventuel d'une régulation thermique (les endothermes consomment plus que les animaux ne produisant pas de chaleur). En outre, des différences liées à l'intensité du métabolisme apparaissent dans des groupes pourtant semblables sur le plan nutritionnel : un exemple est fourni par la comparaison de l'utilisation d'une tonne de foin par des lapins ou par un bœuf (fig. 27). En général, plus l'animal est petit, plus son métabolisme est intense chez les Mammifères (voir chap. 7).

3. *Les besoins spécifiques*

Chez la plupart des animaux, la capacité de synthèse de certaines substances essentielles est trop faible devant les besoins quotidiens et ces substances doivent être présentes dans l'alimentation. La notion d'aliment

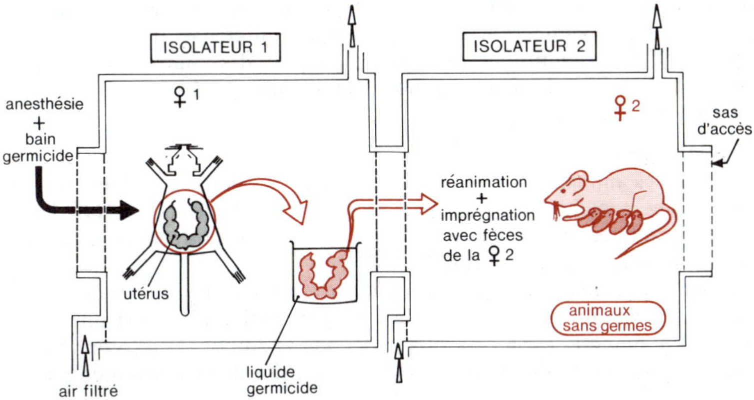

FIG. 26. — *Principe de l'obtention d'un élevage de* rats axéniques *(un animal est appelé axénique s'il n'héberge aucune espèce vivante).* Les fœtus sont naturellement protégés de la colonisation par des germes exogènes grâce au filtre placentaire (quelques germes pathogènes peuvent toutefois passer). La colonisation par une flore bactérienne considérable n'intervient qu'après la naissance (bactéries cutanées, du tube digestif, des voies aériennes supérieures, du tractus génital...). Pour obtenir un élevage axénique, une césarienne est pratiquée, à terme, en prenant des précautions sanitaires rigoureuses. Les nouveau-nés sont ensuite nourris artificiellement ou confiés à une deuxième femelle déjà axénique, privée de ses nouveau-nés (nourrice).

L'élevage peut être conservé et se reproduire, en conditions de stérilité totale, dans une batterie d'*isolateurs.* Chaque isolateur est une bulle de chlorure de polyvinyle, en légère surpression, alimentée en air filtré et dont l'accès n'est possible que par des sas étanches et des boîtes à gants.

Les animaux axéniques présentent diverses caractérisques biologiques bien plus constantes d'un animal à l'autre que les animaux conventionnels. Ils représentent un « réactif biologique » de choix, qui améliore la reproductibilité des résultats expérimentaux. En outre, ces animaux sont caractérisés par un développement moindre du tube digestif (20 % moins long), des reins, du foie, du thymus, de la rate..., un métabolisme basal inférieur de 30 %, une longévité supérieure, etc., par rapport aux animaux conventionnels.

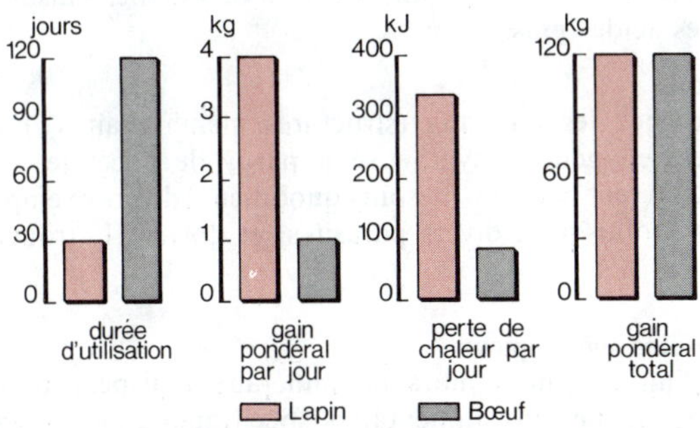

FIG. 27. — *Utilisation d'une tonne de fourrage par un bœuf de 650 kg ou par 300 lapins totalisant le même poids.* Le même gain de poids corporel total est obtenu en 30 jours pour les lapins et en 120 jours pour le bœuf.

(Graphiques dessinés d'après les données de KLEIBER, 1961, *The fire of life,* Wiley.)

essentiel ou de vitamine est peu précise bien souvent et doit être définie pratiquement pour chaque espèce. Elle peut même différer selon l'état de développement d'un organisme : on connaît le besoin des nourrissons humains en cholécalciférol (vitamine D_3) alors que l'adulte peut en réaliser la synthèse en quantités suffisantes.

a. Acides aminés

Les acides aminés dits essentiels sont variables selon les espèces. On sait que la *zéïne,* protéine isolée du maïs ne permet pas la croissance pondérale des Mammifères par suite de son contenu insuffisant en tryptophane, lysine, cystéine et hydroxyproline.

Le besoin en un acide aminé peut dépendre aussi de l'équilibre des autres dans le régime alimentaire : chez le rat, la thréonine ajoutée à un régime minimal diminue la prise de poids, alors que l'addition de tryptophane en même temps que la thréonine permet une reprise de la croissance pondérale.

Les ruminants hébergent des Bactéries et Protozoaires symbiotiques dans leur tube digestif (p. 52), qui leur fournissent les acides aminés essentiels synthétisés à partir d'urée et d'ammoniac.

De nombreux Insectes doivent trouver, dans leur alimentation, la choline, un composant essentiel de certains phosphoglycérides membranaires (cf. tome I), alors que les Mammifères en réalisent la synthèse à condition que leur régime contienne assez de méthionine, précurseur de la choline.

b. Bases puriques et pyrimidiques

Elles sont en général synthétisées en quantités suffisantes chez les animaux mais certains Protozoaires doivent les trouver dans leur alimentation par suite de déficiences en certains enzymes de la chaîne de biosynthèse.

c. Acides gras essentiels (acides gras insaturés)

L'acide linoléique (18:2 ; soit 18 carbones et 2 doubles liaisons), l'acide arachidonique (20:4) ou l'acide linolénique (18:3) sont indispensables dans la ration de nombreux oranismes, dont les Mammifères, qui ne possèdent pas les enzymes nécessaires à l'introduction de doubles liaisons au-delà du carbone 9 des acides gras.

d. Cholestérol

Abondant chez les animaux (structures membranaires, hormones stéroïdes), il est en général synthétisé à partir de l'acétate, mais certains groupes ne couvrent pas leurs besoins quotidiens (divers exemples parmi les Insectes, les Mollusques, divers parasites) et doivent le trouver dans leur ration.

e. Autres besoins spécifiques

En plus d'un certain nombre de minéraux indispensables, souvent à doses infimes, les besoins alimentaires spécifiques sont regroupés sous le terme général de *vitamines.* Ce groupe de composés organiques inclut toutes les molécules nécessaires au bon fonctionnement des organismes sans avoir une valeur énergétique. Il s'agit de certains coenzymes ou de leurs précurseurs (thiamine, cobalamine, riboflavine...), de certains acides gras, des précurseurs de divers pigments... (tableau 3).

TABLEAU 3. — *Principales vitamines chez l'homme.*

VITAMINES	*FORMES ACTIVES*	*FONCTIONS PRINCIPALES*
Liposolubles		
Vitamine A	11 cis-rétinol	Vision rétinienne intégrité des épithéliums
Vitamine D	1-25 dihydroxycholecalciférol	Métabolisme phosphocalcique
Vitamine E	α-tocophérol et dérivés	Transferts d'électrons (ou H)
Vitamine K	Phylloquinone	Synthèse de prothrombine
Hydrosolubles		
Vitamine C (acide ascorbique)	Acide déhydro ascorbique	Processus d'oxydo-réduction ; intégrité des téguments...
Vitamine B_1 (thiamine)	Thiamine pyrophosphate	Transferts de groupes aldéhydes
Vitamine B_2 (riboflavine)	Flavine adénine dinucléotide (FAD)	Transport d'électrons (ou H)
Vitamine B_6 (pyridoxine)	Phosphate de pyridoxal	Transfert de fonctions amines
Vitamine B_{12} (cobalamine)	Cyanocobalamine	Isomérisations, déshydrogénations, méthylations
Acide pantothénique (vitamine B_5)	Coenzyme A	Transfert de groupes acyl
Biotine	Biocytine	Transferts de carboxyles
Acide folique	Acide tétrahydrofolique	Transferts d'unités à 1 C
Vitamine PP (acide nicotinique)	Nicotinamide adénine, dinucléotide (NAD) et nicotinamide adénine dinucléotide phosphate (NADP)	Transferts d'électrons (ou H)

B. *La prise alimentaire*

Malgré une grande variété, les types alimentaires des organismes animaux peuvent être regroupés en un petit nombre de catégories si l'on se base sur la nature ou la dimension des particules ingérées. On peut par exemple distinguer trois catégories principales :

— les microphages,
— les macrophages,
— les consommateurs d'aliments liquides.

1. *Animaux microphages*

Les particules alimentaires sont de très petite taille et doivent être prélevées en masse dans le milieu, sous forme de plancton, par exemple. Les systèmes assurant un courant d'eau et le prélèvement de la nourriture sont variés : pseudopodes, cils, cytopharynx des Protozoaires, cils des Spongiaires, des Mollusques bivalves, mucus chez des Gastéropodes, Tuniciers..., structures de filtrage chez des Crustacés, les flamants roses ou les baleines...

2. *Animaux macrophages*

Les aliments sont, dans ce cas, des particules prélevées individuellement par suite de leur taille dans le milieu extérieur. Certains animaux macrophages absorbent la totalité du milieu qui les entoure (terre, sable...) et digèrent les matières organiques qu'il renferme (lombrics, arénicoles) mais le plus souvent, les macrophages choisissent leurs aliments, après une approche mettant en jeu des systèmes sensoriels. La prise alimentaire est discontinue. Après saisie de la proie ou de l'aliment, il peut intervenir des mouvements de trituration, mastication, déglutition... qui sont contrôlés par le système nerveux essentiellement.

De très nombreux groupes appartiennent à cette catégorie, des Cnidaires aux Mammifères.

3. *Consommateurs d'aliments liquides*

Cette forme d'alimentation se rencontre chez les consommateurs de nectar végétal (divers Insectes, colibris), de sang (sangsues, tiques, divers Insectes, vampires...), de lait (jeunes Mammifères), et chez les araignées et diverses larves d'Insectes qui infusent des sucs digestifs dans leur proie puis aspirent les tissus liquéfiés.

La consommation d'aliments liquides nécessite une régulation appropriée de l'équilibre hydro-minéral (fig. 28).

II. DIGESTION DES ALIMENTS

A. *Définition*

La digestion est une fonction qui se déroule de façon séquentielle et les systèmes digestifs possèdent pour la plupart plusieurs régions fonctionnelles assez bien caractérisées (fig. 29) :

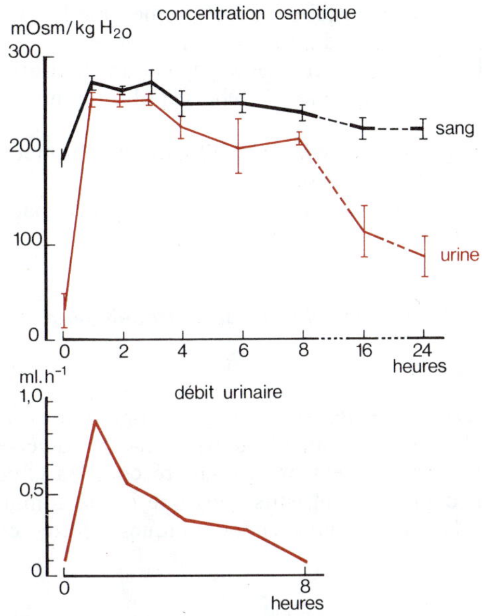

FIG. 28. — *Évolution du débit urinaire* (graphique du bas) *et de la concentration osmotique du sang et de l'urine* (graphique du haut) *chez la sangsue* (Hirudo medicinalis) *après infusion dans le tube digestif d'une solution hypertonique au sang (285 mOsmol.kg^{-1} d'eau).* La surcharge hydrique est comparable à celle qui suit un repas de sang dans cette espèce. Les valeurs sont des moyennes (accompagnées de l'écart type dans le graphique du haut) obtenues sur plusieurs animaux (⩾ 5).
(D'après les données de ZERBST-BOROFFKA *et al., J. Comp. Physiol.,* 1982, **146,** 75-79.)

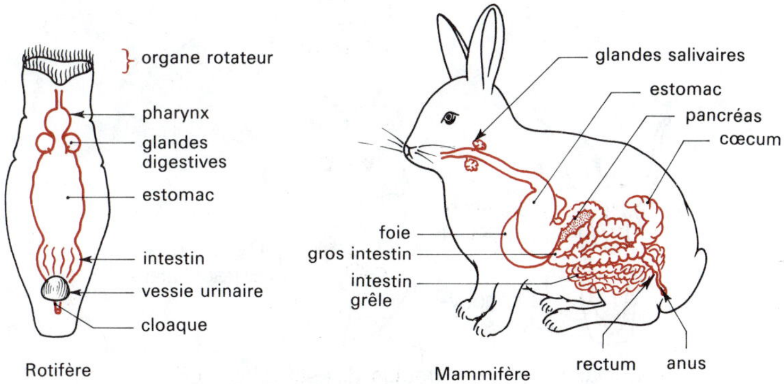

FIG. 29. — *Spécialisations anatomiques et fonctionnelles du système digestif chez deux animaux.*

(Imité de G.E. NELSON & G.G. ROBINSON, *Fundamental Concepts of Biology,* 4th ed., 1982.)

— le premier segment du tube digestif permet une lubrification des aliments, accompagnée parfois d'un début d'hydrolyse ;

— un second segment permet essentiellement une hydrolyse partielle des protéines, en milieu acide chez les Vertébrés et plus rarement chez les Invertébrés ;

— le dernier segment assure la fin de l'hydrolyse des macro-molécules et l'absorption finale des nutriments.

Les enzymes qui assurent les hydrolyses sont élaborés par des glandes de plus en plus spécialisées chez les êtres supérieurs.

B. *Digestion intra ou extracellulaire*

1. *Intracellulaire*

Chez les Protozoaires et les Spongiaires, la digestion est intracellulaire : les substances alimentaires sont phagocytées par les diverses cellules. La digestion devient partiellement extracellulaire chez les Cnidaires (fig. 30) par déversement d'enzymes digestifs dans une cavité commune ; la digestion se poursuit dans des cellules endodermiques à forte activité phagocytaire.

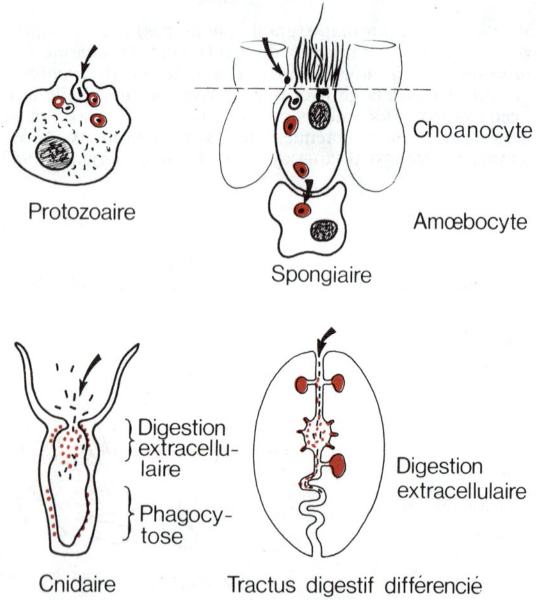

FIG. 30. — Représentation schématique du passage de la digestion intracellulaire à la digestion extracellulaire. Les enzymes digestifs (en rouge) sont contenus dans des vacuoles lysosomiales dans le premier cas, alors qu'ils sont libérés dans le tractus digestif lorsqu'il existe.

La digestion intracellulaire se retrouve dans divers groupes, soit sous une forme unique de digestion (cas des Plathelminthes) soit comme une forme secondaire (certains Echinodermes, Annelides, Mollusques et même chez l'Amphioxus).

Les digestions intracellulaires mettent en œuvre les *enzymes lysosomiaux* (glycosidases, phosphatases acides, peptidases...) après fusion des lysosomes avec des vacuoles digestives.

2. *Extracellulaire*

Les enzymes qui participent à la digestion extracellulaire sont toujours des *hydrolases,* c'est-à-dire des enzymes qui ont pour cosubstrat l'eau, dont on connaît l'abondance dans l'environnement animal. Les autres mécanismes de simplification moléculaire (phosphorolyse, oxydation...) n'ont jamais été observés dans le cadre des digestions.

Le tractus digestif présente de nombreuses variations structurales selon les groupes considérés et leur adaptation à certains aliments. En même temps que la digestion devient essentiellement extracellulaire, il apparaît une spécialisation des divers segments en rapport avec le transit des aliments :

— bouche et cavité buccale, avec des formations spécialisées telles que les tentacules, les appendices buccaux, les dents, les fanons ;

— éventuellement un jabot, au niveau duquel peut intervenir un ramollissement des aliments ;

— un gésier parfois, qui permet une action mécanique sur les particules alimentaires (Insectes, Oiseaux, Lombric...) ;

— un estomac, organe de stockage temporaire des aliments, toujours très important chez les Vertébrés ;

— un intestin, au niveau duquel se termine la digestion et qui permet l'absorption dans sa partie distale.

C. *Les sécrétions digestives*

Les glandes qui sont associées aux divers niveaux du tractus digestif ont des rôles variés : sécrétions muqueuses à rôle protecteur et lubrifiant, sécrétion de substances anticoagulantes (moustiques, sangsues), paralysantes (araignées) et bien sûr digestives.

Certaines dispositions sont très particulières ; les Mollusques Gastéropodes et Lamellibranches présentent un estomac pourvu d'un coecum postérieur dans lequel s'édifie une tige cristalline rotative qui renferme des enzymes (lipase, amylase...) qu'elle libère dans l'estomac. Cependant, c'est le plus souvent des formations glandulaires pariétales, ou des glandes annexes déversant leur sécrétion dans la lumière du tube digestif qui assurent l'apport des enzymes. Lorsqu'il existe, l'*hépatopancréas* cumule une fonction exocrine (sécrétion d'enzyme) et une fonction phagocytaire. Les glandes annexes, de type pancréatique, élaborant des protéases, sous forme de zymogènes (proenzymes), apparaissent chez les Céphalopodes, mais le pancréas exocrine de type acineux n'existe qu'à partir des Poissons Élasmobranches.

Ce sont les Vertébrés, et plus particulièrement les Mammifères qui ont fait l'objet des études les plus approfondies sur la physiologie digestive, bien que divers travaux aient montré que l'élaboration d'enzymes variés, sous forme de proenzymes, s'observe déjà chez les anémones de mer ou certains vers plats.

Les enzymes digestifs peuvent être regroupés en plusieurs familles, selon le substrat qu'ils hydrolysent.

L'activité des enzymes (qui s'exprime en quantité de produit formé par unité de temps, dans des conditions expérimentales données) est très sensible aux conditions de milieu : température, force ionique, pH... (fig. 31). Le

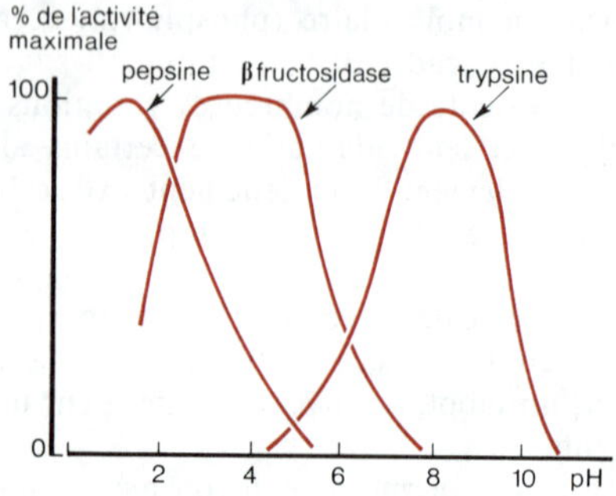

FIG. 31. — *Exemples de la variation des activités enzymatiques en fonction du pH.*

pH optimum est variable dans une même espèce, selon les enzymes, mais aussi selon les espèces, pour un même enzyme : l'α amylase des Lépidoptères a un pH optimal de 10 alors que chez certains Hétéroptères, le pH optimal est de 4.

1. *Digestion des glucides*

Les *glycosidases* hydrolysent les polysaccharides en agissant sur les liaisons glycosidiques qui unissent les molécules d'oses. Chaque enzyme présente une spécialisation vis-à-vis d'un glucide particulier, en fonction des liaisons glycosidiques de celui-ci (α 1-4, α 1-6, β 1-4...) ou de la dimension de la molécule.

Les substrats sont variés mais les plus abondants sont l'amidon, la cellulose, la lignine, les hémicelluloses, les substances pectiques (d'origine végétale), le glycogène, la chitine...

Parmi les principales glycosidases, on peut mentionner :

— les α *amylases* (salivaire, pancréatique...) qui produisent du maltose et des oligosaccharides à partir de l'amidon et peuvent aussi hydrolyser partiellement le glycogène ;

— une *saccharase* (ou invertase) présente dans l'intestin grêle et fréquente chez les Invertébrés, permet l'hydrolyse du saccharose en glucose et fructose ;

— une *lactase,* ou β galactosidase (intestin grêle) hydrolyse le lactose en glucose plus galactose ;

— une *maltase* (intestin grêle) libère deux molécules de glucose à partir du maltose ;

— la *cellulase* hydrolyse la cellulose en produisant du glucose et des oligosaccharides (voir plus loin) ;

— une *chitinase,* mise en évidence chez le lombric, des Crustacés, divers Gastéropodes (il reste la possibilité que cette activité enzymatique soit associée à des bactéries symbiotiques), libère de la N-acétyl D glucosamine à partir de la chitine des Arthropodes et des champignons ;

— une *tréhalase* (intestin grêle de l'homme, nombreux insectes) donne du glucose à partir de l'α tréhalose provenant des champignons, algues, insectes...

Chez l'homme, certaines déficiences en disaccharidases (lactase, saccharase) empêchent totalement l'absorption des sucres provenant de l'hydrolyse des disaccharides correspondants et entraînent des diarrhées très intenses : la quantité d'eau reste en effet excessive, dans l'intestin, par suite de l'effet osmotique des disaccharides excédentaires.

2. *Digestion des protides*

Sous le terme de *protides,* on regroupe en général toutes les substances qui renferment des acides aminés (protéines, peptides) et les acides aminés eux-mêmes. Les peptides et les protéines sont hydrolysés par des *protéases.*

Chaque protéase est spécifique d'un substrat ou du site au niveau duquel elle attaque les polypeptides. Les *endopeptidases* hydrolysent les polypeptides en attaquant les liaisons peptidiques internes des molécules. Les *exopeptidases* abordent les molécules par les extrémités N ou C terminales selon les cas (tableau 4). Plusieurs protéases sont inactives lors de leur sécrétion, ce qui assure une protection contre l'autolyse du tissu qui les élabore ; elles sont activées par amputation d'un fragment peptidique, mécanisme qui rappelle l'activation des enzymes de la coagulation (chap. 10). Le pancréas élabore, de plus, une protéine inhibitrice de la trypsine.

a. Endopeptidases

● Les pepsines sont sécrétées sous forme de pepsinogènes (trois espèces moléculaires différentes) qui s'autocatalysent à pH2 dans l'*estomac* des Mammifères. Ces enzymes sont élaborés par les cellules principales de la muqueuse gastrique.

pepsinogène (40 K) ⟶ pepsine (33 K) + 42 acides aminés
(activation par HCl et par la pepsine elle-même)

● Trypsine : le trypsinogène est sécrété par les cellules exocrines du *pancréas* (cf. tome I) ; il est activé en trypsine par l'entérokinase puis par la trypsine elle-même.

TABLEAU 4. — *Quelques enzymes digestifs de l'homme (protéases) et leur mécanisme d'action* (simplifié, d'après GANONG, W.F., *(Review of Medical Physiology,* 10th ed., Lange, 1981).

ENZYME (proenzyme)	*ACTIVATEUR*	*LIAISONS PEPTIDIQUES HYDROLYSÉES*
Pepsines (pepsinogènes)	HCl	Adjacentes aux acides aminés aromatiques (F*, Y, W).
Trypsine (trypsinogène)	Entéropeptidase	Adjacentes à R ou K.
Chymotrypsines (chymotrypsinogènes)	Trypsine	Adjacentes aux acides aminés aromatiques (F, Y, W) ou à partie hydrophobe importante (M).
Élastase (proélastase)	Trypsine	Adjacentes aux acides aminés ayant une chaîne latérale aliphatique (I, L, V).
Carboxypeptidase A (procarboxypeptidase A)	Trypsine	Acides aminés C terminaux à chaîne latérale aromatique ou aliphatique.
Carboxypeptidase B (procarboxypeptidase B)	Trypsine	Acides aminés C terminaux à chaîne latérale basique (R, H, K).
Aminopeptidase	—	Acides aminés N terminaux des peptides.

* Les acides aminés sont désignés par la nomenclature n'utilisant qu'une lettre (cf. tome 1, tableau 3).

• La chymotrypsine, d'origine pancréatique également, provient du chymotrypsinogène, activé par la trypsine.

• Une élastase pancréatique provient d'une proélastase activée également par la trypsine.

• L'entérokinase, présente au niveau du glycocalyx des cellules de l'*intestin grêle,* ampute le trypsinogène de six acides aminés, ce qui a pour effet de l'activer.

b. Exopeptidases

• Les procarboxypeptidases A et B, d'origine *pancréatique,* sont activées par la trypsine en carboxypeptidases.

• Des aminopeptidases présentes dans le glycocalyx des cellules de l'*intestin grêle* hydrolysent les petits peptides restant à ce niveau.

Les dipeptidases, enfin, terminent l'hydrolyse des derniers dipeptides.

Des enzymes comparables à la trypsine, la chymotrypsine, une collagénase, des carboxypeptidases et d'autres enzymes de type peptidases ont été décrites chez les Invertébrés.

3. *Digestion des lipides*

Les lipides les plus abondants de la ration alimentaire sont les triglycérides, molécules hydrophobes et par conséquent difficiles à hydrolyser.

Les *lipases* sont largement représentées dans le tube digestif des animaux. Chez les Vertébrés, la lipase pancréatique est l'enzyme principal. Il agit sur les triglycérides émulsifiés par les sels biliaires, en présence d'une colipase :

$$\text{prolipase} \xrightarrow[\text{colipase}]{} \left.\begin{matrix}\text{lipase}\\ +\ \text{colipase}\end{matrix}\right\}\ \begin{matrix}\text{complexe}\\ \text{actif}\end{matrix}$$

Seuls les résidus d'acides gras en positions 1 et 3 des triglycérides sont susceptibles d'être détachés par la lipase. Il se forme des 2-monoacylglycérols et des acides gras saponifiés, qui sont alors absorbés par les cellules intestinales (voir fig. 38).

Des *estérases* pancréatiques hydrolysent les esters du cholestérol et les phosphatidylcholines (lécithines) d'origine alimentaire : le cholestérol et les lysolécithines formés sont absorbés.

Les poissons prédateurs de Crustacés planctoniques, tels que les anchois ou les harengs, possèdent une lipase spécifique des cires (esters d'alcools supérieurs et d'acides gras non saturés en C_{26} et C_{30}) présentes dans l'épicuticule des Crustacés. La possibilité d'utiliser des composés fortement énergétiques de ce genre semble limitée à ces espèces.

4. *Digestion des autres substrats*

Les acides nucléiques sont digérés par des RNAse et DNAse pancréatiques, et par les nucléases présentes dans l'épithélium intestinal.

D. *Digestions symbiotiques*

Les fermentations, dues à des micro-organismes hébergés par des animaux, sont largement représentées dans les différents groupes mais leur importance dans la nutrition de l'hôte dépend de la taille et de la situation des segments du tube digestif qui jouent le rôle de fermenteur.

Les digestions symbiotiques sont particulièrement intéressantes pour l'hôte lorsqu'elles permettent l'utilisation de la cellulose, polymère du glucose, insoluble, très résistant à l'hydrolyse, et abondamment représenté dans l'alimentation des herbivores.

Des *cellulases* ont été décrites chez divers Invertébrés, mais le plus souvent, la digestion de la cellulose n'est possible que par l'action des micro-organismes symbiotiques qui peuplent le tube digestif. Il n'est pas exclu que les activités cellulasiques décrites chez les Invertébrés soient associées à des micro-organismes encore mal identifiés.

Quelques exemples de digestions symbiotiques sont particulièrement bien connus.

1. *Flagellés symbiotiques des Insectes xylophages*

Les Insectes xylophages (consommateurs de bois) tels que les termites ou certaines blattes américaines hébergent des Protozoaires du groupe des Trichomonadines, Flagellés de très grande taille, dans la partie postérieure de leur intestin (panse rectale). Ces Flagellés sont des anaérobies stricts : lorsque des termites sont placés en atmosphère d'oxygène hyperbare, les Flagellés meurent en moins d'une heure et les termites ne peuvent plus digérer leur aliment normal qu'est le bois.

Les Flagellés possèdent une cellulase et le glucose libéré par hydrolyse de la cellulose est transformé en acides gras volatils par fermentation anaérobie. Les acides gras sont absorbés par l'intestin du termite. La source d'acides aminés (très peu abondants dans le bois) est par ailleurs assurée par des bactéries hébergées également dans le tube digestif (fig. 32) et capables de fixer l'azote inorganique.

2. *Mammifères*

a. Ruminants

Chez les Mammifères ruminants (vache, chèvre, girafe, cerf...) l'estomac est précédé de plusieurs formations dépourvues de sécrétion enzymatique mais à surface absorbante, dont une poche très volumineuse, le *rumen*. Dans le rumen, une abondante colonie de Protozoaires et de bactéries anaérobies (ce qui représente de 3 à 6 kg chez la vache) entretient une fermentation intense. L'herbe, imprégnée de salive (jusqu'à 100 à 130 l de salive sécrétée par jour chez la vache, et dont l'une des fonctions est de maintenir le pH vers 6,5-7) est stockée dans le rumen où les micro-organismes attaquent la cellulose pour produire des acides gras volatils à partir du glucose libéré (acétate, propionate, butyrate...), du dioxyde de carbone et du méthane. Les acides gras volatils sont absorbés par l'hôte et lui permettent de couvrir plus de 70 % de sa demande énergétique. Le CO_2 et le CH_4 sont éliminés par éructation (600 à 800 l par jour chez une vache).

La *rumination* est une nouvelle mastication, après régurgitation du contenu non digéré du rumen. Au fur et à mesure de la digestion de la cellulose, le bol alimentaire transite vers les autres compartiments du tube digestif (fig. 32) puis vers l'intestin grêle où la digestion se poursuit sur un schéma comparable à celui des autres Mammifères.

Comme dans le cas des Flagellés symbiotiques, les micro-organismes du rumen fixent également l'azote inorganique (NH_4^+, urée...) et c'est un gain en acides aminés pour l'hôte, qui digère les micro-organismes parvenus dans l'abomasum (estomac vrai) : 600 à 1 200 g de micro-organismes par jour chez une vache (environ 100 g de protéines). Les ruminants ont également la possibilité de recycler l'urée par passage dans le rumen, *via* la

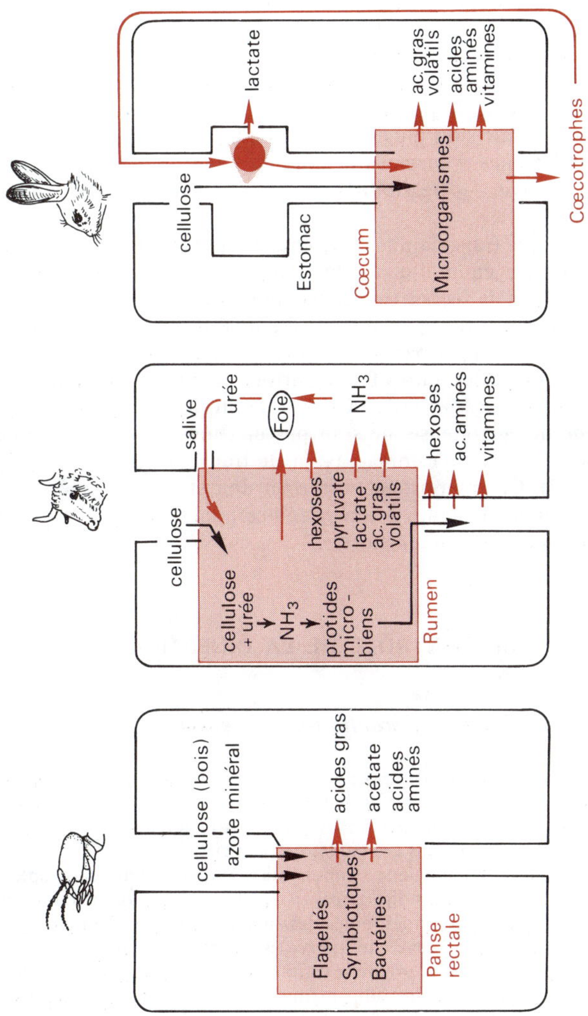

FIG. 32. — *Exemples de digestions symbiotiques* (précisions dans le texte).

salive. Certains micro-organismes élaborent enfin des vitamines qui profitent à l'hôte.

On notera que de telles associations profitent à l'hôte, sur le plan énergétique, uniquement parce que les micro-organismes sont anaérobies et libèrent des produits de fermentation encore très riches en énergie, qui peuvent servir de substrats pour le métabolisme oxydatif.

b. Non-ruminants

Des dispositions anatomiques différentes du rumen permettent à divers Mammifères (et à certains Oiseaux) d'héberger des colonies de micro-organismes dans certaines portions du tube digestif. Le plus souvent, c'est le *coecum,* diverticule de l'intestin terminal, qui est le siège des fermentations microbiennes. Cette adaptation paraît moins avantageuse que le développement d'un rumen dans la partie antérieure du tube digestif car les produits quittant le coecum ne sont plus accessibles à une digestion complémentaire par suite de l'absence d'enzymes dans la partie terminale du tube digestif. Pour la même raison, les possibilités de recyclage d'azote uréique n'existent plus.

Divers animaux (rats, lapins...) compensent une situation anatomique moins avantageuse en pratiquant la *coprophagie.* Le lapin, par exemple, expulse deux types de fèces : les déchets normaux provenant de l'ensemble des aliments qui ont transité dans le tube digestif et les coecotrophes (ou crottes molles), produites par le coecum. Les coecotrophes sont toujours expulsés séparément des autres féces (surtout la nuit) et l'animal les réingère immédiatement *(coecotrophie).* Chez le lapin, les coecotrophes, enrobés d'une membrane gélatineuse, ne sont pas mastiqués et subissent une nouvelle fermentation dans l'estomac avant de transiter dans le reste du tube digestif (fig. 32). Ce comportement permet une utilisation améliorée de la cellulose et un gain en acides aminés et en certaines vitamines du groupe B, procurées par les micro-organismes.

III. CONTRÔLE DE LA DIGESTION

A. *Approche expérimentale*

Les éléments du contrôle de la digestion sont assez difficilement accessibles à l'expérimentation car il s'agit de la mise en jeu d'un grand nombre d'organes le plus souvent, avec une difficulté supplémentaire apportée par la durée du phénomène. Parmi les moyens dont on dispose dans ces études on peut citer :

— L'approche histophysiologique : l'observation microscopique de coupes d'organes intéressés dans les fonctions digestives, affinée par l'utilisation de l'immunohistologie (mise en évidence de certaines molécules en mettant à profit leur antigénicité) et de l'histochimie (mise en évidence de molécules en les faisant réagir avec des substances appropriées), permet une première estimation de leurs aptitudes fonctionnelles.

— L'analyse radiographique ou radiocinématographique de la motricité digestive et de la progression des aliments dans le tractus digestif.

— Les effets de sections ou d'excitations de certains troncs nerveux sur telle ou telle phase de la digestion.

— L'étude de la physiologie de segments du tractus digestif (ou d'organes annexes) placés *in vitro*.

— La réalisation de fistules qui permettent de recueillir, puis d'analyser le contenu ou les sécrétions des divers segments de l'appareil digestif. Chez les gros animaux (porc notamment), des fistules chroniques permettent d'aménager une dérivation permanente, accessible à l'expérimentateur, des sécrétions digestives (bile, sécrétions pancréatiques...) qui sont retournées à l'animal au débit exact auquel elles sont sécrétées, par des pompes appropriées. Entre-temps, des prélèvements de microvolumes de sécrétion ont permis d'analyser leur contenu (pH, concentrations ioniques, activités enzymatiques, etc.) sans perturber la physiologie de l'animal en expérimentation.

— Enfin, toutes les techniques d'injections, prélèvements, et dosages praticables dans le sang.

B. *Motricité du tractus digestif*

Les informations concernant les non-mammaliens sont rares dans ce domaine. La nourriture est toujours l'un des stimulants du fonctionnement du tube digestif mais on ne parvient pas à distinguer aisément la part qui revient au système nerveux ou à des sécrétions hormonales.

Les travaux portant sur l'homme et quelques espèces de laboratoire permettent de mentionner les généralités qui suivent.

1. *Motilité*

La motilité des divers segments du tube digestif est assurée par le double manchon de muscles lisses qui enveloppent celui-ci, d'une extrémité à l'autre (fig. 33). La motricité permet la progression des aliments, dont le transit dure plus de 30 heures chez l'homme.

L'intérêt des mouvements de brassage effectués par certains segments (estomac, intestin grêle) est évident pour favoriser le contact du bol alimentaire avec les muqueuses. La commande (involontaire) des sphincters tels que le pylore, permet de ralentir ou d'accélérer le transit en fonction de l'état d'avancement de la digestion.

2. *Coordination*

La coordination des mouvements est très élaborée et rappelle celle que l'on observe au niveau des contractions cardiaques : rythme intrinsèque, contrôle nerveux et sensibilité à des substances présentes dans la circulation sanguine.

La commande dépend de plusieurs facteurs (fig. 34) :

— Les deux plexus nerveux intramuraux (= situés dans la paroi) forment un réseau de neurones intrinsèques, présents d'un bout à l'autre du tube digestif, avec des interconnexions nombreuses.

— Des terminaisons d'origine sympathique et parasympathique (innervation extrinsèque) viennent faire synapse avec les neurones des plexus. Il s'agit de fibres efférentes (motrices) issues par exemple du nerf pneumogas-

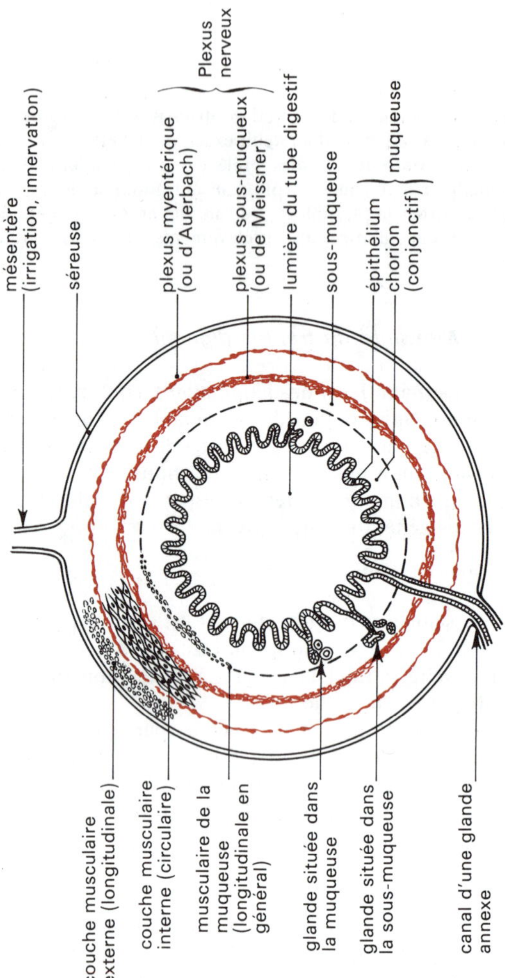

FIG. 33. — *Représentation schématique des quatre tuniques (séreuse, musculaire, sous-muqueuse, muqueuse) formant le tractus digestif.* Les variations régionales concernent l'épaisseur relative des diverses enveloppes, la densité et la nature des glandes et la spécialisation de la muqueuse. L'irrigation, sanguine et lymphatique, n'est pas représentée sur ce schéma.

trique (nerf moteur pour de nombreuses fonctions digestives) ou de fibres afférentes issues de mécanorécepteurs intramuraux.

— Des hormones gastro-intestinales ou des neurotransmetteurs élaborés dans la paroi du tube digestif (sous muqueuse) peuvent participer aux régulations de la motilité : sécrétine, somatostatine, GIP, CCK-PZ, motiline,

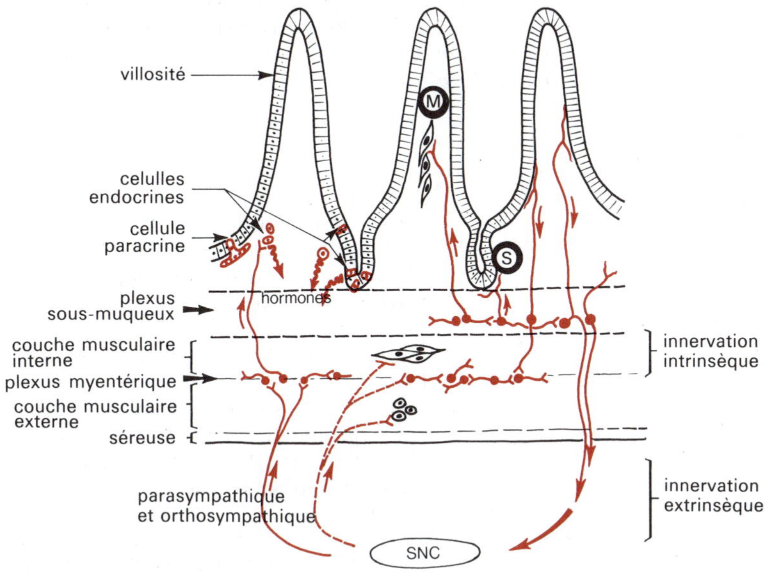

FIG. 34. — *Schéma situant les divers éléments de coordination du tractus gastro-intestinal.* SNC = système nerveux central, M = cellules musculaires lisses, S = cellules sécrétrices.
(En partie adapté de G. BURNSTOCK *et al., Neurosciences Res. Progr. Bull.,* **17,** n° 3, 1979, MIT Press.)

gastrine, VIP, bombésine, sérotonine, substance P (tableau 5) peuvent intervenir (voir aussi tome I).

La mise en œuvre de ces éléments de contrôle fait intervenir des stimuli variés dont le point de départ peut être un organe sensoriel (goût, odorat...), la distension gastrique, la présence de certains aliments dans le duodénum, des ions H^+, voire l'état psychique.

C. *Contrôle des sécrétions digestives*

1. *Les sécrétions digestives chez l'homme*

Le tableau 6 résume les propriétés des diverses sécrétions digestives de l'homme. Les sécrétions de mucus ne sont pas mentionnées sur ce tableau ; on retiendra que la sécrétion d'un *mucus,* à rôle protecteur vis-à-vis des substances contenues dans la lumière du tube digestif et à rôle lubrifiant, est d'autant plus abondante que la densité des cellules à mucus est forte dans la muqueuse. L'estomac (forte acidité), les glandes de Brünner du duodénum (nombreux enzymes) et le colon (progression lente du contenu) sont les régions du tractus digestif les plus riches en cellules à mucus.

TABLEAU 5. — *Divers peptides hormonaux isolés du système gastro-intestinal et leurs effets principaux et secondaires* (entre parenthèses) (d'après V. MUTT, Gastrointestinal hormones : a field of increasing complexity, *Scand. J. gastroenterol,* 1982, supp. 77, 133-152).

HORMONES	*EFFETS*
Sécrétine	Stimule la sécrétion pancréatique exocrine ; potentialise l'action de la CCK (augmente la sécrétion biliaire ; inhibe la sécrétion gastrique acide ; stimule la sécrétion de pepsine).
CCK (cholécystokinine)	Contraction et vidange des voies biliaires. Stimulation des sécrétions d'enzymes pancréatiques ; potentialise les effets de la sécrétine (augmente le péristaltisme intestinal ; effets trophiques sur le pancréas).
Gastrine	Stimule la sécrétion acide gastrique ; stimule les contractions gastriques (effets vasopresseurs ; stimulation des sécrétions pancréatiques exocrines).
GIP (polypeptide insulinotrope glucose dépendant)	Stimule la sécrétion d'insuline (inhibe la sécrétion gastrique acide).
VIP (peptide vaso-actif intestinal)	Effets vasodilatateurs (effets comparables à ceux de la sécrétine ; effets de type glucagon).
Somatostatine	Inhibition des sécrétions pancréatiques endocrines.
GRP = peptide « bombesine-like » (peptide stimulant la sécrétion de gastrine)	Stimule la sécrétion de gastrine (effets sur le péristaltisme).
Motiline	Motricité intestinale.

TABLEAU 6. — *Sécrétions digestives chez l'homme.*

Sécrétions	*Organes producteurs*	*Volume* (par jour)	*Constituants* (autres que l'eau)
Salive	Glandes salivaires — parotides (25 %) — sous-maxillaire (70 %) — sublinguale (5 %)	1 500 ml	— Enzymes (α amylase) — Glycoprotéines — Bicarbonates
Sécrétion gastrique	Estomac (glandes gastriques)	2 500 ml	— Enzymes (endopeptidases) — HCl
Bile	Foie	500 ml	— Acides biliaires — Lécithine — Bilirubine — Cholestérol
Sécrétion pancréatique	Pancréas	1 500 ml	— Enzymes — Bicarbonates
Sécrétion intestinale	Intestin grêle	1 000 ml	— Mucus — Ions

2. *Salive*

La salive a une faible activité enzymatique mais un rôle important dans la régulation du pH de la cavité buccale (tous Mammifères) et du rumen chez les ruminants (l'abondance des acides organiques a tendance à acidifier le milieu) par suite de la sécrétion d'ions bicarbonates, d'autant plus abondants que la sécrétion est plus intense (fig. 35).

La sécrétion de salive est stimulée par le système parasympathique et s'accompagne d'une production locale de kinines (voir p. 35) qui entraînent une forte vasodilatation. Le système sympathique a un effet inverse.

3. *Sécrétions gastriques*

Les cellules principales des glandes gastriques élaborent les endopeptidases vues plus haut, les cellules pariétales (ou bordantes) élaborent l'acide chlorhydrique (fig. 36). Ces cellules possèdent une *anhydrase carbonique,* enzyme nécessaire à l'hydratation du CO_2 ; elles élaborent une sécrétion isotonique aux liquides extracellulaires dont la concentration en ions H^+ est d'environ 150 $mEq.l^{-1}$, soit à un pH inférieur à 1 (dans le plasma, la

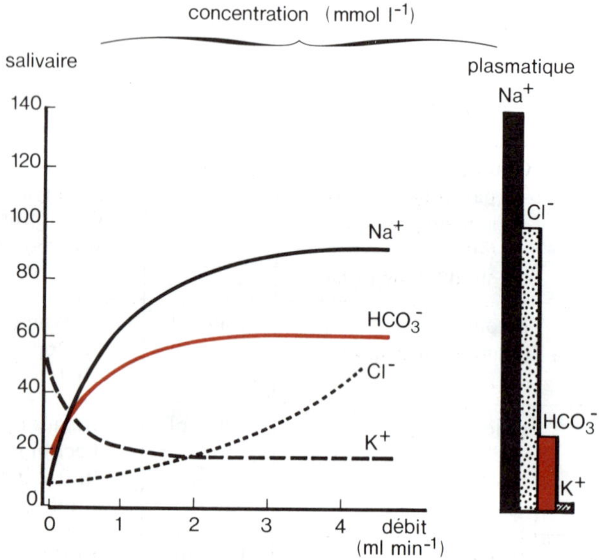

FIG. 35. — *Concentrations d'électrolytes dans la salive, en fonction du débit salivaire et comparaison avec les valeurs moyennes mesurées dans le plasma.*
(Adapté de THAYSEN, J.H. *et al., Am. J. Physiol.,* **178,** 155, 1954.)

concentration des ions H^+ est d'environ 4.10^{-5} mEq.l^{-1}). Le pH gastrique est de l'ordre de 2 à 4 par suite de la dilution avec les aliments et la salive.

Les sécrétions gastriques sont sous des contrôles multiples :
— nerveux, d'origine centrale, *via* le pneumogastrique,
— locaux, *via* la gastrine essentiellement,
— en provenance de l'intestin.

4. *Sécrétions pancréatiques et biliaires*

La figure 37 résume les divers mécanismes de contrôle de ces sécrétions (voir aussi tome 1).

5. *Sécrétion intestinale*

Les glandes situées dans la muqueuse de l'intestin grêle sécrètent du mucus et divers électrolytes associés à de l'eau. Il n'existe *pas de sécrétion enzymatique* à ce niveau : les enzymes de la muqueuse intestinale sont des *enzymes fixés,* emprisonnés dans le glycocalyx des membranes cellulaires. Le renouvellement rapide des cellules de la muqueuse explique la présence des enzymes dans la lumière du tube digestif bien qu'ils ne soient pas sécrétés.

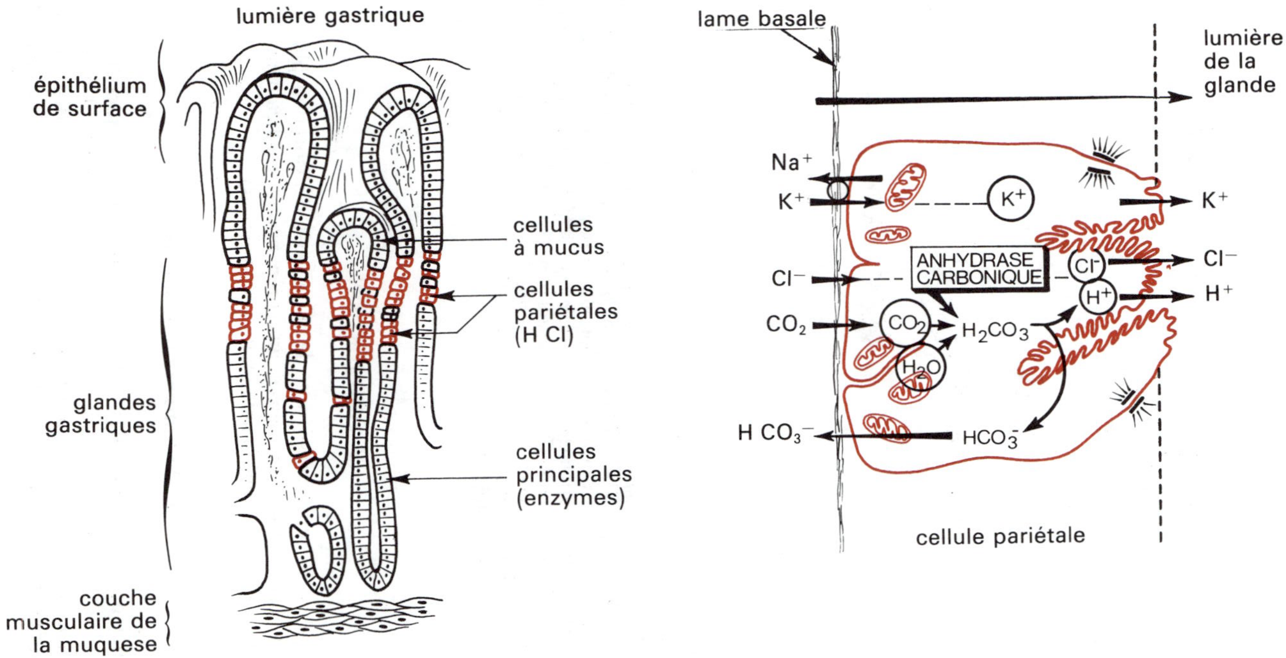

FIG. 36. — *Muqueuse gastrique. A gauche,* glandes gastriques : les cellules de type endocrine ne sont pas figurées ici. *A droite,* schéma d'une cellule pariétale (ou cellule oxyntique) et mécanisme de sécrétion de l'acide chlorhydrique.

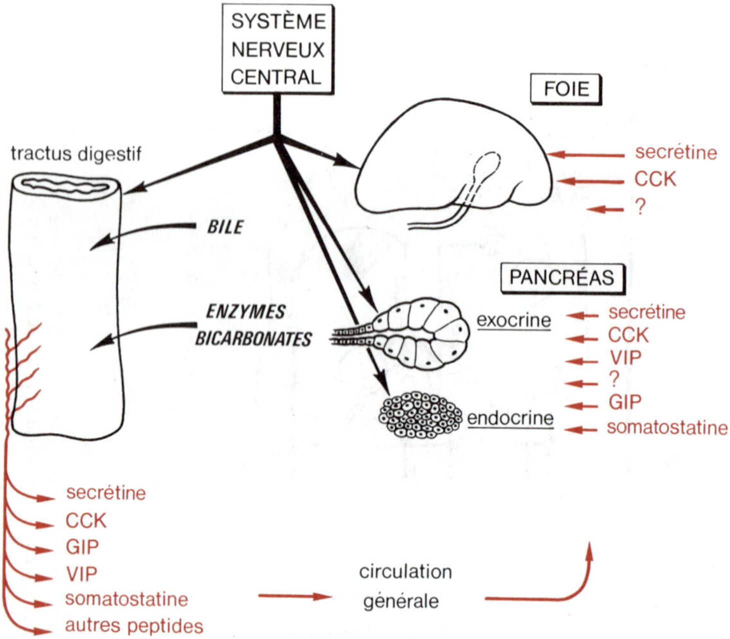

FIG. 37. — *Éléments de régulation des sécrétions pancréatiques et biliaires.* Le système nerveux central peut régler ces sécrétions, *via* l'innervation autonome (sympathique et parasympathique) de ces deux organes. Les hormones gastro-intestinales, dont seules les mieux connues sont mentionnées ici, ont également de puissantes actions sur les systèmes pancréatique et biliaire. CCK, cholecystokinine (« CCK-PZ ») ; GIP, peptide insulinotrope glucose dépendant (« glucose dependant insulinotropic polypeptide », anciennement « gastric inhibitory peptide ») ; VIP, peptide intestinal vasoactif (« vasoactive intestinal peptide »).

IV. ABSORPTION

Les segments du tube digestif ont des propriétés d'absorption plus ou moins marquées (il suffit de penser aux préparations médicamenteuses administrées par la voie perlinguale ou en suppositoires).

A. *Nutriments organiques*

L'essentiel de l'absorption des nutriments organiques (acides aminés, monosaccharides, monoglycérides, acides gras, bases puriques et pyrimidiques...) a lieu au niveau de l'instestin grêle. La multiplication des surfaces de contact, par suite de la présence de valvules, de villosités et des microvil-

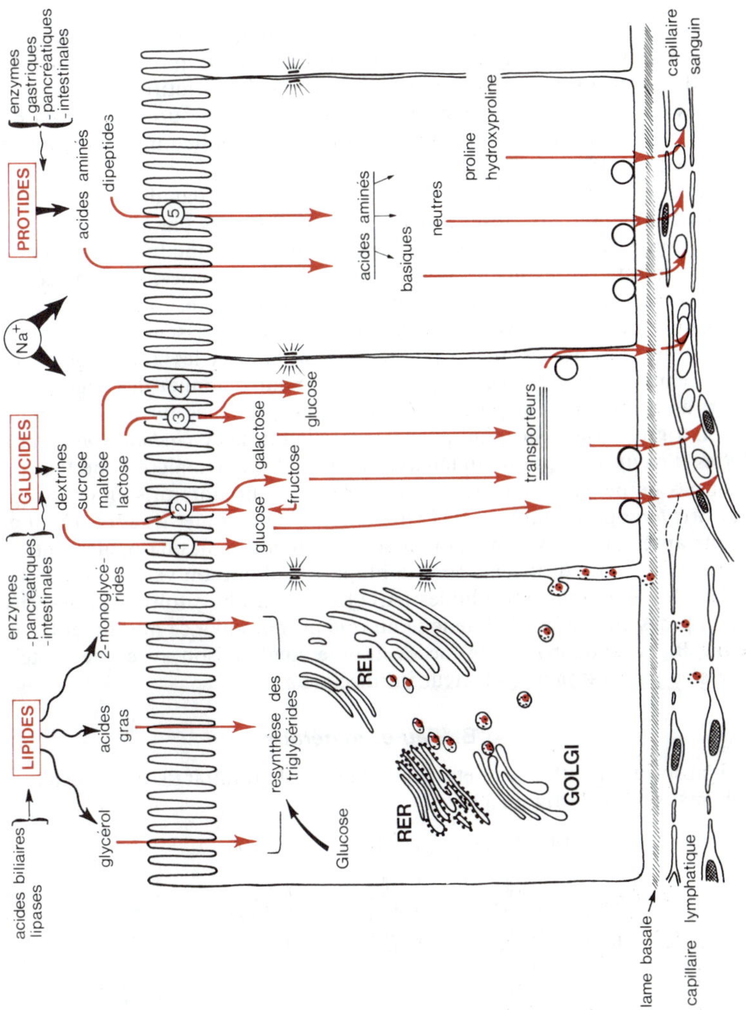

FIG. 38. — *Absorption des lipides, glucides et protides par les entérocytes.* Par commodité, l'absorption de chacune des catégories de molécules organiques a été représentée dans trois cellules différentes mais il n'existe pas, en réalité, de spécialisation des cellules. *A gauche,* absorption des lipides : la resynthèse des triglycérides a lieu dans le réticulum endoplasmique lisse (REL), puis un complexe de lipo- et glycoprotéines leur est associé (au niveau du réticulum endoplasmique rugueux et du Golgi), pour former les chylomicrons (précisions dans le texte). *Au centre,* absorption des glucides : les chiffres portés au niveau des microvillosités apicales représentent quelques enzymes fixés à la membrane : 1, dextrinase ; 2, sucrase (ou saccharase) ; 3, lactase ; 4, maltase. *A droite,* absorption des protides : 5, dipeptidase associée aux microvillosités. Plusieurs systèmes de transport ont été décrits selon les propriétés des acides aminés. Les transports d'acides aminés et de monosaccharides sont dépendants de la concentration de Na^+ dans la lumière intestinale (transports couplés : cf. tome 1).

losités apicales des cellules formant la muqueuse, favorise les échanges entre la lumière de l'intestin et ses parois. Les *entérocytes,* cellules spécialisées dans l'absorption (disposition en épithélium unistratifié avec jonctions serrées apicales) captent les divers produits de la digestion et ceux-ci passent ensuite, par diffusion le plus souvent, dans le milieu intérieur (sang ou lymphe ; fig. 38).

Certains sucres (pentoses) peuvent être absorbés par diffusion mais la plupart (glucose, galactose, fructose...) sont absorbés par des mécanismes de transports couplés, comme divers acides aminés, sinon tous (voir tome I).

Le cholestérol, les acides gras à moins de 10 carbones, les triglycérides qui ont été absorbés en faible proportion par pinocytose au niveau apical transitent rapidement vers la membrane basale et passent dans le milieu interstitiel. Les acides gras à plus de 10 carbones et les 2-monoglycérides sont remaniés dans les entérocytes (fig. 38) pour redonner des triglycérides alors associés à des complexes lipoprotéiques (protéines glycosylées, cholestérol, triglycérides, phospholipides...), sous la forme de *chylomicrons,* gouttelettes d'environ 1 μ m de diamètre. La taille des chylomicrons ne leur permet pas de pénétrer dans les capillaires et ils sont alors pris en charge par les *chylifères* pour emprunter la circulation lymphatique. Ils sont très abondants après un repas riche en graisses et rendent le plasma opalescent.

Les cofacteurs diffusent, pour la plupart, de l'intestin vers le milieu intérieur ; les vitamines liposolubles (A,D,E,K) sont obligatoirement associées aux lipides émulsifiés (la bile joue un rôle primordial à ce niveau) et la vitamine B_{12} (cyanocobalamine) nécessite une combinaison avec une protéine sécrétée par l'estomac (« facteur intrinséque »).

B. *Eau et minéraux*

L'absorption nette d'eau et de minéraux est le résultat de divers échanges schématisés sur la figure 39.

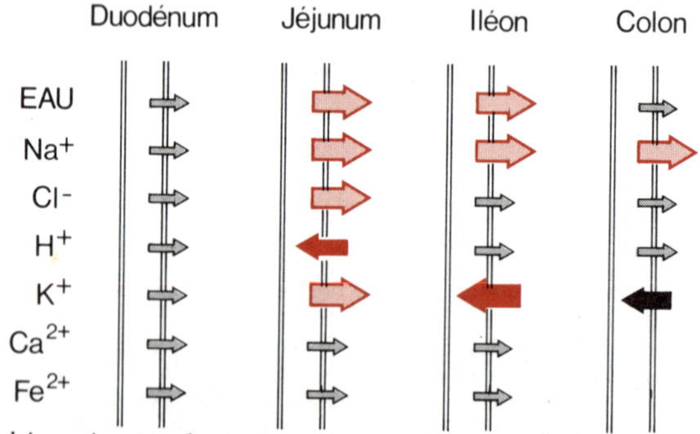

FIG. 39. — *Schéma résumant les* mouvements nets *(bilan des échanges entre la lumière de l'intestin et le milieu intérieur) d'eau et de quelques électrolytes chez l'homme.* Sur chaque ligne horizontale, la taille de la *flèche* est représentative de l'importance de l'absorption ou de la sécrétion en chaque site. *Les flèches orientées à gauche* indiquent une sécrétion nette de l'ion considéré et non une absorption.

(Modifié, d'après A. DESPOPOULOS et S. SILBERNAGL, *Color Atlas of Physiology,* Thieme Verlag, 1981.)

4

LES ÉCHANGES GAZEUX RESPIRATOIRES

La respiration est le processus général par lequel les organismes prélèvent de l'énergie libre dans leur environnement en oxydant des substrats organiques. Pour parvenir à ce résultat, les Métazoaires ingèrent diverses substances, les transforment en molécules simples par la digestion, assurée surtout par des réactions d'hydrolyse, et les molécules formées pénètrent dans les cellules en compagnie d'une quantité appropriée de molécules d'oxygène. Les produits de l'oxydation (CO_2 et H_2O) sont rejetés par les cellules dans leur environnement.

Pour un *organisme,* la respiration correspond à l'ensemble des fonctions qui assurent les processus d'oxydation : cette fonction peut donc s'envisager aussi bien au niveau mitochondrial qu'au niveau des échanges de la cellule avec le milieu intérieur ou des échanges de l'organisme avec le milieu extérieur.

Dans le présent chapitre, on envisagera les diverses étapes qui mènent des échanges gazeux d'une cellule avec son environnement immédiat aux échanges de l'organisme entier, en abordant succinctement les diverses modalités rencontrées selon l'habitat et les types d'organisation, ainsi que les éléments de régulation de la fonction ventilatoire des Vertébrés supérieurs.

I. LA DEMANDE D'OXYGÈNE EST PERMANENTE

L'accessibilité *permanente* à l'oxygène est une priorité pour la plupart des cellules animales. Le métabolisme anaérobie est en effet rarement la solution unique aux problèmes d'approvisionnement en énergie chimique dans le monde animal (cf. chap. 1) et l'on ne connaît pas de systèmes de mise en réserve prolongée de l'oxygène, comparables aux systèmes de stockage des nutriments énergétiques (graisse, glycogène : cf. chap. 5), même si certaines dispositions anatomiques permettent l'entretien d'une réserve d'oxygène de capacité relativement modeste : richesse en myoglobine des muscles de Mammifères plongeurs, cellules géantes à hémoglobine chez certains Insectes aquatiques (*Anisops,* par exemple).

L'oxygène est toujours échangé par diffusion simple, entre les divers compartiments d'un organisme : il n'existe pas de transport facilité ou actif pour des molécules de gaz (cf. tome I). Seuls les gradients de concentration commandent le mouvement des molécules d'O_2 d'un compartiment vers un autre. C'est la respiration mitochondriale, en appauvrissant le cytoplasme d'une cellule en oxygène dissous qui provoque un « appel » d'O_2 à partir de la périphérie cellulaire, qu'il s'agisse du milieu extérieur ou des liquides du milieu intérieur (fig. 40). De la même façon, c'est la faible concentration en

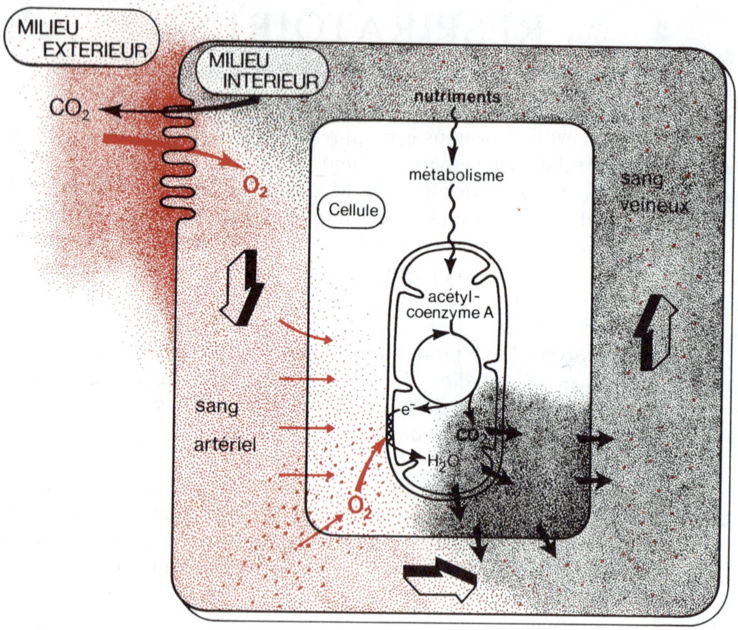

FIG. 40. — *Schéma très simplifié des échanges d'oxygène et de dioxyde de carbone entre un organisme animal possédant un système circulatoire et le milieu extérieur.* Les deux gaz suivent les gradients de concentration entre divers compartiments. Les mitochondries sont le site de « l'appel d'oxygène » et de la production de CO_2.

oxygène dissous du sang veineux (ou des tissus chez les Invertébrés) qui est le seul moteur du prélèvement d'O_2 au niveau des surfaces d'échange avec le milieu extérieur (branchies, téguments, poumons, trachées aériennes...).

Le besoin en O_2 d'un organisme, et par conséquent l'intensité des échanges gazeux respiratoires, est ainsi commandé par l'activité mitochondriale : des cellules très actives consomment davantage d'ATP (voir chap. 1) et leur respiration s'accélère pour entretenir ce stock d'ATP.

Pour les organismes de petite taille, les distances de diffusion restent faibles et les rapports surface d'échange/volume sont importants. Lorsque la taille augmente, un système circulatoire permet de réduire les distances de diffusion par un transfert des gaz depuis les zones à forte concentration jusqu'aux zones à faible concentration (voir chap. 2). L'accroissement des surfaces d'échanges gazeux avec l'extérieur et le renouvellement du milieu environnant par des mouvements respiratoires permettent encore d'améliorer la vitesse des échanges.

On peut noter que le rôle de nutriment de l'oxygène est considérable puisque, chez l'homme, la consommation quotidienne est d'environ 900 g d'O_2 (600 l), masse comparable aux apports alimentaires pendant la même période.

II. TRANSPORT DE L'OXYGÈNE DANS LE MILIEU INTÉRIEUR

Le *plasma sanguin* d'un Mammifère fixe environ 3 ml d'oxygène sous forme dissoute, lorsqu'il est en équilibre avec une atmosphère dans laquelle la P_{O_2} est de 12,6 kPa (P_{O_2} alvéolaire). Cette valeur est très éloignée des 200 ml d'O_2 fixés par le *sang total* placé dans les mêmes conditions : la différence provient de la présence dans le sang d'un *pigment respiratoire* à forte affinité pour l'oxygène.

A. *Les pigments respiratoires*

La capacité de transport d'O_2, par le sang ou l'hémolymphe est fréquemment renforcée par la présence de transporteurs d'oxygène (tableau 7), protéines associées à un ion métallique, soit directement, soit par l'intermédiaire d'un *groupement prosthétique,* partie non protidique conférant des propriétés particulières à la molécule.

Chez les Invertébrés, les pigments respiratoires sont souvent en solution dans le sang ou l'hémolymphe (la plupart des Insectes ne possèdent pas de pigments respiratoires, les trachées aériennes permettant un apport d'O_2 directement au contact des cellules). Dans les organismes plus complexes, les pigments sont inclus dans des cellules, ce qui permet d'augmenter considérablement la capacité de transport (augmentation de la concentration du pigment) sans augmenter la pression oncotique des protéines du plasma ou la viscosité du sang.

La *myoglobine,* pigment respiratoire non circulant, est localisée dans les muscles des Vertébrés, au niveau des fibres lentes (cf. tome I). Son *affinité* pour l'oxygène est supérieure à celle de l'hémoglobine (fig. 41), ce qui permet un transfert rapide d'O_2 depuis le sang vers le muscle, et une réserve locale d'O_2 susceptible d'être consommée en priorité, avant l'adaptation respiratoire accompagnant un effort musculaire intense, ou lors de la plongée chez les Mammifères plongeurs (Cétacés).

Les pigments respiratoires de nombreux Invertébrés ont une affinité pour l'oxygène très élevée, souvent supérieure à celle de l'hémoglobine (P_{50} très basse : voir ci-dessous).

TABLEAU 7. — *Quelques transporteurs d'oxygène présents dans le sang ou l'hémolymphe de divers animaux.*

Transporteurs (et masses moléculaires)	*Métal*	*Groupement prosthétique*	*Forme*	*Groupes zoologiques*
Hémocyanine (300 000 à 9.10⁶)	Cuivre	Non	Dissoute	Mollusques nombreux Crustacés Arachnides
Hémérythrine (108 000)	Fer	Non	Dans des érythrocytes	Annélides Polychètes (certaines) Sipunculides
Chlorocruorine (2 750 000)	Fer	Une porphyrine	Dissoute	Annélides Polychètes (certaines)
Hémoglobine (17 000 à 3.10⁶)	Fer	Une protoporphyrine	Dissoute ou dans des érythrocytes	Vertébrés des Annélides des Crustacés Mollusques certains Protozoaires..

B. *L'hémoglobine*

1. *Structure*

L'hémoglobine des Vertébrés (masse molaire 64 500) est constituée de 4 chaînes polypeptidiques (2 chaînes α de 141 résidus d'acides aminés et 2 chaînes β de 146 résidus chacune chez l'homme) dont l'ensemble forme la globine ($\alpha_2\,\beta_2$) et de 4 hèmes (groupements prosthétiques). Chaque hème est une structure organique, la protoporphyrine, à laquelle est lié un atome de fer, à l'état ferreux, par 4 liaisons de coordination ; une autre liaison du fer est établie avec un atome d'azote d'un résidu histidine d'une chaîne polypeptidique, la sixième position de coordination étant libre et susceptible de lier une molécule d'oxygène (O_2) pour donner l'*oxyhémoglobine* (fig. 42). La molécule a une forme à peu près sphérique, et un diamètre de 5,5 nm.

2. *Rôle de transporteur d'oxygène*

Chaque molécule d'hémoglobine est saturée en oxygène lorsque les quatre hèmes ont fixé chacun une molécule d'O_2 : le pourcentage de saturation

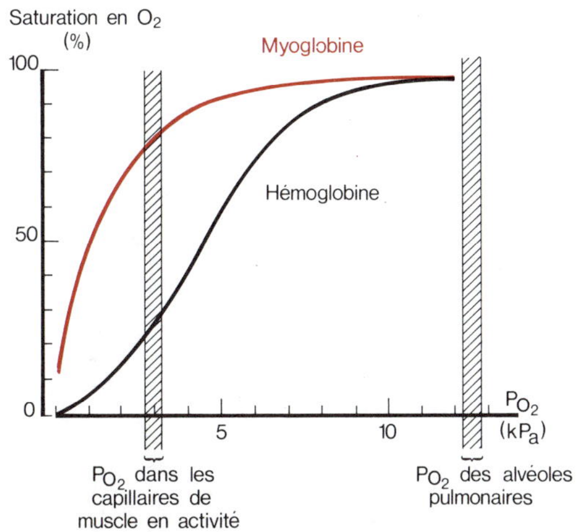

FIG. 41. — *Courbes de dissociation de l'hémoglobine et de la myoglobine humaines.* Ces courbes sont établies en soumettant les solutions de chaque pigment à des pressions partielles en oxygène variables et en mesurant, après équilibration, le pourcentage du pigment ayant fixé de l'O_2. Le pourcentage de saturation de la myoglobine est toujours supérieur à celui de l'hémoglobine, à P_{O_2} égale, ce qui permet le transfert d'O_2 depuis l'hémoglobine (sang) vers la myoglobine (muscles) dans les conditions physiologiques. En outre, l'allure hyperbolique de la courbe de la myoglobine (1 seul hème) diffère de la courbe sigmoïde de l'hémoglobine (4 hèmes).

est une fonction de la pression partielle (P_{O_2}) de l'oxygène dans le milieu (fig. 43). La forme sigmoïde des courbes de saturation de l'hémoglobine par l'O_2 provient des interactions entre les monomères dès que l'un d'entre eux a fixé une molécule d'oxygène (interactions allostériques).

Pour comparer l'affinité pour l'O_2 de diverses hémoglobines, on détermine la P_{O_2}qui permet une saturation à 50 % (« P_{50} »). Dans les conditions de P_{O_2} normalement rencontrées dans l'organisme (fig. 43), l'hémoglobine est saturée à près de 100 % au niveau des surfaces respiratoires et libère l'O_2 dans les zones de P_{O_2} basse (tissus : saturation à 70 %). La fonction de transporteur d'oxygène de l'hémoglobine, qui capte l'O_2 dans les zones à P_{O_2} élevée et le libère dans les zones où la P_{O_2} est faible, est affectée par les variations de la composition du milieu intra-érythrocytaire.

a. Variations du pH (effet Bohr)

La baisse de pH diminue l'affinité de l'hémoglobine pour l'oxygène : la P_{50} augmente (fig. 44). On peut estimer la modification d'affinité par la variation de la valeur du *facteur Bohr* : rapport du changement du logarithme de la P_{O_2} à la variation du pH, à demi-saturation en O_2 :

$$B_{50} = \frac{d \log P_{50}}{d\,pH}$$

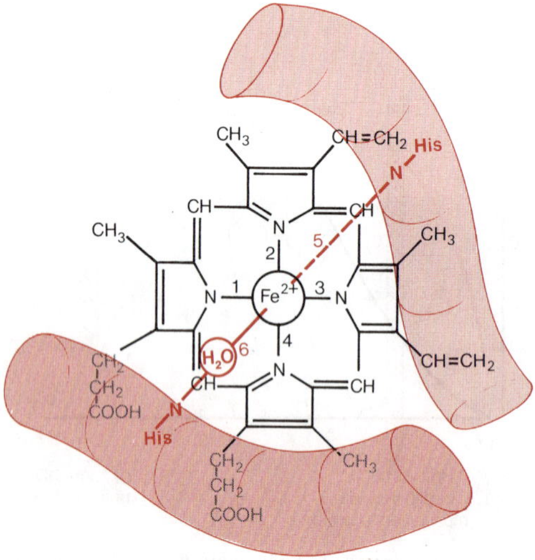

FIG. 42. — *Représentation schématique d'un hème.* Les 4 liaisons de coordination du fer, liées aux atomes d'azote du noyau tétrapyrrolique de la protoporphyrine sont représentées *en noir* (1 à 4). Une cinquième liaison (5) est établie avec un atome d'azote d'un résidu histidine de l'une des chaînes polypeptidiques de l'hémoglobine ; la sixième liaison (6) est unie à une molécule d'eau, elle-même unie à un second résidu His de la partie protidique de la molécule. Lorsque la P_{O_2} est suffisante, l'O_2 déplace la molécule d'eau et occupe la liaison ainsi libérée.

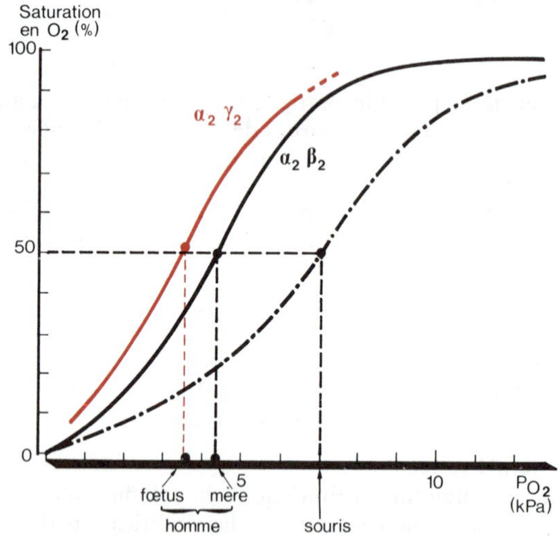

FIG. 43. — *Comparaison de l'affinité de diverses hémoglobines pour l'O_2.* La P_{50}, pression partielle en O_2 pour laquelle 50 % du pigment est oxygéné est d'autant plus faible que son affinité est grande. L'affinité de l'hémoglobine fœtale (2 chaînes α, 2 chaînes γ) humaine pour l'oxygène est supérieure à celle de l'hémoglobine de la mère (2 chaînes α, 2 chaînes β), situation favorable au transfert d'O_2 de la mère au fœtus.

Chez les Mammifères, B_{50} varie entre — 0,4 et — 0,8 (quelques rares Invertébrés présentent des valeurs positives).

Dans la mesure où le CO_2 (ou l'acide carbonique) est le facteur qui modifie le plus le pH sanguin, il est clair que le sang veineux (enrichi en CO_2) a une affinité diminuée pour l'oxygène, situation favorable à la dissociation de l'oxyhémoglobine lors du transit du sang dans les capillaires tissulaires. Il existe également un effet propre de l'augmentation de la P_{CO_2} sur la baisse d'affinité de l'hémoglobine pour O_2, indépendamment de la variation de pH mais cet effet reste mineur. La myoglobine, en revanche, est à peu près insensible aux variations physiologiques du pH.

b. Effet Root

Chez certains Poissons, Céphalopodes et Crustacés, l'augmentation de P_{CO_2} et la chute de pH, non seulement modifient l'affinité de l'hémoglobine, mais diminuent sa capacité maximale de fixation de l'oxygène. Cet effet persiste même si la P_{O_2} est supérieure aux valeurs physiologiques (fig. 44).

c. Effet de la température

Lorsque la température diminue, l'affinité du sang pour l'O_2 augmente (fig. 45), par suite d'une stabilité accrue des liaisons entre O_2 et hémoglobine. L'intérêt de cette propriété est évident sur le plan de la physiologie : au niveau des tissus les plus actifs, la température est augmentée et l'oxyhémoglobine libère alors davantage d'O_2.

d. Effet du 2,3 diphosphoglycérate

A concentration égale, les solutions d'hémoglobine ont une affinité pour l'oxygène supérieure à celle de l'hémoglobine contenue dans les érythrocytes. Cette propriété est due à la présence, dans les érythrocytes, d'un composé phosphorylé, le *2,3 diphosphoglycérate* (DPG) ; lorsque le DPG se fixe à l'hémoglobine, il diminue très fortement l'affinité de celle-ci pour l'oxygène.

En absence de DPG, la P_{50} de l'hémoglobine est de 0,133 kPa, alors qu'elle est de 3,46 kPa (26 fois supérieure) quand chaque molécule d'hémoglobine a fixé une molécule de DPG. On notera qu'en absence de DPG, l'oxyhémoglobine ne pourrait guère libérer d'oxygène en passant dans les capillaires, où la P_{O_2} avoisine 3,5 kPa.

Le DPG agit en se plaçant au centre du tétramère de déoxyhémoglobine ; il stabilise la structure quaternaire de la molécule, ce qui est un obstacle à la fixation d'O_2. Certaines situations physiologiques s'accompagnent d'une variation de la concentration de DPG dans les hématies :

— Chez les fœtus de Mammifères, la concentration de DPG est plus faible que chez la mère, dans les hématies, et l'affinité de l'hémoglobine fœtale ($\alpha_2 \gamma_2$) pour le DPG est plus faible également : ceci explique l'affinité plus grande de l'hémoglobine fœtale pour l'oxygène (P_{50} plus faible) et le passage d'oxygène vers le compartiment fœtal.

— Lorsque la *concentration* en oxygène atmosphérique (et non la P_{O_2}) diminue, par exemple avec l'altitude, l'affinité de l'hémoglobine diminue, en moins de 24 h chez l'homme, par suite d'une augmentation de la concentration de DPG dans les hématies. Cette situation peut sembler défavorable

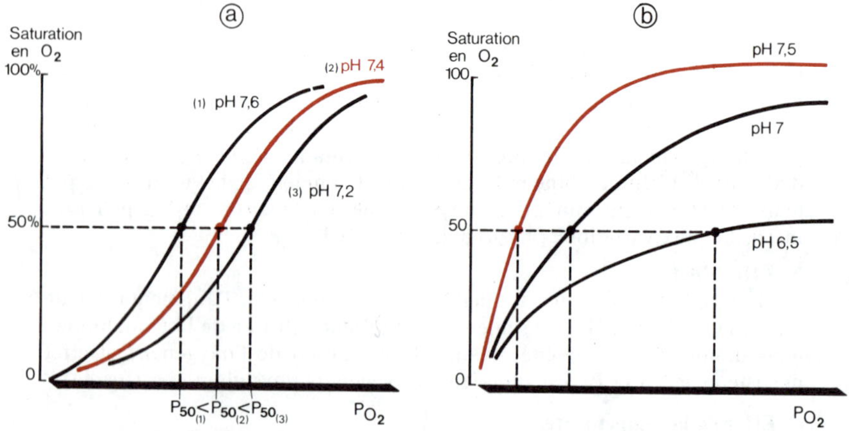

FIG. 44. — *Graphiques résumant l'effet des variations de pH sur l'affinité des pigments respiratoires pour l'O_2.*

a, *effet Bohr*: lorsque le pH diminue, l'hémoglobine a une plus faible affinité pour l'O_2 (P_{50} supérieure).

b, *effet Root*: chez divers Invertébrés et Poissons, l'effet Bohr est également observé mais, en outre, la capacité maximale de saturation en O_2 du pigment est diminuée lorsque le pH diminue, même si les P_{O_2} sont très augmentées.

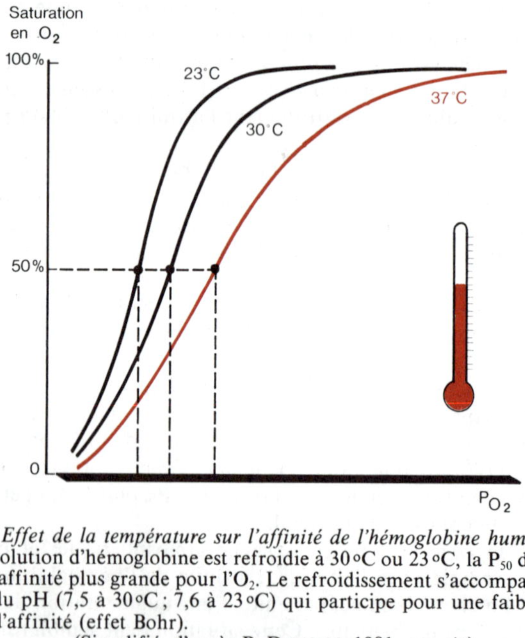

FIG. 45. — *Effet de la température sur l'affinité de l'hémoglobine humaine pour l'O_2.* Lorsque la solution d'hémoglobine est refroidie à 30 °C ou 23 °C, la P_{50} diminue, ce qui traduit une affinité plus grande pour l'O_2. Le refroidissement s'accompagne d'une augmentation du pH (7,5 à 30 °C ; 7,6 à 23 °C) qui participe pour une faible part à l'augmentation d'affinité (effet Bohr).

(Simplifié, d'après P. DEJOURS, 1981, *op. cit.*)

à l'oxygénation du sang pulmonaire mais elle est par contre favorable au transfert d'oxygène vers les tissus (fig. 46).

Chez d'autres Vertébrés, divers composés phosphorylés, tels que l'ATP (Poissons) ou l'inositol phosphate (Oiseaux) ont une action encore plus marquée sur l'affinité de l'hémoglobine pour l'oxygène.

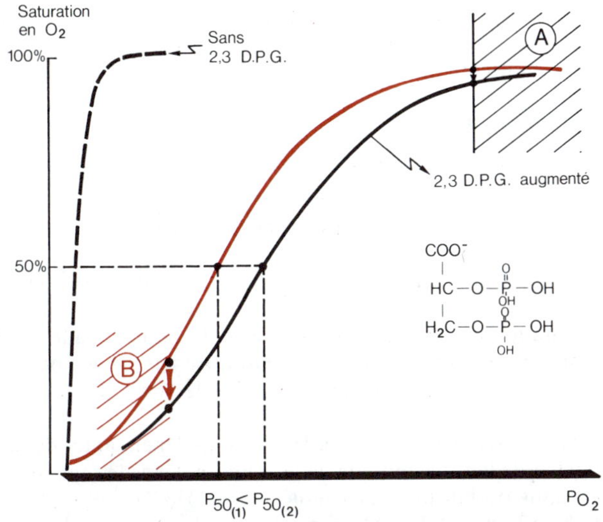

FIG. 46. — *Effet des variations de concentration de 2,3 DPG sur l'affinité de l'hémoglobine pour l'O_2.* Le 2,3 DPG se lie à l'hémoglobine mais pas à l'oxyhémoglobine. Pour une forte P_{O_2}, la saturation de l'hémoglobine en O_2 est comparable si le DPG est augmenté *(point A),* alors qu'aux faibles P_{O_2} (au niveau des tissus), la courbe est déplacée vers le bas si les concentrations de DPG sont augmentées *(point B),* ce qui améliore la fourniture d'O_2 aux tissus.

III. TRANSPORT DU DIOXYDE DE CARBONE

Le rejet de CO_2 ne pose pas de problème physiologique majeur aux organismes : dans la mesure où ce gaz est très soluble dans l'eau (30 fois plus que l'O_2), il est rapidement entraîné vers les liquides interstitiels puis vers le milieu extérieur où sa concentration est très faible (atmosphère, ou milieu aqueux en équilibre avec elle). Le coefficient de diffusion du CO_2 est légèrement inférieur à celui de l'O_2 mais les échanges de ce gaz avec l'extérieur sont tout de même beaucoup plus rapides que pour l'O_2. Malgré sa plus grande solubilité, le CO_2 n'est pas seulement transporté sous forme dissoute par le sang.

A. *Les formes de transport du CO_2*

1. *CO_2 dissous*

Cette fraction est directement proportionnelle à la P_{CO_2}. Chez l'homme, la P_{CO_2} varie de 5,33 kPa dans le sang venant du poumon, à 6,37 kPa dans le sang arrivant au poumon par les artères pulmonaires (fig. 47) et les volumes de CO_2 dissous varient entre 40 et 50 ml par litre.

2. *Ions bicarbonates*

Le CO_2 dissous peut se combiner à l'eau pour former de l'acide carbonique, acide faible qui se dissocie selon :

$$CO_2 + H_2O \rightleftharpoons \underbrace{H_2CO_3}_{\text{acide carbonique}} \rightleftharpoons H^+ + \underbrace{HCO_3^-}_{\text{ion bicarbonate}}$$

Cette hydratation du CO_2 est particulièrement rapide lorsque le CO_2 diffuse à l'intérieur des hématies où une *anhydrase carbonique* permet alors une accélération de la réaction qui approche de son équilibre en moins d'une seconde.

Les proportions relatives de CO_2 et HCO_3^- sont dépendantes de la température, du pH et de la force ionique de la solution. Dans le sang humain, les proportions sont de l'ordre d'une molécule de H_2CO_3 pour 1 000 CO_2 et 20 000 ions bicarbonates. Les bicarbonates représentent ainsi la forme la plus abondante du dioxyde de carbone dans le sang.

3. *Molécules carbaminées*

Le CO_2 réagit avec les groupements amines des protéines (hémoglobine surtout), pour former des *carbamines* :

$$R - N{<}^{H}_{H} + CO_2 \rightleftharpoons H^+ + R - N{<}^{H}_{COO^-}$$

On voit sur cette équation que la proportion des molécules carbaminées dépend à la fois de la P_{CO_2} et du pH (loi d'action de masse).

B. *Courbes de saturation du sang en CO_2*

De la même façon que l'on établit des courbes de saturation du sang en O_2, il est possible de porter sur un graphique les concentrations de CO_2 total dans le sang en fonction de la pression partielle du CO_2 (fig. 48). Les courbes diffèrent selon que le sang (l'hémoglobine) est oxygéné ou non : l'oxyhémoglobine est en effet légèrement plus acide (plus dissociée) et elle tamponne moins d'ions H^+ que l'hémoglobine déoxygénée, ce qui limite la formation de HCO_3^- et donc la saturation en CO_2, à P_{CO_2} égale. Ce phénomène est connu sous le nom d'*effet Haldane* : il est la réciproque de l'effet Bohr vu plus haut.

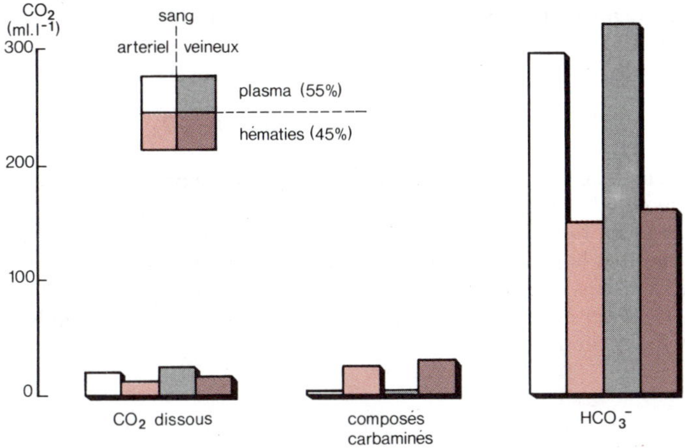

FIG. 47. — *Formes de transport du CO_2 dans le sang humain.* Les bicarbonates représentent la forme de loin la plus abondante.
(Graphique établi d'après les données de A. DESPOPOULOS et S. SILBERNAGL, *op. cit.*)

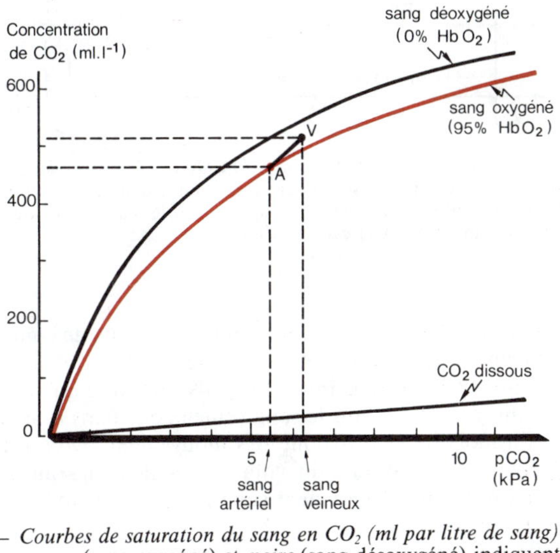

FIG. 48. — *Courbes de saturation du sang en CO_2 (ml par litre de sang) chez l'homme. Les courbes rouge* (sang oxygéné) et *noire* (sang désoxygéné) indiquent les variations de la concentration de CO_2 pour des variations de P_{CO_2} allant de 0 à 10 kPa. Dans les conditions physiologiques, les variations s'inscrivent entre les *points* A (sang artériel) et V (sang veineux).

Une augmentation de température diminue par ailleurs la saturation du sang en CO_2.

C. *Hématies et transport de CO_2*

La durée de séjour d'une fraction de sang dans le poumon humain est de l'ordre de 0,5 à 0,8 s, délai qui ne permettrait pas les échanges de CO_2 si le transport ne mettait en jeu l'anhydrase carbonique. La majeure partie du CO_2 quittant le plasma (il en est de même au niveau tissulaire, pour le CO_2 pénétrant dans le plasma) transite par les hématies, sous forme de HCO_3^- (fig. 49). Ceci est encore facilité par le rôle tampon de l'hémoglobine, qui accepte les protons formés.

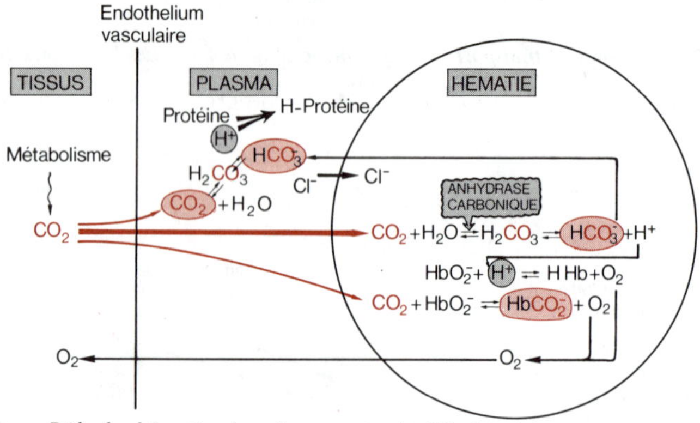

FIG. 49. — *Rôle des hématies dans le transport du CO_2.* Les échanges sont schématisés ici au niveau des tissus. Un processus inverse se produit dans les poumons. La présence d'anhydrase carbonique dans les hématies et le rôle d'accepteur de protons de l'hémoglobine rend compte de la vitesse des échanges.

Lors des migrations des ions HCO_3^-, selon les gradients de concentration, du plasma à l'hématie (poumons) et inversement (tissus) il se produit un mouvement d'anions Cl^- en sens inverse (fig. 49), de sorte que les hématies renferment davantage de Cl^- dans le sang veineux que dans le sang artériel, ce qui accroît l'osmolalité et provoque des mouvements *passifs* d'eau vers l'hématie. L'hématocrite (rapport du volume des hématies au volume de sang total) veineux est ainsi légèrement supérieur à l'hématocrite artériel.

D. *CO_2 et équilibre acido-basique extracellulaire*

L'équation d'Henderson-Hasselbalch permet de relier le pH d'une solution au degré de dissociation d'un acide faible tel que l'acide carbonique :

$$pH = pK' + \frac{\log HCO_3^-}{\alpha\, P_{CO2}}$$

avec : P_{CO2} = pression partielle du CO_2 sanguin

α = coefficient de solubilité du CO_2

HCO_3^- = concentration des ions bicarbonates

Il apparaît que toute variation de pH peut affecter le rapport $\frac{HCO_3^-}{P_{CO_2}}$ et inversement.

Les acides faibles présentent leur pouvoir tampon maximum lorsque le pH est égal au pK' (pH auquel la dissociation est de 50 %), situation qui est celle des protéines plasmatiques et de l'hémoglobine dans le sang. Le pK' de la réaction d'hydratation-déshydratation du CO_2 est de 6,2 et le système CO_2/HCO_3^- est donc un tampon immédiat moins efficace que les protéines. Cependant, les ajustements rapides de la ventilation (l'élimination du CO_2 augmente le pH) et de l'excrétion rénale (possibilités d'excréter du HCO_3^-) font du système HCO_3^-/CO_2 un système tampon hautement « modulable » parce qu'il est ouvert (fig. 50) sur le milieu extérieur.

IV. LES ORGANES D'ÉCHANGES GAZEUX AVEC L'ENVIRONNEMENT

De proche en proche, l'appel d'oxygène qui a débuté dans les mitochondries gagne la périphérie de l'organisme (Protozoaires, animaux de petite taille) ou les surfaces spécialisées dans les échanges gazeux. Le dioxyde de carbone produit par les cellules suit le même chemin (fig. 51).

Les organes d'échange gazeux avec le milieu extérieur présentent des caractères communs (fig. 52) :

— grande surface,
— irrigation abondante,
— épithélium mince au contact de l'extérieur.

A. *Échanges gazeux en milieu aqueux*

1. *Notion de capacitance d'un milieu*

Lorsque de l'eau est en équilibre avec un mélange gazeux, les *pressions partielles* de chaque gaz sont identiques dans les deux milieux. Pourtant, les *concentrations* ($mol.l^{-1}$) de chaque gaz ne sont pas les mêmes dans les deux milieux : l'eau laisse en effet peu de place aux gaz qu'elle dissout par rapport à la phase gazeuse qui est à son contact.

La *capacitance* d'un milieu pour un gaz est définie comme le rapport de la

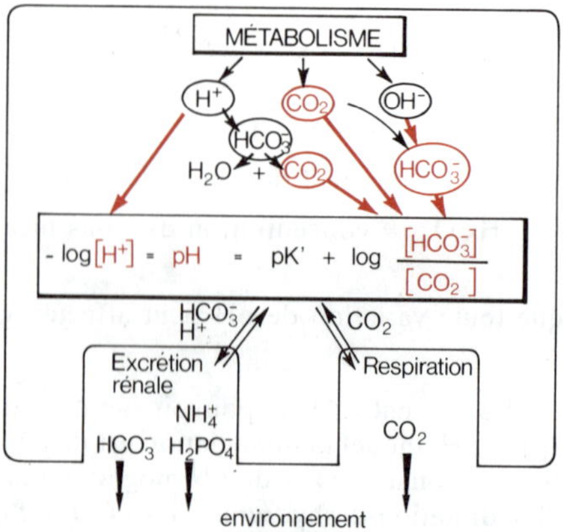

FIG. 50. — *Éléments de régulation de l'équilibre acido-basique du milieu intérieur d'un Mammifère.* Le système est ouvert, ce qui lui confère des possibilités d'ajustement rapide, *via* la variation de l'excrétion rénale et de l'élimination de CO_2.

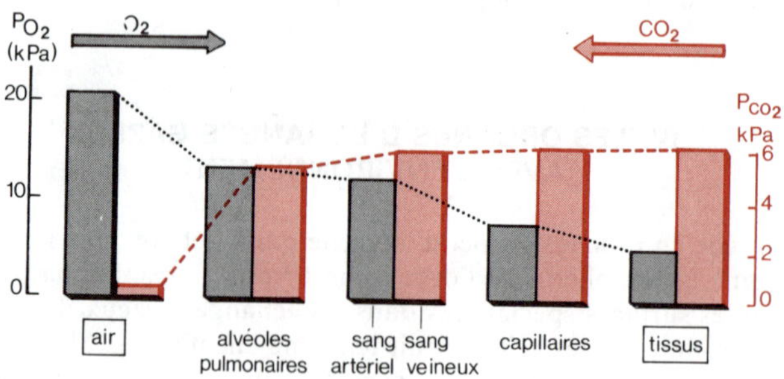

FIG. 51. — *Les mouvements d'O_2 et de CO_2 sont conditionnés par les différences de pression partielle de ces gaz entre les divers points de l'organisme.* On notera sur ce graphique les différences d'échelles utilisées pour P_{O_2} et P_{CO_2} ; les valeurs sont celles qui sont mesurées chez l'homme.

variation de concentration de ce gaz à la variation de sa pression partielle. L'eau a donc une capacitance faible pour l'oxygène, par rapport à celle de l'atmosphère (environ 30 fois moins), alors que sa capacitance pour le dioxyde de carbone est équivalente à celle de l'atmosphère. Ce paramètre est modifié par divers facteurs, dont la température : la capacitance de l'eau pour l'oxygène diminue encore lorsque la température augmente.

Il apparaît donc que le prélèvement d'oxygène en milieu aquatique nécessite le contact des téguments ou des branchies avec un volume d'eau important pour remédier à la faible capacitance de ce milieu pour l'O_2. Cette contrainte peut être coûteuse, sur le plan énergétique, si l'intensité du prélèvement d'oxygène oblige l'animal à pratiquer une « ventilation » branchiale.

2. *Respiration tégumentaire*

Il a été signalé plus haut que divers Invertébrés de petite taille présentent des échanges gazeux localisés au niveau des téguments. Chez les Vertébrés, la respiration tégumentaire est essentielle pour la plupart des Amphibiens, qui présentent alors une vascularisation cutanée très développée. Certains Reptiles conservent une respiration cutanée également importante.

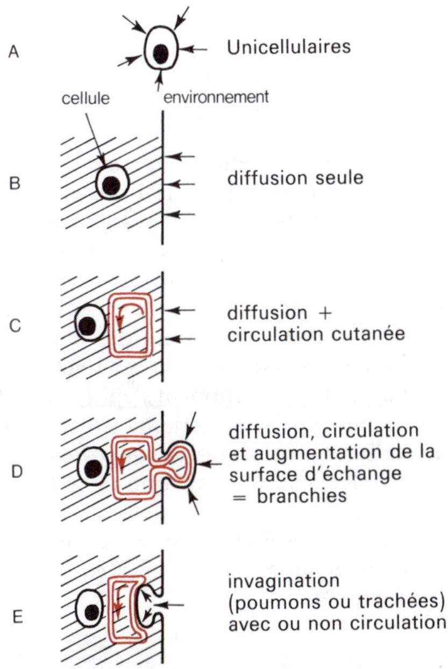

FIG. 52. — *Schématisation des principales dispositions assurant les échanges gazeux respiratoires chez les animaux.* La distance de diffusion entre la surface d'échange et les cellules est considérablement réduite lorsqu'il existe une circulation du milieu intérieur (C, D, E). Les principales caractéristiques des systèmes schématisés peuvent être résumées ainsi :

— les branchies sont le plus souvent réservées aux échanges en milieu aqueux, les poumons aux échanges en milieu aérien (avec des exceptions dans les deux cas) ;

— les mouvements du milieu extérieur sont assurés par des cils ou des flagelles chez les groupes les moins évolués (mouvements d'eau) et procurent souvent l'oxygène et les aliments en même temps. Les systèmes de filtration des particules alimentaires et de respiration évoluent ensuite de manière parallèle chez les Vertébrés. Les branchies deviennent des structures uniquement respiratoires lorsque les mâchoires apparaissent chez les Vertébrés. Les Amphibiens peuvent présenter les trois types de dispositifs C (respiration cutanée), D (respiration branchiale) et E (respiration pulmonaire).

(Modifié, d'après PIIPER, J. & SCHEID, P, 1980.)

3. *Respiration branchiale*

Les branchies sont des évaginations de la surface de l'organisme (fig. 52) rencontrées chez de nombreux Invertébrés aquatiques (Mollusques, Crustacés, Annélides...), chez les Poissons et divers Amphibiens (au moins à l'état larvaire). Ces formations restent peu volumineuses tout en assurant une surface d'échange considérable.

Divers dispositifs permettent un renouvellement permanent de l'eau en contact avec l'épithélium respiratoire, ce qui assure la disponibilité en O_2 :

— mouvements des branchies (certaines larves aquatiques d'Insectes, divers Amphibiens) ;

— mouvements ciliaires (moules...) ;

— mouvements bucco-operculaires de pompage de l'eau (Poissons) ou mouvements appendiculaires (Crustacés) ;

— irrigation des branchies grâce à un déplacement permanent de l'animal (Thons, Requins).

La figure 53 présente les dispositions anatomiques (surface importante, irrigation, circulation à contre-courant de l'eau et du sang...) caractéristiques des branchies de Poissons qui assurent une grande efficacité à ce système. L'épithélium branchial est toujours très développé, en rapport avec les exigences de ses fonctions respiratoires, mais aussi osmotiques, excrétrices (cf. p. 136), et régulatrices de l'équilibre acido-basique. Deux types cellulaires principaux forment l'épithélium des lamelles branchiales : des cellules plates (3 à 5 μm d'épaisseur) pauvres en mitochondries, impliquées surtout dans les échanges gazeux, forment l'épithélium des lamelles secondaires, et des cellules plus épaisses, toujours situées dans l'épithélium des lamelles primaires (cellules à chlorures ou ionocytes : voir chap. 6). La surface épithéliale est estimée à 400 cm^2 environ pour 100 g de poids corporel chez la plupart des Poissons.

Le coût énergétique de la respiration des Poissons, longtemps estimé à 15 à 20 % des dépenses énergétiques totales serait en réalité bien plus faible et n'excéderait pas quelques %.

B. *Échanges gazeux dans l'air*

Quelques espèces de petite taille ne possèdent pas d'autres organes respiratoires que leur tégument (Collemboles). Les autres organismes qui ont colonisé l'espace aérien possèdent des dispositifs d'échange mieux adaptés.

1. *Trachées aériennes*

La respiration trachéale conduit l'air directement aux cellules, sans intervention du sang. Les stigmates, en communication avec l'atmosphère, permettent l'entrée d'air, qui emprunte les nombreuses ramifications de l'appareil trachéal, ensemble de canalicules limités par un épithélium simple produisant une cuticule (fig. 54). A leur extrémité distale, les ramifications for-

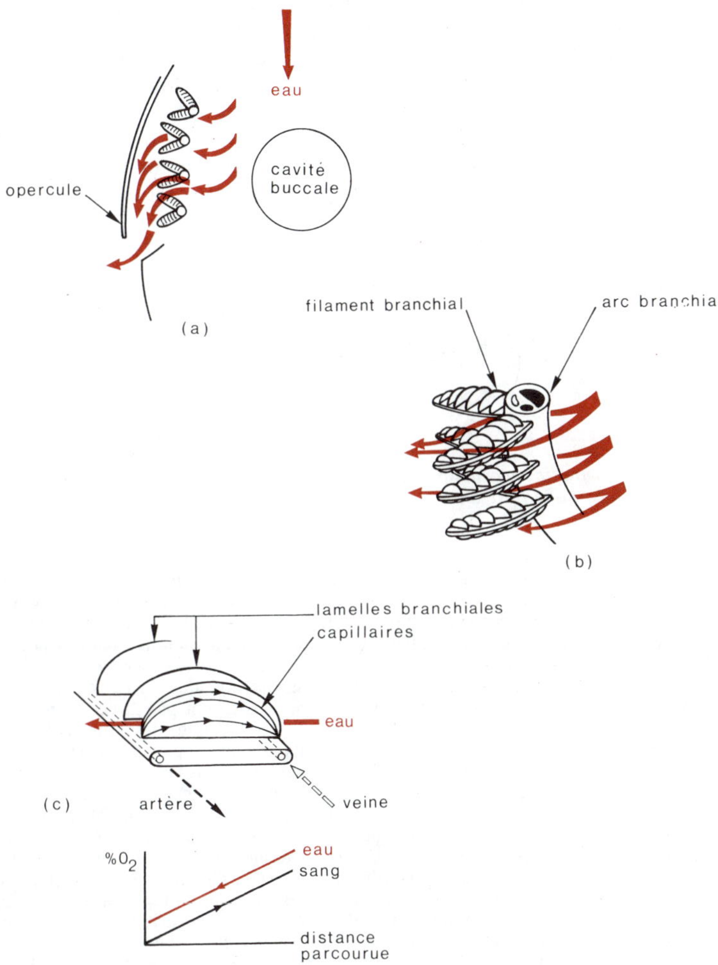

FIG. 53. — *Représentation schématique de la disposition anatomique des branchies de Poisson.* **a,** position des arcs branchiaux, en projection verticale ; chacun supporte deux rangées de filaments branchiaux ; l'eau en provenance de la cavité buccale est forcée entre les divers filaments branchiaux. **b,** détail d'un filament d'arc branchial vu latéralement : les filaments branchiaux portent de nombreuses lamelles branchiales dont seules quelques-unes ont été figurées ici ; les courants d'eau sont dirigés perpendiculairement à l'axe de chaque filament branchial et ils sont par conséquent orientés parallèlement à chaque lamelle. **c,** détail de l'irrigation d'une lamelle branchiale et disposition à contre-courant des mouvements d'eau et de sang ; cette disposition assure un enrichissement maximal en O_2 du sang empruntant la lamelle branchiale.

ment les trachéoles n'ayant plus qu'un diamètre de 0,1 µm et qui peuvent pénétrer dans les cellules, à proximité immédiate des mitochondries. L'extrémité des trachéoles renferme du liquide extracellulaire, en quantité variable selon l'activité du tissu : lorsque les tissus sont très actifs, il se produit une résorption de ce liquide, vraisemblablement par un effet osmotique dû aux catabolites produits par les tissus.

Le renouvellement des gaz contenus dans le système trachéolaire fait intervenir la diffusion et des mouvements divers de l'abdomen, menant à une expiration active (l'inspiration est le plus souvent passive).

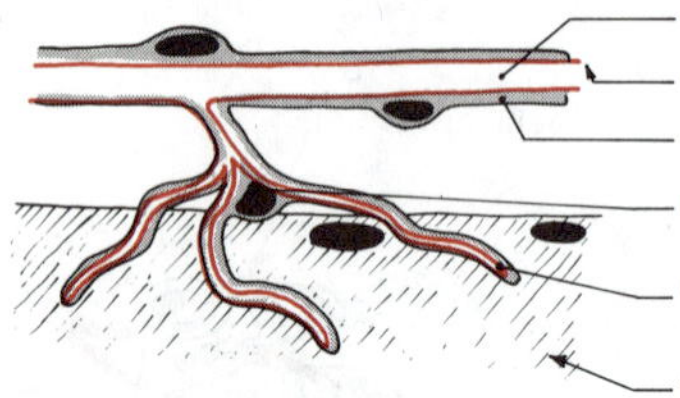

FIG. 54. — *Représentation schématique des prolongements du système trachéolaire d'un Insecte, au contact d'une fibre musculaire.*

FIG. 55. — *Systèmes respiratoires des Mammifères et des Oiseaux.* Le poumon des *Mammifères* est un système clos, formé de conduits aériens et d'alvéoles au niveau desquelles se font les échanges entre l'air alvéolaire et les capillaires sanguins. Dans un tel système, l'air parvenant aux alvéoles est toujours un mélange d'air résiduel (fraction gazeuse qui emplissait le système respiratoire en fin d'expiration) et d'air atmosphérique nouvellement inhalé. Le système respiratoire des *Oiseaux* comporte deux poumons et un ensemble de sacs aériens qui ne participent pas directement aux échanges gazeux mais permettent l'alimentation, à sens unique, des poumons. Les poumons ne sont pas constitués d'alvéoles closes mais de nombreux capillaires aériens ouverts aux deux bouts sur un système bronchique complexe : les connexions du poumon avec les divers sacs aériens permettent de distinguer entre ceux-ci deux groupes : les sacs antérieurs (sa) et les sacs postérieurs (sp). L'analyse des mouvements gazeux a été réalisée soit en suivant la composition gazeuse des divers sacs aériens après inhalation unique d'un gaz marqueur, soit en mesurant les débits gazeux aux divers niveaux du système respiratoire avec des appareils miniaturisés. Chaque cycle d'échanges gazeux nécessite deux inspirations et deux expirations : lors de la première inspiration (1), le gaz inhalé *(en rouge)* gagne le groupe des sacs aériens postérieurs ; l'expiration suivante permet de vider les sacs antérieurs vers la trachée et de faire circuler l'air en provenance des sacs postérieurs dans les systèmes tubulaires où se produit l'hématose (2). La deuxième inspiration permet aux gaz empruntant les capillaires aériens de se rassembler dans les sacs aériens antérieurs (3) alors que la 2e expiration permet finalement d'exhaler les gaz après une exploitation optimale de ceux-ci. Cette disposition assure une meilleure performance des échanges gazeux.

Dans le cartouche, représentation schématique du système d'échange probable entre les capillaires aériens : il s'agit d'une disposition intermédiaire entre les systèmes à contre-courant et les systèmes à courant parallèle. Chez les Oiseaux, le volume d'air présent dans les poumons représente environ un quart seulement de la capacité totale des espaces aériens.

(Sources : WEIBEL, E.R., *Morphometry of the human lung,* Springer Verlag, 1963 ; HAINSWORTH, F.R., *Animal Physiology,* Addison Wesley Pub., 1981 ; SCHMIDT NIELSEN, K., *op. cit.*)

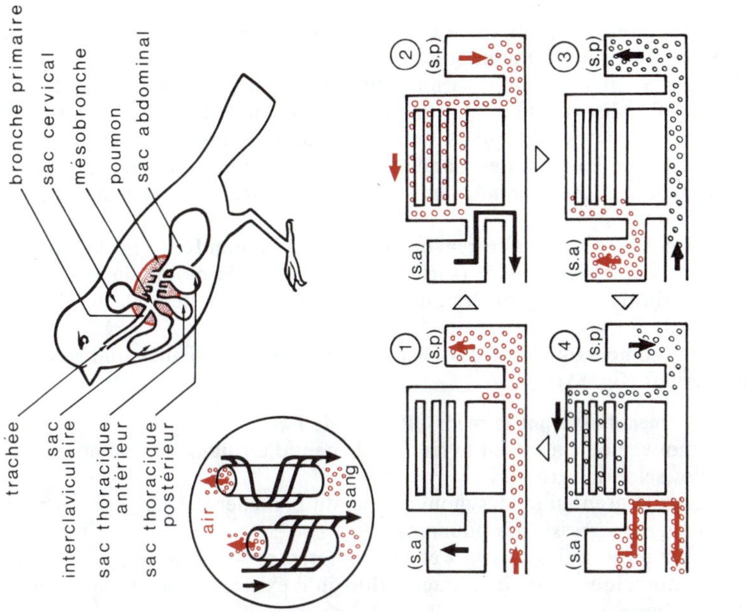

Poumon tubulaire
(Oiseaux)

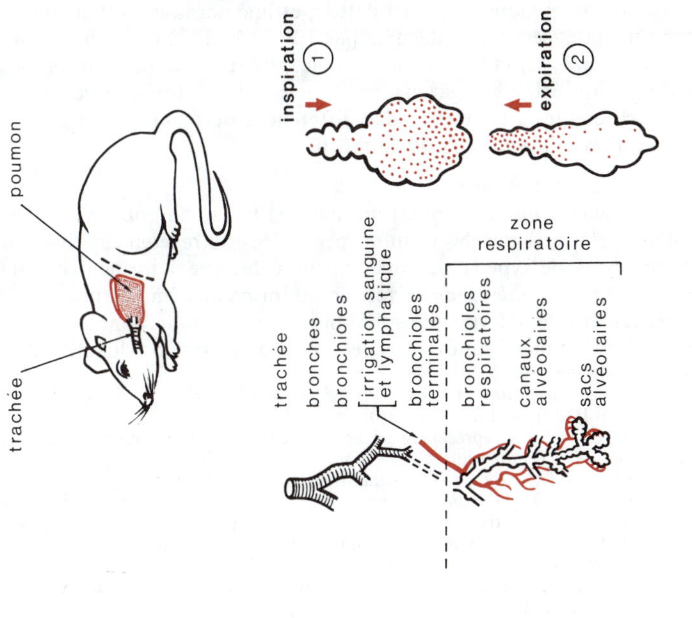

Poumon alvéolaire
(Mammifères)

2. *Poumons*

Les poumons sont des cavités à rôle respiratoire reliées à la surface du corps par un conduit unique (fig. 55).

Les Gastéropodes possèdent un poumon richement irrigué, divers Décapodes (crabe des cocotiers) ont une cavité branchiale transformée en poumon, les cloportes (Isopodes) ont un appareil pulmonaire creusé dans l'épaisseur de leurs pattes abdominales, les poissons pulmonés et les Amphibiens ont des poumons, mais les organes incontestablement les plus évolués sont :

— le poumon alvéolaire rencontré chez les Mammifères, où la surface d'échange est hypertrophiée (surface équivalente à la moitié de la surface d'un terrain de tennis pour les poumons humains, plus de 1 000 m^2 chez la baleine bleue...) ;

— le poumon tubulaire des Oiseaux, avec les diverticules que sont les sacs aériens (fig. 55).

a. Mouvements assurant le renouvellement de l'air

Les mouvements assurant le renouvellement d'air dans les poumons sont variables selon les groupes :

— chez la grenouille, des mouvements du plancher buccal permettent le remplissage progressif des poumons ;

— chez les Reptiles, Oiseaux et Mammifères, ce sont des mouvements de la cage thoracique, et du diaphragme (lorsqu'il existe), qui assurent la ventilation pulmonaire.

Le coût énergétique de la ventilation, estimé par la consommation d'oxygène qu'elle nécessite, ne dépasse pas 1,2 à 3 % de la consommation totale de l'organisme, selon les conditions d'activité. Le volume d'air qui ne participe pas aux échanges gazeux est appelé volume (ou espace) mort : son existence explique l'entretien des différences de composition du mélange gazeux intrapulmonaire et de l'atmosphère.

b. Surfactant pulmonaire

Le surfactant pulmonaire est un matériel formé de phospholipides et de protéines élaborés par des cellules spécialisées du revêtement alvéolaire, les pneumocytes de type II (les pneumocytes de type I forment l'épithélium respiratoire) et libérés dans l'alvéole où il forme un film continu (fig. 56). Le surfactant contient divers phospholipides dont certains sont très peu représentés dans les membranes : c'est le cas de la phosphatidylcholine disaturée

---

FIG. 56. — **a,** *représentation schématique d'un sac alvéolaire :* les deux types de pneumocytes (I et II) forment une couverture épithéliale continue ; la structure détaillée du mésenchyme n'est pas représentée ici, en particulier la présence de nombreux capillaires sanguins et lymphatiques.

b, *les pneumocytes de type II (granulaires) sont des cellules spécialisées dans l'élaboration du surfactant pulmonaire, matériel recouvrant toute la surface épithéliale.* Ce matériel a une forte activité tensio-active et un rôle dans la rétention d'eau à l'interface épithélium-air alvéolaire. Les composants du surfactant sont synthétisés au niveau du reticulum endoplasmique rugueux (RER), au niveau du Golgi, transitent dans les corps multivesiculaires puis se retrouvent dans les corps lamellaires avant d'être sécrétés dans la lumière alvéolaire.

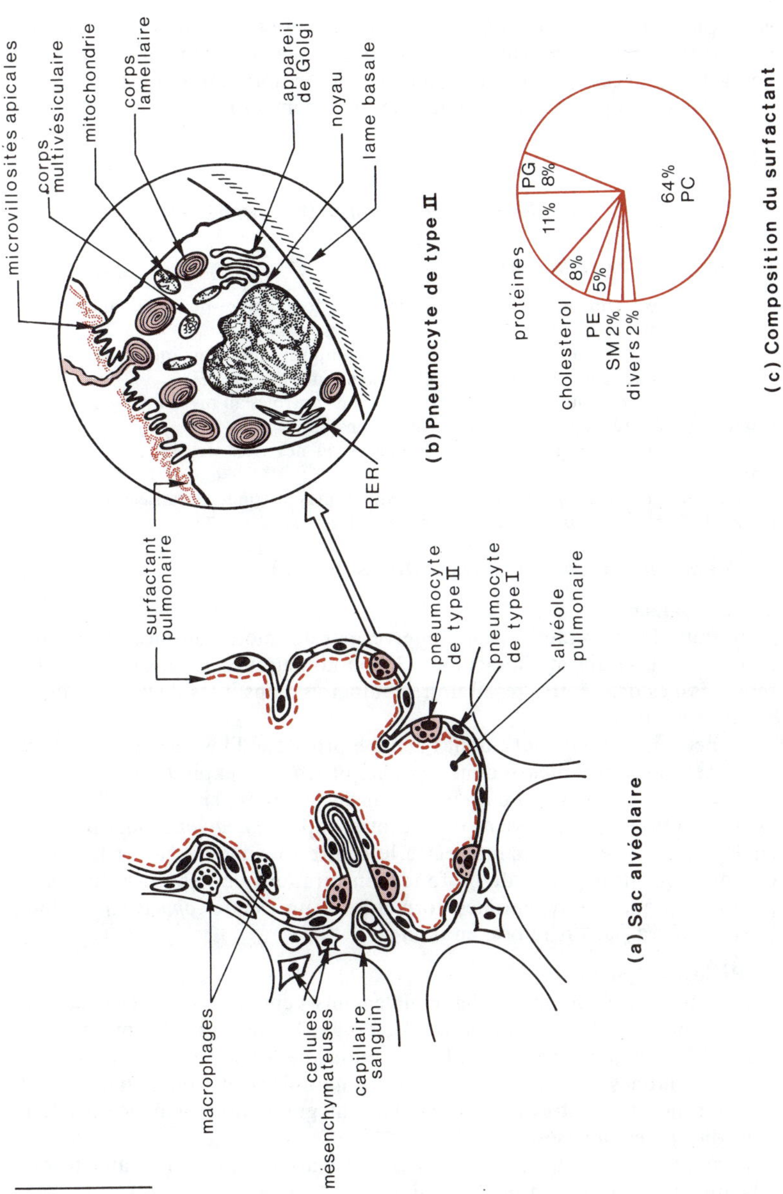

---

c, *diagramme* (d'après PERELMAN, R. H., ENGLE, M. J. & FARRELL, Ph. M. *Lung,* **159,** 53, 1981) *donnant les proportions des constituants du surfactant alvéolaire chez l'homme.* PC, phosphatidyl choline, PG, phosphatidyl glycérol ; PE, phosphatidyl éthanolamine ; SM, sphingomyéline.

et du phosphatidylglycérol. Le film de surfactant est fortement tensio-actif : il assure au tissu pulmonaire l'essentiel de son élasticité et réduit la dépense énergétique nécessaire lors des mouvements respiratoires. Le renouvellement de ce complexe lipoprotéique est extrêmement rapide.

C. *Régulations ventilatoires* (Mammifères)

1. *Approche expérimentale*

L'analyse expérimentale des régulations de la fonction respiratoire fait appel à diverses techniques qui ne seront que mentionnées ici :

— mesures des débits ventilatoires et de la composition de l'air inhalé ou exhalé ;

— mesures des contenus en O_2 et CO_2 du sang, mesures de pH ;

— perfusions de liquides à P_{O_2}, P_{CO_2} ou pH bien contrôlés au niveau d'organes intervenant dans les régulations (zones de chimiosensibilité) ;

— techniques chirurgicales : sections étagées du nevraxe, sections de troncs nerveux ;

— techniques électrophysiologiques : stimulations électriques localisées, enregistrements de fibres nerveuses ou de neurones en place.

2. *Principaux mécanismes régulateurs* (fig. 57)

a. Automatisme

Les muscles respiratoires sont innervés par des motoneurones situés dans la moelle cervicale et thoracique. Ces motoneurones reçoivent des afférences issues des centres respiratoires bulbaires, constitués d'au moins deux groupes de neurones :

— neurones *inspirateurs,* dont l'activité provoque l'inspiration,

— neurones *expirateurs,* dont l'activité provoque l'expiration.

L'activité rythmique est entretenue par des neurones situés dans la protubérance annulaire, au niveau d'un centre appelé *pneumotaxique.* Il existe également des neurones situés entre le centre pneumotaxique et le centre bulbaire, qui provoquent de profondes inspirations en l'absence du centre pneumotaxique : ces neurones formeraient un centre *apneustique,* dont l'existence est parfois remise en doute.

b. Réflexes régulateurs

Le rythme et l'amplitude des mouvements ventilatoires sont en permanence réglés par les variations de pH, P_{CO_2} et P_{O_2} du sang. En outre, l'état d'activité (sommeil, exercice...), les variations de température, le stress, certaines hormones, la vocalisation, viennent moduler cette fonction et ce sont les neurones des centres respiratoires qui intègrent en permanence ces données d'origines diverses.

Parmi les récepteurs qui permettent une appréciation permanente des besoins respiratoires, on peut signaler :

— des *chimiorécepteurs centraux* (bulbaires) sensibles aux variations de pH du liquide cérébro-spinal associées aux variations de P_{CO_2}. Dès que le pH diminue, la ventilation s'accélère ;

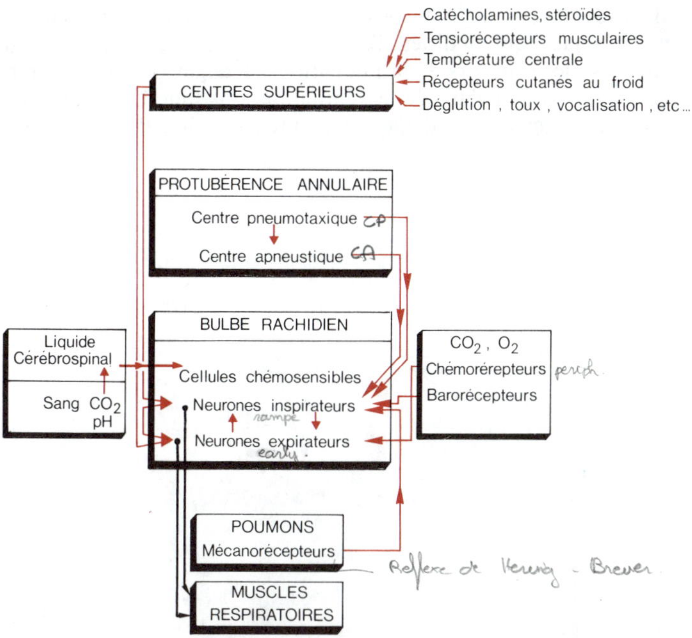

FIG. 57. — *Schéma général des éléments de régulation de la ventilation pulmonaire chez les Mammifères* (explications dans le texte).

— des *chimiorécepteurs périphériques,* situés dans les carotides (corps carotidiens) et les corps aortiques des Mammifères : la fréquence des influx émis par ces récepteurs augmente lorsque la P_{O_2} diminue ou lorsque la P_{CO_2} augmente dans le sang artériel ;

— des *mécanorécepteurs* sensibles à la distension des voies aériennes supérieures et du parenchyme pulmonaire. Parmi ces récepteurs certains sont à l'origine du réflexe de Hering-Breuer : lorsque les récepteurs sont étirés, par l'inflation des poumons, ils émettent des potentiels d'action qui empruntent des fibres myélinisées du nerf pneumogastrique pour gagner les centres respiratoires et la réaction est une diminution de la fréquence respiratoire.

c. Autres influences

Les centres respiratoires reçoivent d'autres afférences en provenance :

— de propriocepteurs : leur sollicitation, lors de l'exercice musculaire, stimule la ventilation avant que les gaz respiratoires n'aient subi des variations de concentration dans le sang ;

— des barorécepteurs carotidiens et aortiques et du centre cardio-vasculaire ;

— d'autres régions du système nerveux central : cortex, hypothalamus, système limbique... qui modifient l'activité ventilatoire en cas de sensations douloureuses, de peur, lors de la phonation... L'augmentation de température, enfin, est un stimulant de la ventilation ainsi que l'excitation orthosympathique (augmentation de la concentration d'adrénaline notamment).

5

RÉGULATIONS DU MÉTABOLISME ÉNERGÉTIQUE

Les deux chapitres qui précèdent ont envisagé les échanges matériels qui interviennent entre l'organisme et son environnement et les transformations des aliments en nutriments au cours de la digestion.

Le *métabolisme énergétique* d'un Métazoaire correspond à l'ensemble des réactions biochimiques qui permettent la conversion de l'énergie contenue dans les nutriments (liaisons chimiques) en ATP. Au total, le métabolisme énergétique permet de :

- régénérer de l'ATP par glycolyse anaérobie mais surtout par l'oxydation de molécules organiques ;
- régénérer du pouvoir réducteur (NADH et NADPH) *via* la voie des pentoses phosphates, l'oxydation des acides gras et le cycle de Krebs ;
- fournir les motifs carbonés qui serviront aux synthèses de molécules organiques.

Après la digestion (chap. 3), l'absorption enrichit considérablement le milieu intérieur en nutriments qui peuvent alors être prélevés par les différentes cellules de l'organisme, selon leurs besoins et leurs aptitudes biochimiques. Chaque cellule dont l'équipement enzymatique le permet va pouvoir mettre en réserve des molécules à valeur énergétique : en particulier, les cellules adipeuses stockent des lipides, les cellules hépatiques et musculaires surtout du glycogène au cours de la *période post-prandiale* (les quelques heures suivant la prise de nourriture chez un homme). Lorsque l'organisme est en *période post-absorptive* (environ 12 h après le repas chez l'homme), la situation est différente : la plupart des tissus restent demandeurs de substrats énergétiques alors que le milieu intérieur a tendance à s'appauvrir. Les réserves précédemment accumulées vont alors être mobilisées progressivement, en fonction de la demande tissulaire. En cas de *jeûne* prolongé, d'*exercice musculaire* intense (voir chap . 8), d'exposition chronique au froid, de grossesse, de stress, ce sont d'autres ajustements du métabolisme énergétique qui deviennent nécessaires.

Les diverses voies métaboliques potentielles qui existent dans de nombreux tissus ont été relativement bien étudiées depuis un demi-siècle, mais les régulations métaboliques sont connues avec quelques détails depuis peu et dans un très petit nombre d'espèces seulement. Les données qui suivent concernent surtout l'espèce humaine et les petits animaux de laboratoire (rat, souris...).

Pour envisager les principes des régulations du métabolisme énergétique, il est commode de s'intéresser successivement à deux niveaux de complexité. En s'inspirant du vocabulaire utilisé par les économistes (microéconomie et macroéconomie), on analysera en premier lieu la *microrégulation* des voies métaboliques, au niveau cellulaire, en cherchant à mettre en évidence les notions essentielles qui permettent de comprendre comment, ou plus exactement pourquoi une cellule donnée présente tel ou tel métabolisme ; ensuite, la *macrorégulation* des flux de substrats énergétiques, qui fait appel à une *collaboration* entre organes sera abordée dans diverses situations physiologiques.

I. SUBSTRATS ÉNERGÉTIQUES ET MICRORÉGULATION

A. *Principaux substrats énergétiques*

1. *Réserves énergétiques*

On a vu plus haut (chap. 1) que ni l'ATP, ni les phosphagènes (créatine phosphate par exemple) ne constituent des réserves énergétiques appréciables dans les cellules. Les deux formes majeures de stockage d'énergie sont les *glucides* et les *lipides*. La mise en réserve des glucides, sous forme de glycogène chez les animaux, permet de disposer d'un stock énergétique rapidement mobilisable, mais chaque gramme de glycogène nécessite l'accumulation simultanée de un à deux grammes d'eau pour maintenir l'osmolarité cellulaire. L'intérêt d'une telle forme de réserve est donc limité : chaque gramme de tissu accumulant du glycogène ne peut fournir que 6 à 8 kJ. Au contraire, les lipides, molécules hydrophobes, sont stockés en absence d'eau et le tissu adipeux peut renfermer jusqu'à 90 % de son poids en lipides ; pour un même poids de tissu, le stockage d'énergie sous forme de lipides est ainsi beaucoup plus important (richesse énergétique des lipides : 38 kJ par g ; accumulation sans eau).

Les réserves énergétiques d'un homme sont rapportées dans la figure 58.

2. *Substrats énergétiques circulants*

Les substrats énergétiques circulants sont plus variés que les formes de réserve par suite de l'existence des interconversions métaboliques. La concentration sanguine des divers substrats énergétiques, glucose, lactate, acides gras non estérifiés (ou « AGNE » ; ils sont souvent appelés improprement acides gras libres, ou AGL, car non estérifiés, mais ils sont en fait liés à la sérum albumine lorsqu'ils transitent dans le plasma), acétate, propionate, butyrate, corps cétoniques (acétoacétate et β hydroxybutyrate) et acides aminés, est variable selon l'état physiologique. La figure 59 repré-

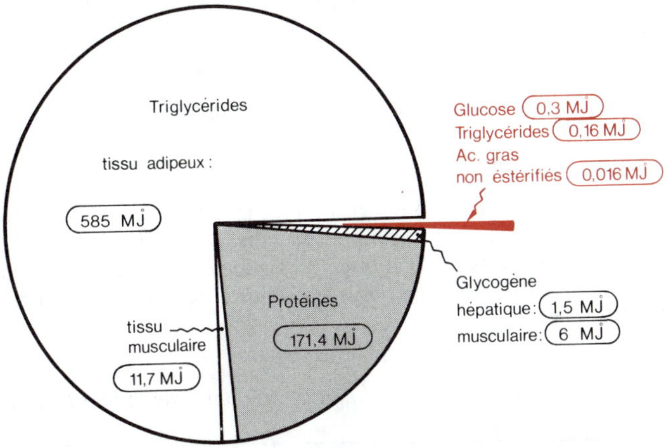

FIG. 58. — *Diagramme schématisant les proportions des principaux substrats énergétiques chez un homme de 70 kg. En noir,* réserves tissulaires : triglycérides (tissu adipeux et mùscles) protéines (muscles essentiellement) et glycogène (foie et muscles). *En rouge,* les trois principaux substrats circulants dans les liquides extracellulaires (LEC) représentent moins de 1 % du total. Les valeurs sont exprimées en mégajoules (10^6 J) ; pour comparaison, la ration énergétique du même homme est de l'ordre de 10 MJ par 24 heures.

(D'après les données de CAHILL, G.F., Jr, *N. Engl. J. Med.,* **282,** 668, 1970.)

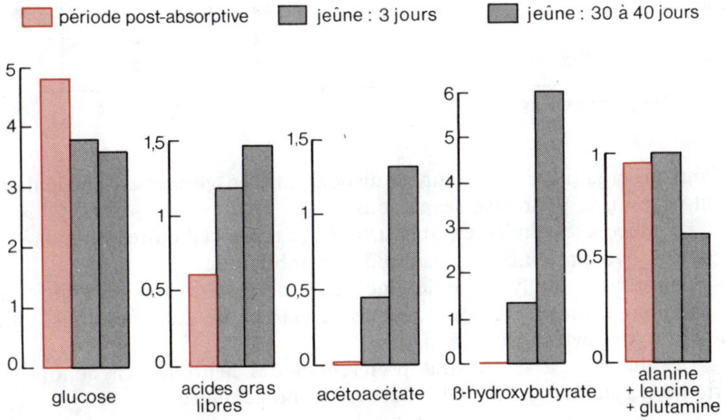

FIG. 59. — *Concentrations moyennes (mmol.l^{-1}) de quelques substrats énergétiques circulants dans le sang d'un homme dans la période post-absorptive (10 h après le repas) et dans deux situations de jeûne.*

(Valeurs rapportées par J. GIRARD et R. ASSAN, in *Pathologie Médicale,* 2e ed., vol. 11, Nutrition, métabolisme et diététique, G. TCHOBROUTSKY et B. GUY-GRAND, ed., Flammarion Médecine, 1979.)

sente les valeurs moyennes mesurées chez l'homme, dans diverses situations nutritionnelles.

B. *Consommation tissulaire*

1. *Notion de variation locale*

Les molécules organiques n'ont pas toutes la même valeur énergétique et les cellules présentent une certaine spécialisation dans leur aptitude à consommer les substrats énergétiques. Les substrats utilisés préférentiellement par un certain nombre de tissus ou cellules de l'homme sont rappelés dans le tableau 8.

TABLEAU 8. — *Substrats énergétiques utilisés par divers tissus humains.*

Tissus ou cellules	*Glucose*	*Acides gras*	*Corps cétoniques*	*Acides aminés*
Érythrocytes	•			
Cellules médullosurrénaliennes	•			
Neurones	•		•*	•
Fibres musculaires striées squelettiques				
— faible activité		•	•	•
— exercice intense	•			
Foie		•		•
Cœur		•	•	
Cellules du cortex rénal		•	•	

* Lors d'un jeûne prolongé.

Pour un organisme supérieur, la disponibilité en *glucose* est particulièrement nécessaire, pour diverses raisons :

— le glucose est indispensable à tous les types cellulaires pour la synthèse des glycoprotéines et glycolipides membranaires ;

— substrat de la glycolyse, le glucose est nécessaire dans les conditions d'anaérobiose, ainsi qu'à toute cellule dépourvue de mitochondries, telles que les érythrocytes arrivés à maturité ;

— le glucose est le substrat préférentiel des neurones en dehors des périodes de jeûne (voir p. 104 « barrière hémoméningée »).

2. *Mécanismes des régulations intracellulaires*

Toutes les cellules ne sont pas aptes, par leur équipement enzymatique, à pratiquer toutes les voies du métabolisme énergétique (on trouvera en annexe des schémas métaboliques succincts de la glycolyse, de la glycogénolyse et de la glycogénogenèse, de la gluconéogenèse, la lipolyse et la lipogenèse, la cétogenèse...). La consommation et le devenir des substrats énergétiques sont réglés au niveau des cellules, par divers facteurs parmi lesquels on retiendra les suivants :

a. Disponibilité en substrats

La concentration sanguine et les ajustements du débit sanguin local sont susceptibles de faire varier la disponibilité en substrats énergétiques au niveau des tissus.

b. Perméabilité membranaire aux substrats et modulation de leur captation sous les influences hormonales

Le système de transport des cellules musculaires ou adipeuses est limitant pour l'utilisation de glucose et peut être stimulé par l'insuline.

La membrane des hépatocytes n'est pas librement perméable au glucose comme on l'a longtemps affirmé : le glucose pénètre en réalité dans ces cellules, comme dans toutes les autres, par un mécanisme de *diffusion facilitée* (voir tome I). Mais la particularité des hépatocytes provient de ce que le système de transport du glucose a une très grande capacité dans ces cellules (système saturable seulement pour des glycémies de 40 $mmol.l^{-1}$, rarement atteintes, même dans la veine porte hépatique) et n'est pas sensible à l'insuline.

c. Présence des enzymes permettant le métabolisme du substrat (voir tableau 8) et leurs propriétés spécifiques

• Paramètres cinétiques

In vitro, les enzymes sont caractérisés par leurs paramètres cinétiques (cf. tome I) : vitesse initiale maximale de la réaction, à concentration de substrat saturante (V_{max}) et constante de Michaelis (K_m), égale à la concentration de substrat qui permet une vitesse initiale de réaction égale à $\frac{V_{max}}{2}$. Ces paramètres peuvent rendre compte du rôle régulateur de certains enzymes dans le métabolisme.

Par exemple, les enzymes qui assurent la phosphorylation du glucose en glucose 6 phosphate (« G6P ») ont des K_m très différents selon leur localisation : le K_m de l'*hexokinase* (divers tissus, dont muscles, tissu adipeux) est de l'ordre de 0,01 à 0,1 $mmol.l^{-1}$ alors que le K_m de la *glucokinase* (foie uniquement) est de 10 $mmol.l^{-1}$. Compte tenu de la valeur plus faible de son K_m, très inférieur aux concentrations physiologiques de glucose dans le sang (3 à 7 $mmol.l^{-1}$ selon l'état nutritionnel), l'hexokinase fonctionne à vitesse maximale. Elle n'est donc pas limitante et ne peut exercer de rôle régulateur. Dans les cellules qui possèdent une hexokinase, la régulation de l'utilisation du glucose dépend donc du mécanisme de transport de glucose (cf. ci-dessus).

Le K_m de la glucokinase est du même ordre de grandeur que la glycémie portale après un repas. Pour certains auteurs, cette situation permet une phosphorylation du glucose proportionnelle à la concentration instantanée de ce substrat dans la veine porte hépatique, c'est-à-dire une régulation très rapide de la captation du glucose par le foie (fig. 60) ; cette interprétation est actuellement reconsidérée...

• **Modifications covalentes des enzymes**

L'activité des enzymes peut être affectée par des modifications covalentes de leur structure, par exemple par phosphorylation (par des *protéines kinases* AMPc dépendantes le plus souvent) ou déphosphorylation (par des *phosphoprotéines phosphatases*). La régulation de la biosynthèse et de la dégradation du glycogène dans un hépatocyte fournit un exemple d'un tel système (voir annexe).

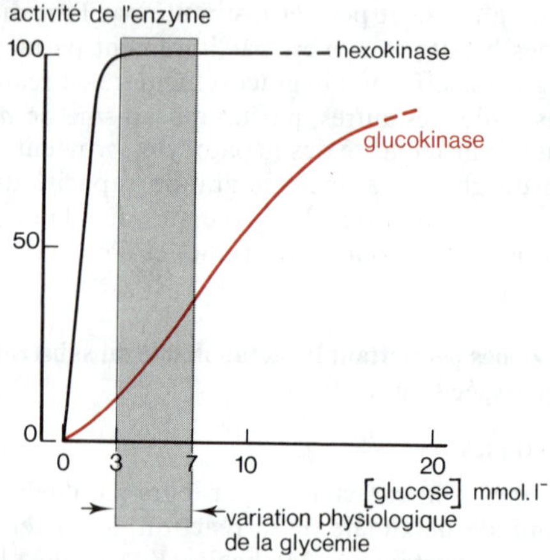

FIG. 60. — *Représentation schématique des caractéristiques cinétiques de l'hexokinase et de la glucokinase.* La glucokinase permettrait une régulation immédiate de la concentration du glucose présent dans la veine porte hépatique par suite d'un Km très supérieur à celui de l'héxokinase. Explications dans le texte.
(Redessiné d'après J. GIRARD et R. ASSAN, 1979, *op. cit.*)

• **Activation ou inhibition allostérique des enzymes**

La liaison non covalente de divers métabolites, en des sites différents du site actif de l'enzyme, modifie l'activité de celui-ci vis-à-vis des substrats : l'ATP, le citrate, les acides gras, le fructose 2,6 bisphosphate ont cet effet sur diverses enzymes. L'effet allostérique du *fructose 2,6 bisphosphate* (Fru-2,6-P_2) est intéressant par la portée très générale qu'il semble avoir dans la régulation du métabolisme des glucides. De découverte récente (1980), par rapport à son isomère le fructose 1,6 bisphosphate, le Fru-2,6-P_2 est un métabolite présent dans divers tissus gluconéogénétiques (foie, rein) ou non (muscle strié, cœur, cerveau, tissu adipeux...), qui stimule très fortement les diverses phosphofructokinases 1 (PFK 1) et inhibe les fructose 1,6 bisphosphatases du foie (fig. 61). On voit que le Fru-2,6-P_2 n'est pas un intermédiaire de la glycolyse, mais qu'il est probablement son *régulateur* le plus puissant. Ce métabolite est formé à partir du fructose 6P lorsque celui-ci est en concentration suffisante. On considère le Fru-2,6-P_2 comme un amplificateur de son précurseur puisqu'il a le même effet sur l'activité de la PFK, mais à des concentrations 100 ou 1 000 fois moindres (1 à 10 $\mu mol.l^{-1}$ selon les systèmes). Par sa position clé (voir ci-dessous) en un point de renversement de la glycolyse ou de la gluconéogenèse (« GNG »), le Fru-2,6-P_2 permet de stopper instantanément la GNG dès que du glucose est disponible. Il agit localement comme un signal de la présence de glucose, au même titre qu'on a pu dire de l'AMPc qu'elle est le signal de la « faim » cellulaire lorsque sa concentration augmente. On conçoit aisément quelles peuvent être la souplesse et la rapidité d'ajustement de voies métaboliques contrôlées, par rapport aux possibilités de l'action de masse dans les équilibres chimiques simples.

• Les variations de la **disponibilité en cofacteurs** (NAD, NADH, NADP, NADPH), en *carnitine* (transporteur des acides gras à chaîne longue dans la mitochondrie), et les modifications à long terme (par le jeu de l'augmentation ou de la diminution des synthèses des molécules d'enzymes) des

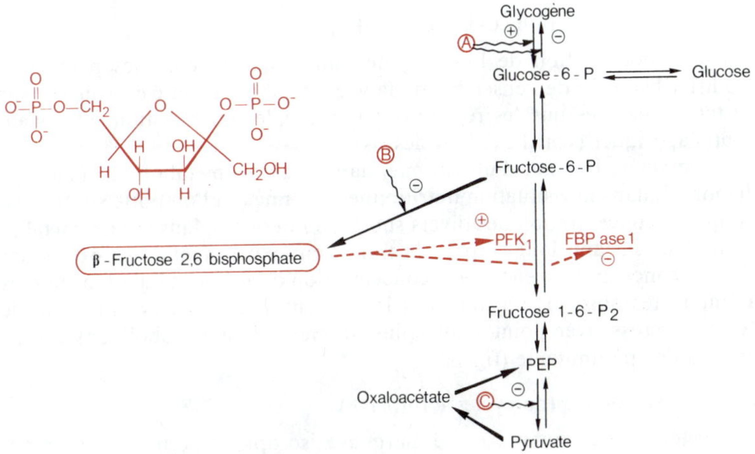

FIG. 61. — *Éléments de régulation de la glycolyse et de la gluconéogenèse dans le foie, mettant en jeu le Fru-2-6-P_2 et une protéine kinase AMPc dépendante.* Le Fru-2-6-P_2 est un puissant stimulant de la phosphofructokinase 1 (PFK_1 : l'indice « 1 » est affecté aux enzymes intervenant dans le métabolisme du Fru-1-6-P_2) et un inhibiteur de la fructose 1-6 bisphosphatase 1 (FBPase 1). Lorsque du Fru-2-6-P_2 est formé, il fait évoluer le système dans le sens de la glycolyse. Le Fru-2-6-P_2 est formé à partir du Fru-6-P (grâce à PFK 2) ; il peut être transformé à nouveau en Fru-6-P par une FBPase 2. Ces deux dernières enzymes sont sensibles à une protéine kinase AMPc dépendante *(en B sur le schéma)* qui peut bloquer très rapidement la production de Fru-2-6-P_2. La même protéine kinase, activée par l'action du glucagon, agit en A (inhibition de la glycogène synthase et activation de la glycogène phosphorylase : cf. tome 1) et en C (inhibition de la pyruvate kinase), avec pour effet global une stimulation de la gluconéogénèse.
(Adapté de H. G. HERS & E. VAN SCHAFTINGEN ; *Biochem. J.*, **206**, 1-12, 1982.)

concentrations d'enzymes limitants sont d'autres aspects des régulations possibles...

d. Notion d'enzyme clé

Les enzymes *bidirectionnels* catalysent des réactions biochimiques dans lesquelles le passage des substrats aux produits est aisément réversible :

$$A + B \underset{\longleftarrow}{\overset{\longrightarrow}{(\text{enzyme})}} C + D$$

De tels enzymes sont rarement régulés ou limitants (exemple : triose phosphate isomérase).

Au contraire, les *enzymes uni-directionnels,* dont on connaît plusieurs exemples sur les voies du métabolisme énergétique, ne catalysent que les réactions qui sont irréversibles par suite des contraintes thermodynamiques propres du système. C'est le cas des enzymes glucose 6 phosphatase et hexokinase (muscle) ou glucokinase (foie) qui permettent les interconversions glucose $\rightleftharpoons$ G6P, mais d'une manière non symétrique :

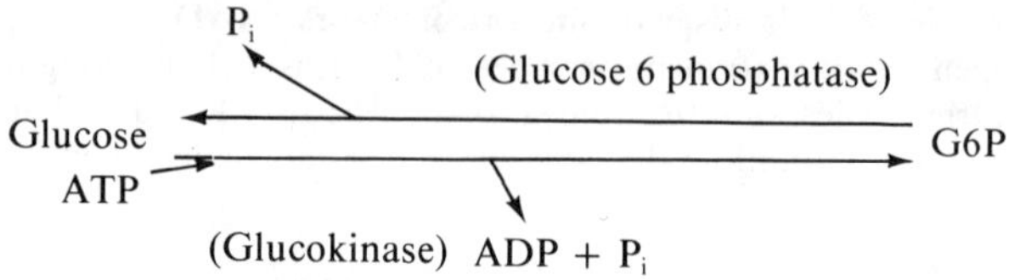

Toute modification de l'activité de l'un des deux enzymes peut alors modifier l'activité de l'ensemble de la voie métabolique et c'est souvent sur de telles enzymes que les régulations hormonales ou nutritionnelles viennent s'appliquer (voir PFK 1, ci-dessus).

Le caractère limitant d'un enzyme, dans une voie métabolique, peut être démontré, dans une situation nutritionnelle donnée, si l'on porte sur un graphique la concentration des divers substrats intéressés dans la voie métabolique, à un instant donné, après un traitement expérimental : en exprimant chaque concentration en % de la concentration du même métabolite chez les animaux témoins, le substrat dont la concentration est très différente de 100 % (« cross over point » ou point de croisement métabolique) correspond à l'étape limitante (fig. 62).

Cycles métaboliques (ou cycles « futiles »)

Des techniques complexes de marquage isotopique permettent de montrer que les deux réactions ci-dessus (glucose $\rightleftharpoons$ G6P) se produisent toujours simultanément, dans le foie de rat adulte, même lorsque le tissu est engagé activement vers la GNG par exemple, situation qui ne paraît pas nécessiter le passage du glucose vers le G6P. On parle alors de *cycle métabolique* pour une telle conversion métabolique, dont le seul bilan est une hydrolyse d'ATP en ADP + P_i, c'est-à-dire une déperdition d'énergie libre en permanence, qui ne peut se traduire que par une production de chaleur (pour cette raison, les cycles métaboliques ont parfois été appelés cycles futiles). De tels cycles métaboliques sont représentés par les couples

fructose 6 phosphate/fructose 1,6-bisphosphate
pyruvate/phophoénolpyruvate

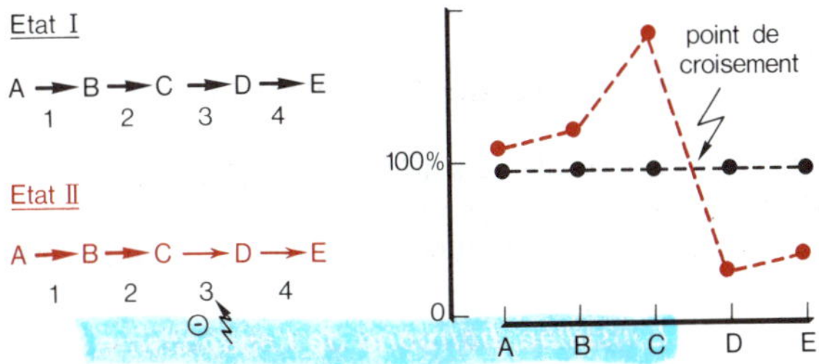

FIG. 62. — *Recherche d'un enzyme régulateur sur une voie métabolique (principe du « crossover plot »).* Une voie métabolique est figurée *à gauche*: le substrat A est transformé en un produit E, en passant par les intermédiaires B, C, D, chaque étape étant catalysée par des enzymes (1, 2, 3, 4). Si en présence d'une variation du flux, le substrat d'un des enzymes varie en sens inverse de la variation du flux, cet enzyme est régulateur. La variation de la concentration du produit de la réaction dans le sens de la variation du flux, confirme l'existence d'un point de régulation.

En pratique, on mesure dans un état physiologique I les concentrations de A, B, C, D et E et on leur donne la valeur 100 %. Puis, on répète ces mesures dans un état physiologique II pour lequel il existe une variation du flux à travers la voie. A, B, C, D et E sont alors exprimées en % de leurs concentrations dans l'état I. Par exemple : s'il existe une réduction du flux dans l'état II par rapport à l'état I, l'existence d'une étape inhibitrice au niveau de l'enzyme 3 se traduira par une figure du type représenté. Cette analyse ne renseigne pas sur les mécanismes de régulation mis en jeu.
(D'après P. FERRÉ, *Thèse de Doctorat ès Sciences,* Univ. P. et M. Curie, Paris, 1981.)

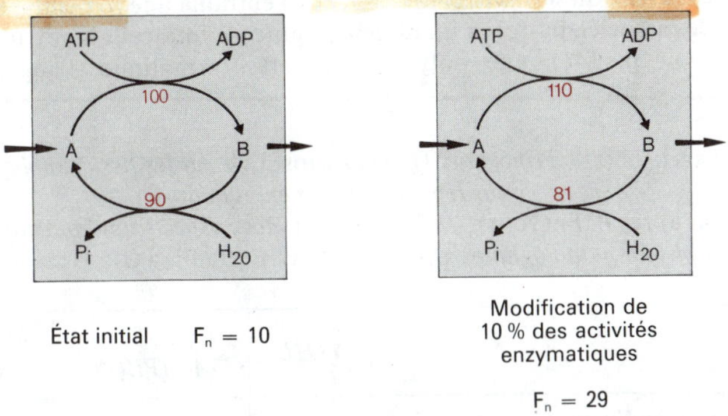

FIG. 63. — *Effet d'amplification des signaux par un cycle métabolique.* Dans cet exemple fictif, le taux de conversion de A en B est 100 et celui de B en A est 90 dans les conditions initiales : le flux net (Fn) de substrat, de A vers B est 10. Si un effecteur allostérique augmente le taux de conversion de A vers B de 10 % et diminue celui de B vers A de 10 % également, le flux net devient 29, soit une augmentation de 190 % pour une variation de 10 % des activités enzymatiques.
(Modifié, d'après L. STRYER, *Biochemistry,* 2nd ed., Freeman, 1981.)

et quelques autres. Des significations diverses sont attribuées aux cycles métaboliques, en particulier la possibilité d'amplifier certains signaux métaboliques (fig. 63) ou de permettre la génération de chaleur à partir de l'ATP (voir Insectes endothermes, p. 155 ou graisse brune, p. 165).

II. LES ACTIONS HORMONALES

Seules les actions principales des hormones impliquées dans la régulation du métabolisme énergétique et les sites de leurs actions sur les voies métaboliques principales sont mentionnées ci-dessous (voir aussi annexe).

A. *L'insuline, hormone de l'anabolisme*

L'insuline est le régulateur hormonal le plus important du métabolisme énergétique. Élaborée et sécrétée par les cellules β des îlots de Langerhans du pancréas (voir tome I), lorsque la glycémie augmente, elle signale à l'organisme l'état nourri et favorise le stockage des métabolites énergétiques ainsi que les synthèses protéiques.

Les effets de l'insuline sur les principaux tissus impliqués dans le métabolisme énergétique sont résumés dans le tableau 9. L'effet global est une diminution de la glycémie.

Lors du *diabète sucré* (environ 2 % d'individus atteints dans les pays du monde occidental, soit à peu près un million de diabétiques en France), l'insuffisance ou l'absence de sécrétion d'insuline (tout au moins dans le type de diabète dit « insulino-dépendant ») entraîne une hyperglycémie permanente (associée parfois à un déficit de glucose intracellulaire), une glucosurie (voir p. 141), une polyurie, par effet osmotique (l'augmentation

TABLEAU 9. — *Principaux effets de l'*insuline *sur les tissus impliqués dans le métabolisme énergétique*
(d'après P. FREYCHET, *1978,* in *Hormones : aspects fondamentaux et physio-pathologiques,* pp. 359-413, E. E. Baulieu éd., Hermann).

	FOIE	*TISSU ADIPEUX*	*MUSCLE STRIÉ*
Transport de glucose		+	+
Transport d'acides aminés		+	+
Synthèse de glycogène	+		+
Glycogénolyse	—		
Gluconéogenèse	—		
Cétogenèse	—		
Lipogenèse	+	+	
Lipolyse	—	—	
Synthèses protéiques	+	+	+
Protéolyse	—	—	—

\+ = Stimulation.
— = Inhibition.

d'osmolarité de l'urine tubulaire du fait de l'excrétion de glucose perturbe la réabsorption d'ions et d'eau), un amaigrissement et une augmentation de la concentration des corps cétoniques dans le sang (acidocétose).

L'insuline est la seule hormone hypoglycémiante, toutes les autres ayant des effets hyperglycémiants.

B. *Le glucagon*

Hormone gluconéogénétique (stimulant la GNG) et glycogénolytique (provoquant la glycogénolyse), le glucagon est essentiellement un antagoniste de l'insuline. Sécrété par les cellules α du pancréas endocrine, il s'agit également d'une hormone polypeptidique (29 acides aminés chez l'homme, masse molaire 3485). Parmi les stimuli de la sécrétion de glucagon, on note : l'augmentation de l'aminoacidémie (concentration des acides aminés dans le sang), la CCK-PZ, la gastrine, le cortisol ou la corticostérone, l'exercice musculaire, les situations de stress (voir chap. 10), les stimulants β adrénergiques, l'acétylcholine...

L'insuline inhibe la sécrétion de glucagon (y compris par une action locale, de type paracrine) ; la somatostatine, le glucose, les AGNE, la sécrétine... ont la même action.

La cible principale du glucagon est le foie, qui est à peu près le seul organe sensible aux concentrations physiologiques de glucagon, et qui par sa position anatomique reçoit les plus fortes concentrations des hormones pancréatiques (la veine porte hépatique draine le sang en provenance de l'intestin, de la rate et du pancréas).

Les actions du glucagon sur le foie sont essentiellement :

— une stimulation de la glycogénolyse et une inhibition de la synthèse de glycogène, *via* la cascade enzymatique modulée par l'AMPc (cf. tome I) ;

— une diminution de la synthèse des acides gras (*via* la diminution de production de pyruvate et la baisse de l'activité de l'acétylCoA carboxylase) ;

— une augmentation de l'oxydation des acides gras et une activation de la cétogenèse ;

— une inhibition de la glycolyse, par l'inhibition de la pyruvate kinase et de la phosphofructokinase et une stimulation de la GNG (à court terme par activation de la fructose bisphosphatase, à plus long terme par la stimulation de la synthèse de phosphoénolpyruvate carboxykinase) qui permettent au foie de libérer du glucose.

Rapport molaire insuline/glucagon

Plus que la concentration absolue, c'est le rapport des concentrations molaires d'insuline et de glucagon qui est important et permet le réglage fin du métabolisme énergétique ; ce rapport varie chez l'homme entre 0,4 en état de jeûne et plus de 10, voire 100, lors d'un repas uniquement glucidique.

C. *Les catécholamines*

L'activation du système sympathique conduit à des décharges de noradrénaline (terminaisons nerveuses et médullosurrénales) et d'adrénaline (médullosurrénales seules) qui provoquent, parmi de nombreuses actions sur l'organisme, une hyperglycémie transitoire. L'hyperglycémie fait suite aux actions des catécholamines sur :

— la stimulation de la glycogénolyse (*via* les variations de concentration intracellulaire d'AMPc, de Ca^{2+} et de calmoduline, selon les types de récepteurs, α ou β, recrutés) et de la GNG hépatiques ;

— la stimulation de la glycogénolyse musculaire, avec baisse d'utilisation du glucose plasmatique (*via* les concentrations d'AMPc) ;

— l'augmentation de la lipolyse du tissu adipeux, *via* une action sur la lipase hormonosensible.

D. *Autres hormones*

A des degrés divers, d'autres hormones modifient le métabolisme énergétique.

• *Les hormones thyroïdiennes* (T_3 et T_4) ont des effets globalement hyperglycémiants par suite d'une amélioration de l'absorption intestinale de glucose et d'une potentialisation des effets des catécholamines sur le foie.

• *Les glucocorticoïdes* (cortisol, corticostérone) :

— favorisent le catabolisme des tissus dits « périphériques » (tissus lymphoïde, musculaire, squelettique ; peau...) qui libèrent alors des acides aminés en même temps qu'ils utilisent moins de glucose (la glycémie augmente alors) ;

— stimulent la GNG hépatique, à partir des acides aminés, *via* l'induction de la synthèse de plusieurs enzymes hépatiques ;

— ont un effet « permissif » (ce vocabulaire soulignant que l'on ignore à peu près tout du mécanisme en cause) pour l'action d'autres hormones (glucagon, catécholamines) puisque celles-ci sont inefficaces sur le métabolisme énergétique d'animaux chez lesquels on a fait l'ablation des glandes corticosurrénales (surrénalectomie corticale).

• *L'hormone somatotrope* (hormone de croissance) est lipolytique à forte concentration, favorisant alors la cétogenèse ; elle diminuerait la captation du glucose de certains tissus et augmente la libération de glucose par le foie.

III. MACRORÉGULATION DU MÉTABOLISME ÉNERGÉTIQUE

A. *Approche expérimentale*

On peut aisément concevoir que l'étude expérimentale des régulations du métabolisme énergétique pose des problèmes techniques puisqu'il s'agit de saisir, au même instant, un nombre suffisant de paramètres pour comprendre un état nutritionnel donné. Une bonne connaissance de l'anatomie vasculaire de l'espèce considérée est un préalable dans ces études car on ne veut pas seulement connaître le déroulement du métabolisme dans un tissu mais aussi l'importance des flux de substrats énergétiques entre divers organes.

Une mesure de la concentration locale d'un substrat énergétique ou d'une hormone, dans le sang périphérique, en un site choisi en général pour la commodité du prélèvement (veine brachiale chez l'homme, sang veineux de la queue, carotide, artère ou veine fémorale chez le rat...), ne permet pas de comprendre les adaptations métaboliques globales d'un organisme.

1. *Différences artério-veineuses*

Il est intéressant de connaître la concentration d'une substance dans l'artère irriguant un organe (concentration A) et dans la veine qui en part (concentration V), de façon à calculer la différence de concentration artério-veineuse (A-V) qui indique si l'organe capte ou libère la substance. Pour de telles mesures, les prélèvements sanguins peuvent être réalisés à l'aide de cathéters (tuyaux de matière plastique souple, de très faible calibre) dont l'extrémité est amenée au site choisi pour le prélèvement, l'autre extrémité restant accessible à l'expérimentateur. De tels *cathétérismes chroniques* permettent de suivre les paramètres sanguins d'un même animal, sur de longues périodes, sans perturbations notables de sa physiologie (prélèvements réalisés à distance sans anesthésie ni manipulation de l'animal). La même technique est utilisée chez l'homme, sur des volontaires : les cathéters sont introduits dans les vaisseaux en un site d'accès commode, leur progression et leur positionnement précis étant contrôlés par examen radiologique.

2. *Mesure de débits sanguins locaux*

Pour estimer la quantité des substrats énergétiques captés ou produits par un organe, il est nécessaire de connaître le débit sanguin dans cet organe :

$$\underset{\text{mg.ml}^{-1}}{[A - V]} \quad \bullet \quad \underset{(\text{ml.min}^{-1})}{D} \quad = \quad \underset{(\text{mg.min}^{-1})}{\text{captation ou production}}$$

Diverses techniques permettent les mesures des débits sanguins locaux, basées sur l'effet Doppler, la thermodilution, ou l'utilisation de microsphères radioactives. Seule cette dernière technique permet de mesurer des débits au niveau d'organes de petite taille ou situés en profondeur, mais n'est utilisable que chez l'animal.

Le principe en est le suivant :

- Les *microsphères* sont faites d'une matière inerte, sur laquelle est fixé un élément radioactif. Chaque lot a un diamètre constant, adapté au territoire étudié (de 5 à 50 µm pour chaque microsphère) : le diamètre est choisi de telle sorte que les microsphères ne puissent traverser les capillaires et restent emprisonnées dans l'organe dès leur premier passage.

• Après injection dans le ventricule gauche de l'animal (à l'aide d'un cathéter intracardiaque), la quantité de microsphères retrouvée dans un organe (par comptage de la radioactivité) est proportionnelle au débit sanguin dans cet organe :

$$\frac{R_1}{R_2} = \frac{D_1}{D_2}$$

R = quantité de microsphères captée dans les organes 1 et 2
D = débit sanguin de chacun des organes 1 et 2

Il suffit alors de connaître le débit sanguin dans un organe (1) pour pouvoir calculer le débit sanguin de tout autre organe (x) dont on mesure la radioactivité :

$$D_x = \frac{R_x}{R_1} \cdot D_1$$

On choisit de dériver une très faible partie (1 ‰ à 1 %) du débit cardiaque vers un *organe fictif,* représenté par une seringue, dont on connaît exactement le débit de prélèvement (fig. 64), durant une période brève (1 à 2 min). Dans ces conditions, la pression artérielle n'est pas modifiée par le prélèvement.

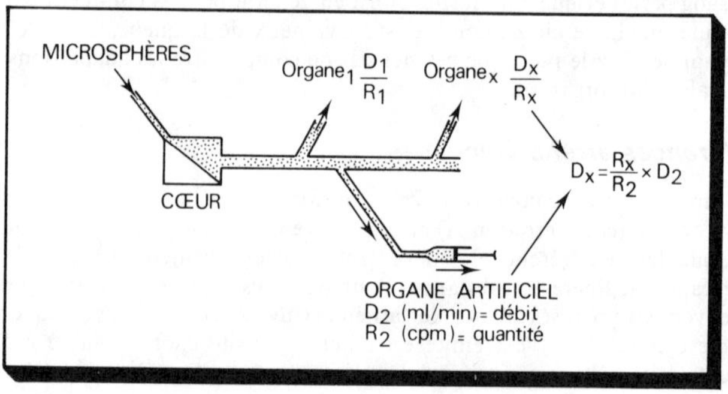

FIG. 64. — *Principe de l'utilisation des microsphères radioactives pour mesurer les débits sanguins locaux* (D). Explications dans le texte.
(M. GILBERT, comm. pers.)

En utilisant successivement des microsphères marquées à l'aide d'isotopes radioactifs de spectre énergétique différent, il est possible de répéter les mesures chez un même animal, à des intervalles de temps choisis (le nombre de microsphères emprisonnées dans l'organe lors d'une expérience est trop faible pour perturber la circulation locale). La figure 65 donne quelques valeurs de débits sanguins mesurés chez le lapin.

3. *Autres techniques*

L'analyse des régulations du métabolisme énergétique fait appel également aux techniques suivantes :

— manipulation des repas ingérés (repas hyperglucidiques, hyperlipidiques, hyperprotidiques...) ;

— marquage isotopique des substrats, ce qui permet de suivre leur devenir lors des divers états nutritionnels ; on utilise des isotopes radioactifs ou, maintenant, des isotopes stables qui sont mesurés par spectrométrie de masse ;

— mesures des concentrations de substrats ou d'hormones dans le plasma, d'activités enzymatiques dans les tissus (voir tome I et chap. 1 ci-dessus) ;

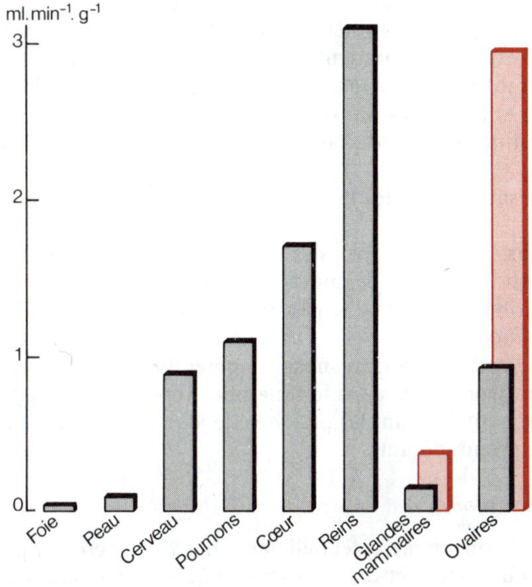

FIG. 65. — *Débit sanguin artériel moyen ($ml.min^{-1}$ par gramme de tissu) mesuré au niveau de divers organes de lapine gestante* (en rouge) *ou non* (en noir). Les valeurs ont été obtenues à l'aide de la technique utilisant des microsphères radioactives de 42 μm de diamètre. On notera que l'irrigation artérielle (« sang oxygéné ») du foie représente une valeur faible par rapport à celle d'autres tissus, mais le foie reçoit par ailleurs une irrigation veineuse (par la veine porte), environ 10 fois plus importante que l'apport artériel ; l'irrigation porte draine les intestins, l'estomac, le pancréas, la rate, etc.
(Dessiné d'après les données de R. L. JOHNSON *et al.*, *Am. J. Obstet. & Gynecol.*, 1985, **151,** 682-686.)

— manipulations des concentrations hormonales : ablation de glandes endocrines, administration de préparations hormonales par injections ou utilisation de pompes osmotiques (voir p. 237), utilisation d'agonistes ou d'antagonistes ;
— incubations, perfusions, périfusions (voir tome I) d'organes ou tissus isolés ;
— perfusions d'organes *in situ,* etc.

B. *Profil métabolique des principaux tissus impliqués dans le métabolisme énergétique*

1. *Tissu nerveux*

Chez l'homme, il ne possède pas de réserves énergétiques et sa demande est donc permanente : 120 g de glucose par 24 h (soit environ la moitié de la valeur du métabolisme basal).

En dehors des périodes de jeûne, le tissu nerveux ne consomme que le *glucose.* Les acides gras non estérifiés, autres substrats énergétiques potentiels sont liés à la sérum albumine et ne peuvent de ce fait traverser la *barrière hémoméningée.* L'endothélium des petits vaisseaux du cerveau de tous les Vertébrés est en effet particulier car les cellules y sont unies par des jonctions comparables aux *jonctions serrées* qui unissent les cellules épithéliales (voir tome I) et toutes les molécules solubles dans l'eau ne peuvent gagner le tissu interstitiel à partir du sang ; seuls deux mécanismes de transfert sont possibles :

— solubilisation dans les lipides membranaires, ce qui est le cas pour les stéroïdes ;

— transport spécifique par des enzymes présents dans les membranes des cellules endothéliales, ce qui est le cas pour les hormones thyroïdiennes et divers nutriments tels que le glucose, les acides aminés, les corps cétoniques, la choline...

Les *corps cétoniques,* autres substrats potentiels du tissu nerveux, sont en concentration trop faible dans le sang pour représenter un apport énergétique suffisant, sauf pendant les périodes de jeûne prolongé où ils deviennent au contraire prépondérants.

2. *Tissu musculaire*

Au repos, il consomme essentiellement des *acides gras.* Il peut également consommer du glucose et des corps cétoniques (principale source énergétique du cœur).

Les réserves de glycogène dans le muscle sont appréciables et la glycogénolyse est stimulée immédiatement par l'activité musculaire, par suite des variations de concentration de Ca^{2+} (voir tome I) ; le G6P produit (il ne peut donner du glucose dans le cas du muscle car ce tissu est dépourvu de glucose 6 phosphatase, contrairement au foie ou au rein) est transformé en pyruvate qui donne alors surtout du lactate (glycolyse anaérobie), sauf lors d'un exercice peu intense et de longue durée où le pyruvate est oxydé.

Le lactate passe dans le sang puis est repris par le foie qui le transforme en glucose ; ce dernier peut repartir vers les muscles. Ceci forme le *cycle du lactate,* ou cycle de Cori (fig. 66).

Les muscles peuvent également produire de l'alanine, par transamination du pyruvate et cet acide aminé gagne également le foie qui le transforme en glucose : ce processus correspond au *cycle de l'alanine,* ou cycle de Felig (fig. 66). Le cycle de l'alanine permet à la fois le transport d'azote organique vers le foie (où peut se former l'urée) et le transport de carbone.

3. *Tissu adipeux*

L'activité métabolique du tissu adipeux réside essentiellement dans l'estérification des acides gras ou leur libération à partir des triglycérides (fig. 63).

Chez l'homme, les acides gras sont synthétisés surtout par le foie, qui les libère dans la circulation (veine sus-hépatique) sous forme de VLDL (voir ci-dessous). Le tissu adipeux capte les acides gras, libérés à partir des VLDL par la *lipoprotéine lipase* (située dans l'endothélium des vaisseaux), les couple au coenzyme A pour les activer et les transfère sur l'α glycérophosphate, pour élaborer des triglycérides. Cette synthèse de triglycérides nécessite du glucose pour fournir les radicaux tricarbonés sous forme de glycérol 3 phosphate ; le tissu adipeux blanc est en effet dépourvu de la kinase qui permettrait de phosphoryler le glycérol endogène. La disponibilité en glucose est donc un facteur de régulation de la réestérification des acides gras dans le tissu adipeux. Plus le glucose est abondant (après un repas), plus le stockage de triglycérides augmente, ce qui explique que les glucides soient plus lipogénétiques que les lipides eux-mêmes.

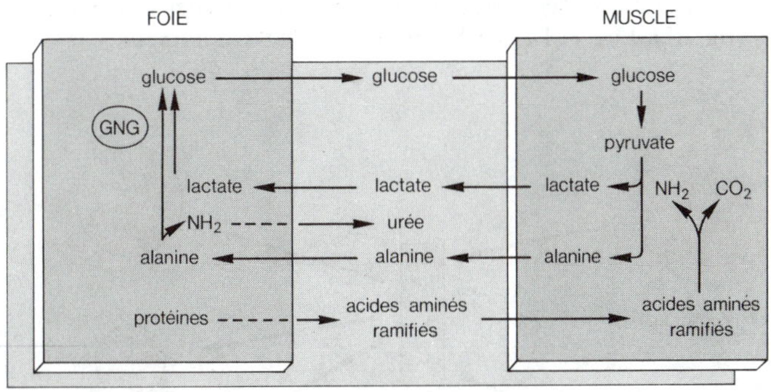

FIG. 66. — *Cycle du lactate (cycle de Cori) et cycle de l'alanine (cycle de Felig) entre le foie et les muscles.* GNG, gluconéogenèse.

Un enzyme exerce la régulation de l'hydrolyse des triglycérides dans le tissu adipeux, la *lipase hormono-dépendante.* Cet enzyme peut être phosphorylé ou déphosphorylé, l'action des hormones passant par les variations de la concentration d'AMPc, comme pour le métabolisme du glycogène musculaire ou hépatique.

Le métabolisme du tissu adipeux brun est envisagé p. 165.

4. *Foie*

• Glucides

Le foie d'un homme peut capter une partie des carbones provenant du glucose, qu'il convertit en glycogène. Il peut, à l'inverse, libérer du glucose :

— à partir du G6P provenant du glycogène (existence d'une glucose 6 phosphatase) ;

— par GNG à partir de tous les substrats glucoformateurs : lactate, alanine (en provenance du muscle), glycérol (en provenance du tissu adipeux), acides aminés gluconéogénétiques (alimentaires, ou provenant d'une mobilisation périphérique consécutive à un effet des glucocorticoïdes et à une diminution de l'insulinémie).

Le foie a un véritable rôle de *« glucostat »* : il capte du glucose lorsque la glycémie du sang porte est supérieure à 8,3 ou 8,4 $mmol.l^{-1}$ et au contraire libère du glucose si la concentration devient inférieure à cette valeur. Cette fonction du foie dépend :

— d'une autorégulation par la glycémie qui agit sur les enzymes hépatiques ;

— d'un effet des hormones pancréatiques essentiellement.

- **Lipides**

Le foie synthétise des acides gras lorsque les nutriments énergétiques sont abondants ; après estérification en triglycérides, il les exporte sous forme de VLDL surtout (« very low density lipoproteins » ou lipoprotéines de très faible densité), l'une des formes de transport des lipides associés à des protéines (fig. 67). Les VLDL seront repris par le tissu adipeux.

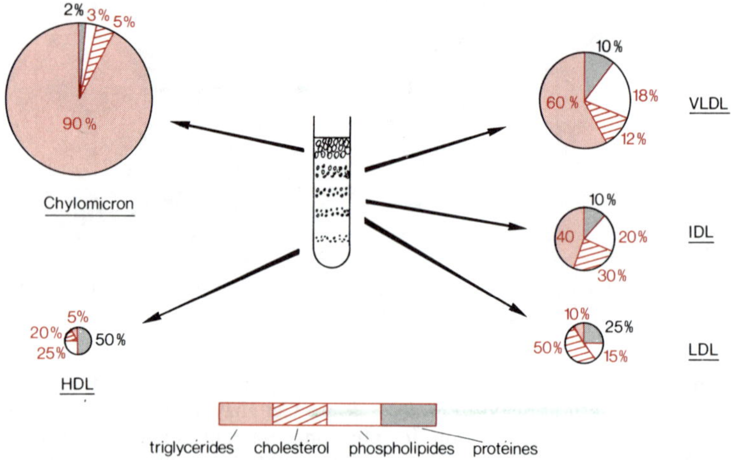

FIG. 67. — *Formes circulantes des lipoprotéines.* Leur classification est basée sur les différences de densité des diverses particules, tenant à leurs différences de composition en protéines et lipides. Les dimensions sont proportionnelles au diamètre des cercles et varient de 7 à 10 nm (HDL) à 75-100 nm (chylomicrons).
HDL (« high density lipoproteins »), lipoprotéines de densité élevée.
VLDL (« very low density lipoproteins »), lipoprotéines de très faible densité.
IDL (« intermediate density lipoprotéines ») de densité intermédiaire.
LDL (« low density lipoproteins »), lipoprotéines de faible densité.
(D'après les données rapportées par GANONG, W.F., *Review of Medical Physiology,* 10th ed., 1981, Lange Med. Pub.)

Lors du jeûne, les acides gras en provenance de la périphérie (tissu adipeux) sont transformés en corps cétoniques par le foie (voir annexe).

C. *Adaptations métaboliques dans diverses situations physiologiques*

Les flux des substrats énergétiques qui s'installent chez un homme, *après un repas mixte* (renfermant des glucides, des lipides et des protides) ou lors

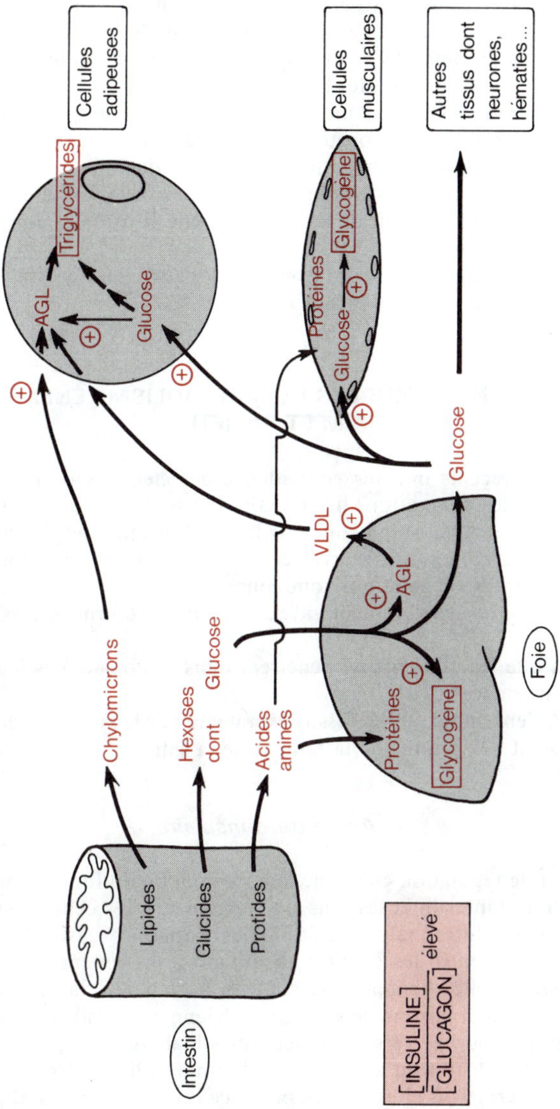

FIG. 68. — *Schéma simplifié de la mise en réserve et de l'utilisation des substrats énergétiques chez l'homme, après un repas mixte (glucides 40 %, lipides 50 %, protides 10 %).* Les variations de concentration sanguine des hormones pancréatiques qui conditionnent ces flux de substrats sont essentiellement une augmentation très importante de l'insulinémie et une faible augmentation (10 %) du glucagon. *Les signes « + »* indiquent les sites d'action principaux de l'insuline. AGL, acides gras « libres » (non estérifiés) ; VLDL, lipoprotéines de très faible densité.
(d'après CAHILL, G.F., 1970, op. cité)

d'un *jeûne prolongé* (plus de trois jours) sont schématisés sur les figures 68 et 69. La figure 68 doit se lire à partir de l'absorption des nutriments au niveau du tube digestif, la figure 69 se lit par contre à partir de la demande des tissus tels que le tissu nerveux, les hématies...

L'adaptation métabolique à un *jeûne bref*, tel que celui qui est observé au cours de la période post-absorptive, ne met pas en jeu la cétogenèse mais seulement la glycogénolyse hépatique, à hauteur de 75 % de la production de glucose puis la GNG hépatique pour couvrir le complément de la demande de glucose (à partir de lactate, pyruvate et d'acides aminés libérés par les muscles).

L'adaptation métabolique à un *exercice musculaire* sera envisagée dans le chapitre 8, dans un contexte plus général.

IV. RÉGULATIONS INTÉGRÉES DU MÉTABOLISME ÉNERGÉTIQUE : FAIM ET SATIÉTÉ

Les travaux récents ont mis en évidence des éléments de régulation ou d'anticipation des adaptations hormonales qui font suite à la prise alimentaire (pas seulement en ce qui concerne le métabolisme énergétique). Divers niveaux d'intégration sont observés et si le tube digestif est choisi comme point de départ, des régulations sont connues :

— dès le contact des aliments avec les cellules tournées vers la cavité intestinale ;

— avant que les aliments ne pénètrent dans l'estomac, dès leur contact avec la cavité buccale.

En outre, l'ensemble du processus est intégré par le système nerveux central où existent des centres de la faim et de la satiété.

A. *Axe entéro-insulaire*

Ce niveau de régulation concerne la coordination du fonctionnement qui s'observe entre l'intestin et les îlots de Langerhans. Les cellules endocrines de la muqueuse intestinale (sécrétion des hormones gastro-intestinales), situées par place entre les cellules absorbantes, présentent des spécialisations marquées : elles libèrent leur contenu hormonal à la face basale dès que certaines combinaisons de signaux parviennent au niveau de leur face apicale (fig. 70) tournée vers la lumière intestinale (glucose, acides aminés, acides gras, pH alcalin ou acide...). Les hormones libérées parviennent au pancréas endocrine où elles stimulent les cellules endocrines appropriées. Cette mise en jeu des sécrétions hormonales pancréatiques débute ainsi bien avant que les nutriments ne parviennent en concentration importante dans le sang irriguant le pancréas (fig. 71).

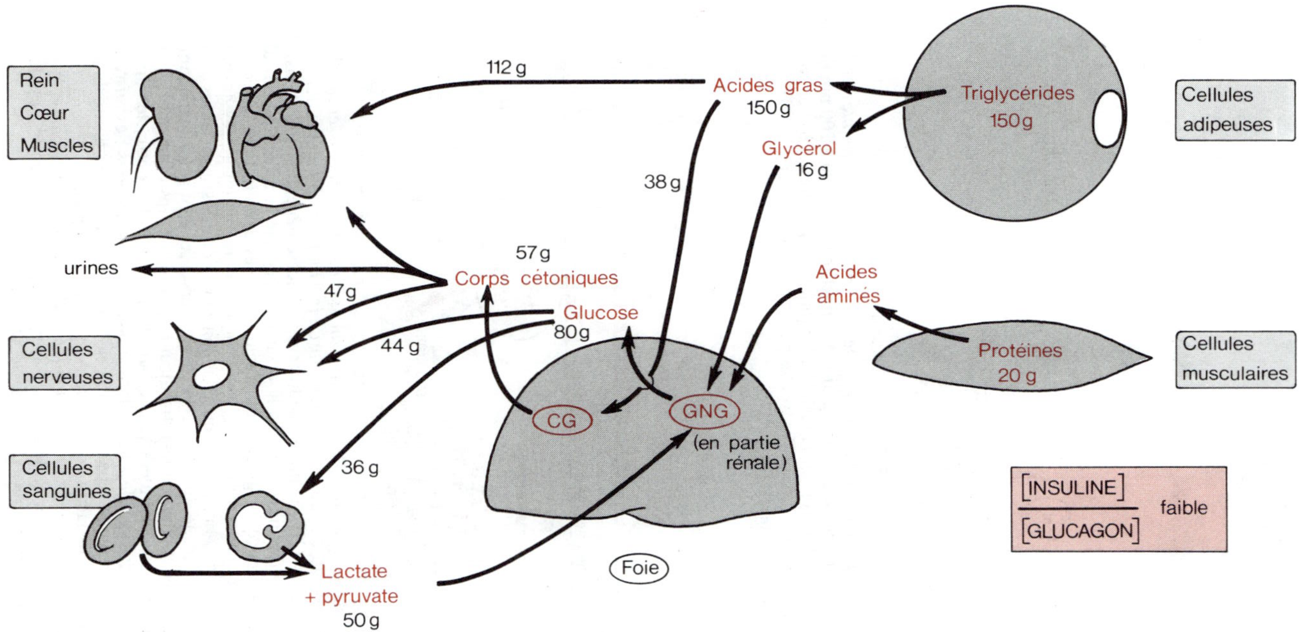

FIG. 69. — *Schéma simplifié des adaptations métaboliques intervenant lors d'un jeûne long (1 à 6 semaines).* Le cerveau consomme 50 % de glucose en moins, remplacés par des corps cétoniques ; les autres tissus consomment uniquement des acides gras et des corps cétoniques à l'exception des cellules sanguines, qui ne consomment que du glucose (formé par GNG). Les valeurs indiquées, en grammes, sont des ordres de grandeur des transferts de substrats, par 24 h, pour un homme de 70 kg. CG, cétogenèse ; GNG, gluconéogenèse.

(D'après CAHILL, G. F., 1970, *op. cité.*)

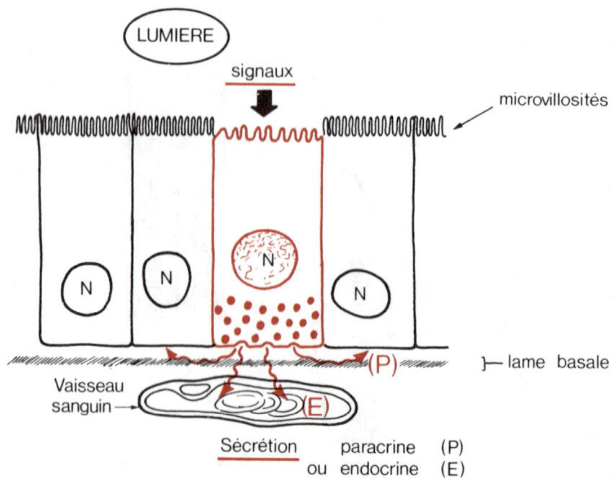

FIG. 70. — *Schéma type d'une cellule endocrine de l'épithélium gastro-intestinal.* Les cellules de cette catégorie possèdent des granules de petite taille (100 à 200 nm de diamètre) rassemblés au pôle basal de la cellule. Par immunocytochimie, il a été montré que ces cellules renferment l'un ou l'autre des petits peptides tels que le GIP, le VIP, la gastrine, la CCK, la somatostatine, etc.

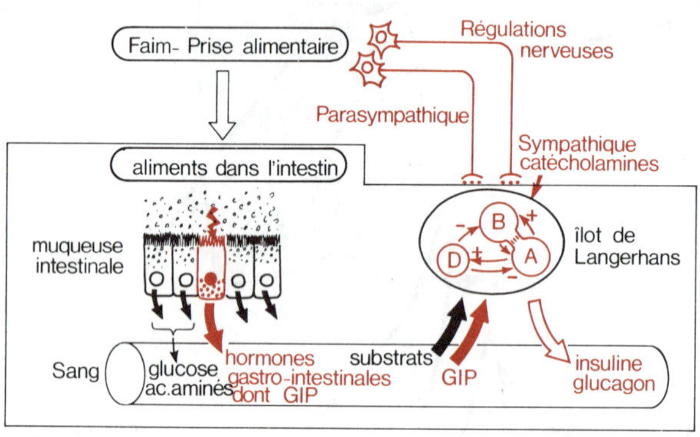

FIG. 71. — *Éléments de régulation des sécrétions du pancréas endocrine. L'encadré* délimite ce qu'il est convenu d'appeler *axe entéro-insulaire. En rouge,* éléments nerveux et hormonaux. Le rôle du GIP (peptide insulinotrope glucose dépendant) est considéré actuellement comme prépondérant dans le déclenchement de la sécrétion d'insuline qui fait suite à la présence de glucose ou d'acides aminés dans le tube digestif. En effet, le GIP agit à des concentrations physiologiques, alors que les autres hormones (CCK, sécrétine, gastrine...) n'agissent qu'à des concentrations très supérieures à celles que l'on peut mesurer dans le sang. Les régulations nerveuses sont assez mal connues : le sympathique (et les catécholamines) stimulent les cellules A (insuline), alors que les cellules B (glucagon) sont stimulées par le parasympathique. En outre, les diverses catégories cellulaires des îlots de Langerhans modulent les sécrétions des autres cellules, soit par des relations de type paracrine, soit par l'intermédiaire d'informations transitant par les jonctions lacunaires (entre A et B par exemple).
(Sources diverses, dont J. TEPPERMAN, *Metabolic and Endocrine Physiology,* 4th ed., Year Book Med. Pub., 1980 et R. H. UNGER, The Milieu Interieur and The Islets of Langerhans, *Diabetologia,* **20,** 1-11, 1981.)

B. *Réponses oro-anticipatrices*

Dès qu'un organisme ingère des aliments, on note une première mise en jeu des sécrétions digestives (sécrétion salivaire par exemple) mais aussi des sécrétions endocrines telles que la libération d'insuline, de catécholamines... De telles réponses, qui anticipent sur l'évolution à venir, probable, du métabolisme général, sont appelées oro-anticipatrices.

C. *Les régulations centrales : faim et satiété*

Des expériences de stimulations ou de lésions de certaines régions de l'encéphale ont permis d'attribuer un rôle intégrateur à l'hypothalamus dans la régulation de la prise alimentaire.

Les noyaux ventromédians (VMN, pour *ventro medial nuclei*) de l'hypothalamus (fig. 72) représenteraient des centres responsables de la satiété ; leur destruction (pathologique, chirurgicale, électrolytique, ou par administration d'aurothioglucose, qui va se fixer sur cette région localisée de l'encéphale et provoque une nécrose locale) empêche la perception de toute sensation de satiété et l'individu ne cesse de manger (hyperphagie), ce qui conduit à l'obésité (« obésité hypothalamique »).

Dans l'hypothalamus latéral, au contraire, il existe un centre pair de facilitation de la prise alimentaire (fig. 72). Les lésions de ce centre entraînent une hypophagie chronique et l'amaigrissement de l'animal.

Des explorations électrophysiologiques ont montré que ces deux centres intègrent les informations en provenance de nombreuses régions encéphaliques impliquées dans les réflexes visuels, auditifs, olfactifs, tactiles, gustatifs et intéroceptifs associés à la prise alimentaire.

Les centres de la satiété inhibent l'activité des centres de la faim si l'on en juge par les obésités provoquées par la section chirurgicale des communications entre les deux catégories de centres, en ménageant leur fonctionnement individuel.

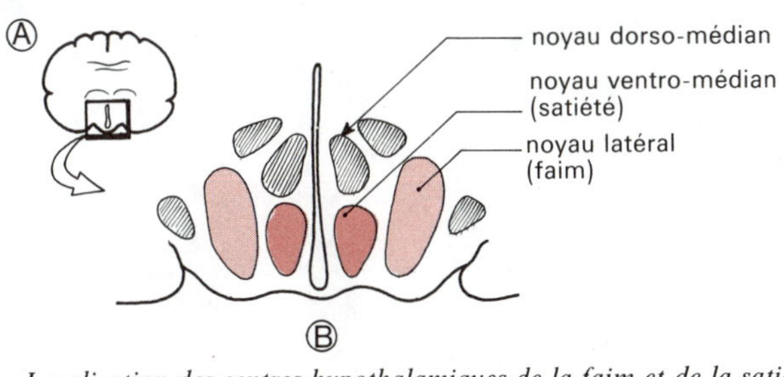

FIG. 72. — *Localisation des centres hypothalamiques de la faim et de la satiété chez le Rat.* En A, schéma d'une coupe frontale de l'encéphale passant par l'hypothalamus médian. En B, représentation de quelques noyaux hypothalamiques.

Plusieurs hypothèses essaient d'expliquer les mécanismes de régulation centrale de la prise alimentaire : hypothèses glucostatique, lipostatique, aminostatique, osmostatique, distension gastrique... Divers auteurs contemporains ont tendance à limiter l'importance des centres hypothalamiques à un rôle de modulation de la prise alimentaire, les mécanismes extra-hypothalamiques restant les plus importants.

6

RÉGULATIONS DU MÉTABOLISME HYDROMINÉRAL ET EXCRÉTION AZOTÉE

L'importance de l'eau et des substances minérales (« sels minéraux » : K^+, Cl^-, Na^+, Ca^{2+}, Mg^{2+}, PO_4^{3-} ...) dans la physiologie cellulaire, ainsi que les mécanismes fondamentaux qui président à leurs échanges au sein d'un organisme ont été abordés dans le tome I.

Chez de nombreux organismes, la nécessité d'assurer un « confort osmotique » aux diverses cellules, ainsi qu'un volume constant aux liquides extracellulaires, malgré les fluctuations parfois marquées de l'équilibre hydrominéral environnant, ont permis l'évolution d'un *milieu intérieur* dont les caractéristiques sont remarquablement stables. La stabilité de composition du milieu intérieur est maintenue par le jeu des nombreux systèmes de régulation du métabolisme hydrominéral. En particulier, bien que les possibilités de jeûne hydrique soient limitées, par rapport à celles du jeûne énergétique (« jeûne calorique »), les dispositifs d'*économie de l'eau* sont largement répandus chez les animaux terrestres (réabsorption d'eau par les reins, limitation de l'évaporation...) et la consommation quotidienne d'eau par un Mammifère est à peu près trente fois inférieure à celle d'un végétal non xérophile, par unité de masse.

Les cellules de divers Protozoaires et Invertébrés marins tolèrent un environnement ionique identique ou peu différent de la composition de l'eau de mer : concentration élevée en Na^+, en Cl^-, concentration faible en K^+ et en ions divalents. Toutefois, pour le plus grand nombre de Métazoaires, le milieu intérieur est contrôlé de manière plus ou moins fine et c'est l'une des caractéristiques qui ont permis la dispersion géographique des espèces que nous connaissons actuellement, par suite de l'autonomie plus ou moins marquée acquise par rapport aux contraintes de l'environnement.

Dans ce chapitre, on envisagera d'abord les principaux mécanismes d'*osmorégulation* concernant les relations milieu intérieur-environnement, dans les diverses situations de milieu que les animaux peuvent rencontrer. Ensuite, la physiologie des *organes spécialisés,* puis les éléments d'intégration du contrôle de l'osmolarité et du volume des liquides extracellulaires des Mammifères seront abordés.

I. LES COMPARTIMENTS LIQUIDIENS D'UN ORGANISME

A. *Principe des mesures de volume des divers compartiments*

La détermination du volume des divers compartiments liquidiens d'un organisme est basée en général sur la *technique de dilution* d'un produit « traceur » (fig. 73). Si l'on introduit dans un système clos une quantité connue (Q) d'une substance qui peut

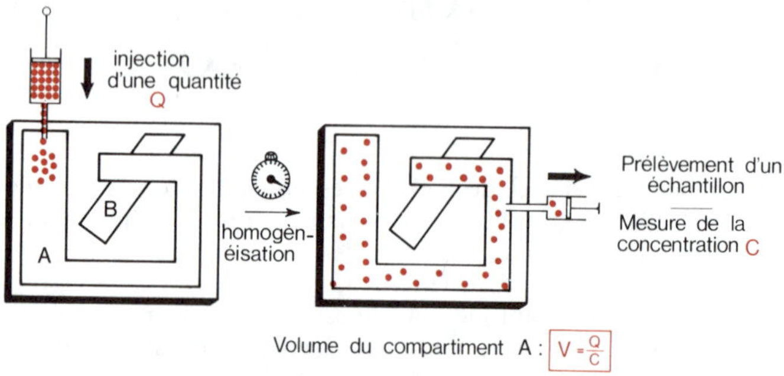

FIG. 73. — *Principe de la détermination, par une méthode de dilution, du volume d'un compartiment liquidien* (A) *sur un organisme vivant.* Le traceur *(points rouges)* est choisi de telle sorte qu'il ne puisse pas gagner d'autres compartiments (B par exemple). Lorsqu'il est réparti de manière uniforme, une prise d'essai permet de mesurer sa concentration et de déduire le volume de répartition.

s'y répartir de manière uniforme, on déduira le volume dans lequel s'est distribuée la substance en mesurant dans une prise d'essai sa concentration (C) :

$$V = \frac{Q}{C}$$ V = *espace de distribution* de la substance

Les substances utilisées doivent remplir certaines conditions pour être correctement exploitées :

— rester dans le compartiment que l'on désire « tracer » ;
— ne pas être toxiques ;
— ne pas être détruites ou excrétées rapidement par l'organisme ;
— se distribuer de façon homogène dans le compartiment étudié ;
— être aisément dosées sur une prise d'essai de petit volume.

Parmi les substances utilisées pour ces mesures, on peut citer l'eau lourde ou l'eau tritiée pour estimer le volume d'eau corporelle total, l'inuline (polymère du fructose, d'origine végétale), le mannitol, le radiosulfate, pour mesurer l'eau interstitielle (ces diverses substances ne pénètrent pas dans les cellules mais se distribuent dans tous les liquides extracellulaires), les hématies marquées au chrome (^{51}Cr) ou au Fer (^{59}Fe) radioactifs, ou l'albumine radioiodée (^{125}I ou ^{131}I), le bleu d'Evans (colorant se fixant sur les protéines sériques) pour mesurer le volume d'eau plasmatique.

B. *Volume et composition des liquides extracellulaires* (LEC)

La figure 74 résume les échanges qui interviennent chaque jour entre les compartiments liquidiens d'un homme de 70 kg. Ces valeurs ne peuvent être extrapolées à d'autres animaux car l'eau extracellulaire (espace de répartition de l'inuline), par exemple, varie de 15 à 20 % selon les espèces chez les Vertébrés, mais atteint et dépasse 50 % chez certains Arthropodes ou des Mollusques.

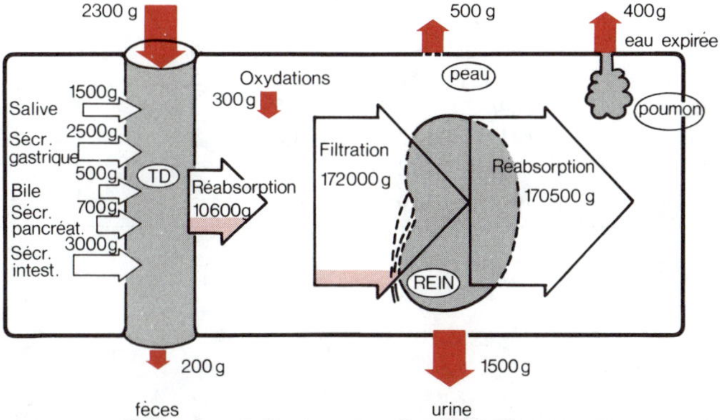

FIG. 74. — *Représentation schématique de l'intensité de quelques échanges d'eau entre divers compartiments, chez un homme adulte modérément actif, en ambiance tempérée, pendant 24 h.* TD, tube digestif. *En rouge,* échanges avec l'environnement ; les entrées (2300 g + 300 g produits par les oxydations cellulaires), sont égales aux pertes (2600 g).

Le volume sanguin des Mammifères et des Oiseaux est compris entre 7 et 10 % (y compris les cellules sanguines) du poids du corps, les animaux les plus volumineux ayant une proportion de sang en général plus faible. Les autres Vertébrés ont des volumes sanguins comparables (5 à 10 %), excepté chez les Téléostéens où les valeurs sont plus faibles (2 à 3 %).

Pour les animaux dont le système circulatoire est ouvert (voir chapitre 2), le volume sanguin est assimilé au volume des espaces extracellulaires. Les variations du volume sanguin peuvent être notables dans certaines conditions : modifications de la pression partielle en oxygène (le volume sanguin augmente, en altitude, par suite de l'accroissement du nombre des hématies), hémorragies... La régulation du volume sanguin est envisagée plus loin.

La composition des liquides extracellulaires est éminemment variable selon les groupes : quelques exemples sont rapportés dans le tableau 10 et la figure 75.

TABLEAU 10. — *Composition ionique* (mmol. l^{-1}) *des liquides extracellulaires dans quelques espèces animales*
(d'après les données collectées par C. L. PROSSER, *Comparative Animal Physiology*, 3rd ed., Saunders, 1973).

	Na^+	Cl^-	K^+	Ca^{2+}	Mg^{2+}	So_4^{2-}
Langoustine	517	527	8,6	16,2	10,4	27,5
Calmar	419	522	20,6	11,3	51,6	6,9
Myxine	558	576	9,6	6,25	19,4	6,6
Larve d'aeschne	145	110	9	3,8	3,6	
Blatte	161	144	7,9	4	5,6	
Lombric	90	40	7	8,3		
Truite	144	151	6	5,3		
Grenouille	104	74,3	2,5	2	1,2	1,9
Alligator	141	112	3,8	2,1	1,4	
Poule	154	122	6	5,6	2,3	
Rat	145	116	6,2	3,1	1,6	

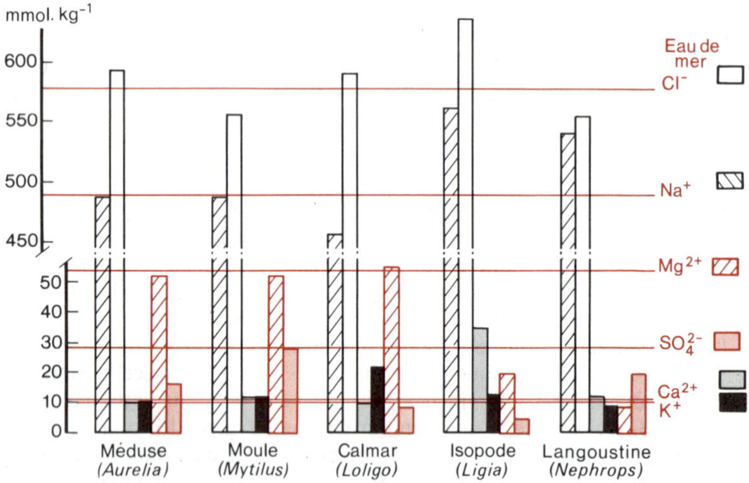

FIG. 75. — *Concentration des ions les plus abondants dans les liquides extracellulaires de quelques Invertébrés marins (mmol par kg d'eau) comparée à la concentration des mêmes ions dans l'eau de mer.*
(Données empruntées à POTTS, W.T.W. & PARRY G., *Osmotic and ionic regulation in animals*, Pergamon Press, 1964.)

II. VARIÉTÉ DES SITUATIONS ET STRATÉGIES ADOPTÉES POUR MAINTENIR L'ÉQUILIBRE HYDROMINÉRAL

A. *L'osmorégulation en milieu marin*

L'eau de mer a une osmolarité de l'ordre de 1,1 Osmol.l^{-1}, due essentiellement aux ions Na^+ (470 mOsmol.l^{-1} soit 10,8 g.l^{-1}), Cl^- (545 mOsmol.l^{-1} soit 19,4 g.l^{-1}), et à un moindre degré aux ions Mg^{2+} (53,5 mOsmol.l^{-1} soit 1,3 g.l^{-1}), SO_4^{2-} (28, 2 mOsmol.l^{-1} soit 2,7 g.l^{-1}), Ca^{2+}, K^+, etc. La composition est toutefois variable selon les régions considérées.

1. *Invertébrés marins*

Les LEC de la plupart des Invertébrés marins sont en équilibre osmotique avec l'eau de mer, bien que les proportions des divers solutés ne soient pas identiques dans les deux milieux (fig. 75). Lorsque les concentrations des solutés sont voisines de celles de l'eau de mer, l'effet Donnan (voir tome I), lié à la présence de protéines dans le milieu interne, suffit dans certains cas à expliquer les petites différences observées : il n'existe pas de régulation du milieu intérieur dans ces cas-là (par exemple chez les Échinodermes ou certains Mollusques marins). Pour d'autres Invertébrés marins, l'effet Donnan ne suffit plus à expliquer les différences de concentrations (parfois considérables) de certains ions ; par exemple Mg^{2+} chez divers Arthropodes, SO_4^{2-} dans plusieurs groupes (voir fig. 75) et dans ce cas il existe une régulation active.

2. *Vertébrés marins*

Imaginons les conséquences de l'immersion d'un Vertébré, dont l'osmolarité des LEC serait d'environ 300 mOsmol.l^{-1} (valeur la plus souvent rencontrée) dans l'eau de mer :

— l'osmolarité étant plus faible que celle de l'eau de mer, le *mouvement net d'eau* va se faire depuis les LEC vers l'eau de mer, par simple osmose ;

— les ions étant plus abondants dans le milieu extérieur, ils tendront à pénétrer dans l'animal (fig. 76).

Dans le cas des Poissons, les surfaces cutanées, branchiales, et la muqueuse digestive seront particulièrement sensibles à ces échanges d'eau et d'ions. Plusieurs types d'adaptations existent pour compenser ces flux potentiels.

a. Augmentation de l'osmolarité des LEC

Certains Vertébrés marins ont une osmolarité des LEC du même ordre de grandeur que celle de l'eau de mer et ne rencontrent pas de problèmes majeurs pour ce qui concerne les échanges d'eau, puisque tout effet osmotique est annulé. C'est le cas pour la Myxine, divers Sélaciens (raies, requins ; cf. fig. 76), les Cœlacanthes et quelques autres cas isolés.

L'osmolarité élevée est assurée par :

— une concentration ionique aussi élevée que celle de l'eau de mer chez la Myxine ; dans cette espèce, Vertébré primitif, les mécanismes osmorégulateurs sont donc comparables à ceux des Invertébrés marins ;

— une concentration particulièrement élevée d'*urée* et de quelques autres composés organiques dans le milieu intérieur des autres espèces : plus de 300 à 400 mOsmol.l^{-1}, soit plus de 20 g.l^{-1}, une concentration toxique chez les autres Vertébrés.

L'urée provient du métabolisme des protides et il existe une réabsorption active par le rein dans ces espèces, alors que chez les autres Vertébrés le rein permet l'excrétion d'urée.

Les concentrations ioniques sont, par ailleurs, égales à un tiers environ de la concentration de l'eau de mer : Na^+ et Cl^- ont ainsi tendance à pénétrer dans l'animal, par diffusion, essentiellement à partir des branchies, mais aussi du tube digestif (entrée d'eau avec l'alimentation). Plusieurs mécanismes doivent intervenir pour éliminer l'excès de solutés :

— une partie est éliminée par une glande rectale dont la sécrétion est hypertonique par rapport à l'eau de mer ;

— une partie est éliminée par le rein ;

— les branchies interviennent vraisemblablement aussi.

b. Téléostéens marins

Les Téléostéens marins ont une osmolarité avoisinant 300 mOsmol.l^{-1}. Le site principal de déperdition d'eau, par osmose, est constitué par les branchies, dont le développement est considérable (voir chapitre 4) ; la peau et les reins, par l'émission d'urine (hypotonique ou isotonique au plasma) participent dans une moindre mesure aux pertes d'eau. Les néphrons agloméru-laires de certains Poissons Téléostéens marins permettent une limitation complémentaire des pertes d'eau. Les ions, Na^+, Cl^-, SO_4^{2-} ... traversent les branchies et la peau dans le sens contraire (fig. 76). Le poisson compense l'intense déperdition d'eau en absorbant de l'eau de mer en permanence : un Téléostéen marin boit entre 0,3 et 2 ml par heure et par 100 g, selon les espèces (ce qui correspondrait à 5 à 33 litres par jour pour un homme de 70 kg), et ceci augmente encore l'entrée des ions par absorption intestinale.

• Principe de la *mesure du taux de boisson chez les poissons.*

Divers indicateurs, non absorbés par l'épithélium intestinal, peuvent être ajoutés dans le milieu extérieur : on utilise par exemple le rouge de phénol, éventuellement marqué par fixation d'^{125}I, la polyvinylpyrrolidone, l'or colloïdal (^{198}Au) ou l'argent colloïdal (^{110}Ag) radioactifs. Le taux de boisson est calculé après une ou deux heures, en divisant la quantité de colorant ou de radioactivité accumulés dans le tube digestif, par la concentration du même traceur dans le milieu externe.

L'expulsion active des ions Na^+ et Cl^- est réalisée par un transport actif au niveau des cellules à chlorures, abondantes dans les branchies (fig. 89), mais aussi dans l'épithélium des joues et des opercules de certains poissons.

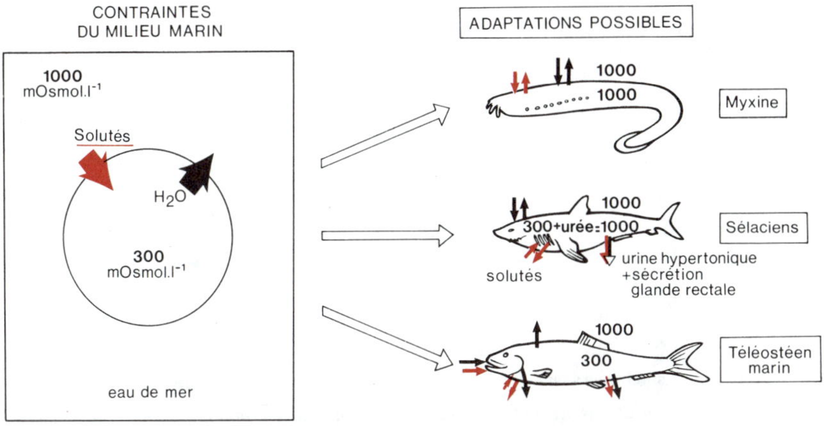

FIG. 76. — *Adaptations des Vertébrés au milieu marin.* Pour un organisme dont la pression osmotique du milieu intérieur est inférieure à la presssion osmotique de l'eau de mer, il y a une tendance à perdre de l'eau et à gagner des solutés (dont Na^+ et Cl^-, les plus abondants). Plusieurs adaptations sont connues, dont trois sont schématisées ici. *Les flèches noires* représentent les flux nets d'eau, *les flèches rouges* les flux nets de solutés (détails dans le texte).

Le mécanisme exact reste assez incertain. Les cellules à chlorures sont caractérisées par leur forte densité de mitochondries et leur richesse en glycogène, qui attestent d'une forte activité métabolique, ainsi que par la présence d'un réticulum lisse très développé, en continuité avec les membranes basolatérales de la cellule (fig. 90).

- Les **poissons euryhalins**

L'étude de poissons tels que l'anguille, pouvant s'adapter au passage de l'eau de mer à l'eau douce et inversement (poissons euryhalins) montre que le flux osmotique d'eau est inversé lors du passage d'un milieu à l'autre, de même que le flux net des ions échangés au niveau des branchies. On reproduit le changement de milieu en infusant des solutions d'osmolarité variable dans le sang de l'anguille (fig. 77). La sécrétion d'adrénaline serait l'un des facteurs responsables de ces modifications de perméabilité (voir p. 000).

3. *Adaptations secondaires à l'environnement marin*

Certains Vertébrés aériens présentent une adaptation secondaire à l'environnement marin, en ce sens qu'ils sont retournés à un mode de vie marin comme l'attestent leurs caractères anatomiques et physiologiques essentiellement aériens. Ces animaux ne possèdent pas de branchies, susceptibles d'offrir une grande surface d'échange avec le milieu extérieur, mais ils perdent néanmoins de l'eau, par l'urine, par la respiration, et ils consomment des aliments marins et boivent de l'eau de mer, deux sources de sels. Ces animaux doivent donc éliminer les électrolytes sous la forme de solutions

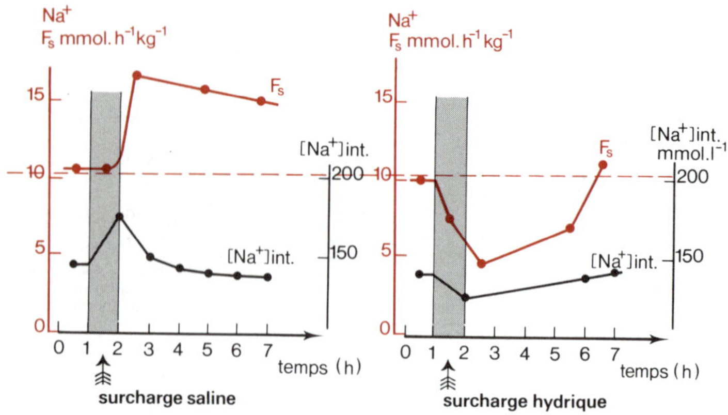

FIG. 77. — *Variations de l'efflux net de sodium (Fs, en mmol.kg^{-1}.h^{-1}) chez des anguilles soumises à une surcharge en sels* (à gauche) *ou au contraire à une infusion d'une solution hypotonique* (à droite). La concentration du milieu intérieur en Na^+ est figurée en noir. Selon l'évolution de la concentration en sels du milieu intérieur, les branchies peuvent expulser ou capter des ions Na^+ et rétablir en quelques heures l'osmolarité normale du milieu intérieur.
(Simplifié, d'après les données de MAYER, N. & NIBELLE, J., *J. Comp. Biochem. Physiol.*, **35**, 553-566, 1970.)

au moins aussi concentrées que l'eau de mer pour éviter l'augmentation de leur osmolarité. Deux dispositifs sont particulièrement adaptés à ces situations.

a. Les glandes à sel des Reptiles et des Oiseaux marins

Le rein des tortues de mer et des autres reptiles marins ne peut élaborer une urine hypertonique au plasma, alors que le rein des Oiseaux adaptés à l'environnement marin (Albatros, Pingouins, Manchots...) peut produire une urine d'osmolarité égale à 700 ou 800 mOsmol.l^{-1}, valeur encore insuffisante pour assurer un équilibre hydrominéral approprié. Dans les deux cas, des structures céphaliques spécialisées, les glandes à sel, dont les conduits excréteurs débouchent dans les cavités orbitaires, nasales ou buccale selon les espèces, élaborent une sécrétion d'osmolarité supérieure à celle de l'eau de mer, atteignant même 2000 mOsmol.l^{-1} dans certaines espèces (Albatros, Pétrel). Les glandes à sel ont une activité intermittente : elles sécrètent uniquement après une augmentation de l'osmolarité du milieu intérieur. Leur efficacité dans l'élimination des sels est très supérieure à celle des reins des Mammifères (masse de NaCl éliminée, par heure et par gramme de tissu : fig. 78). Les glandes à sel sont contrôlées par les surrénales et le système nerveux parasympathique.

b. Mammifères marins

Les Cétacés (Baleines, Dauphins...) et les autres groupes marins (Phoques, Morses, Dugongs...) font face aux contraintes de salinité de leur environnement en élaborant une urine de concentration supérieure à celle de

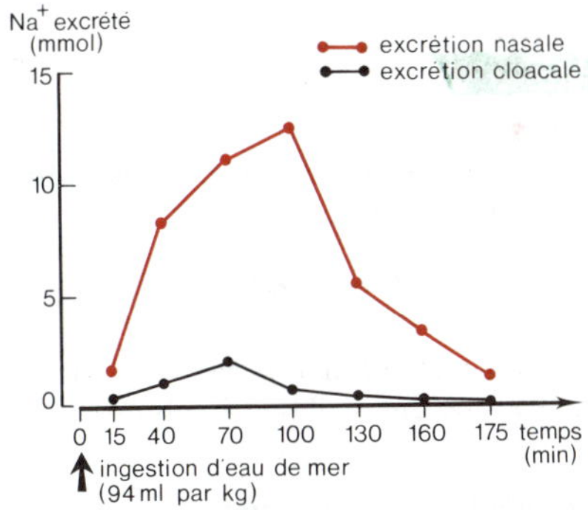

FIG. 78. — *Élimination d'une surcharge sodique par les glandes à sel et l'excrétion cloacale (urine essentiellement) chez une mouette ayant reçu par gavage gastrique une grande quantité d'eau de mer.* L'élimination nasale est beaucoup plus efficace (43,7 mmol au total) que l'élimination cloacale (4,41 mmol) pour un volume de sécrétion plus faible (56,3 ml contre 75,2 ml).

(Graphique réalisé à partir des données de K. SCHMIDT NIELSEN, *The Salt-secreting gland of marine birds.* Circulation, **21,** 955-967, 1960.)

l'eau de mer (jusqu'à 1 500 mOsmol.l^{-1}), ce qui leur permet d'éliminer les ions en limitant la perte d'eau.

B. *L'osmorégulation en eau douce*

L'osmolarité de l'eau douce varie de 0,1 à 10 mOsmol.l^{-1} au plus, ce qui est toujours inférieur à l'osmolarité des êtres vivants. Les flux nets qui auraient tendance à s'installer, en absence de régulation, sont un flux entrant d'eau et un flux sortant de solutés (fig. 79). L'organisme doit donc compenser, dans ce cas, l'entrée d'eau et la sortie de solutés.

1. *Invertébrés*

Pour beaucoup d'Invertébrés, on ne connaît pas la nature des organes qui participent à la régulation.

Chez les Crustacés, ce sont les branchies qui ont un rôle dans le transport actif des ions depuis le milieu extérieur vers les LEC.

Chez les Insectes aquatiques, l'absorption active de Na^+, K^+ et Cl^- prend place dans le tube digestif, au niveau du rectum, qui libère alors un liquide d'osmolarité inférieure à celle de l'hémolymphe.

Certaines larves d'Insectes prélèvent également les minéraux (Na^+, Cl^-, SO_4^{2-}, PO_4^{2-}) dans leur environnement, par transport actif au niveau des papilles anales ; ces dernières sont d'autant plus développées que l'eau est plus pauvre en ions (larves d'Aedes, de Chironome).

2. Vertébrés d'eau douce

a. Poissons Téléostéens

L'eau pénètre dans l'organisme au niveau des branchies et de la peau essentiellement, une faible quantité pouvant pénétrer par le tube digestif (les poissons d'eau douce boivent peu). Elle est éliminée par le rein, sous forme d'urine très diluée et abondante (jusqu'à 30 g d'eau pour 100 g de poids corporel, par 24 h).

La perte de solutés, par les branchies et par l'urine, est compensée par une réabsorption active due aux cellules à chlorure.

b. Amphibiens

La plupart des Amphibiens sont aquatiques ou dépendent très étroitement du milieu aquatique, au moins pour la ponte et le développement des têtards. Lors de l'immersion, les Amphibiens sont soumis, comme les Poissons d'eau douce, à un flux entrant d'eau à travers la peau, dont la perméabilité osmotique à l'eau est modulée par diverses hormones (dont l'ADH : voir tome I). Les Amphibiens éliminent l'eau en produisant une urine très diluée par rapport à leur milieu intérieur. La perte de solutés est compensée par absorption active d'ions au niveau de la peau (fig. 79) ; les catécholamines, l'aldostérone et l'ADH modulent cette absorption.

Ce groupe fait la transition avec les animaux terrestres et divers Amphibiens ont déjà la possibilité d'être relativement indépendants de l'eau pendant des périodes plus ou moins longues.

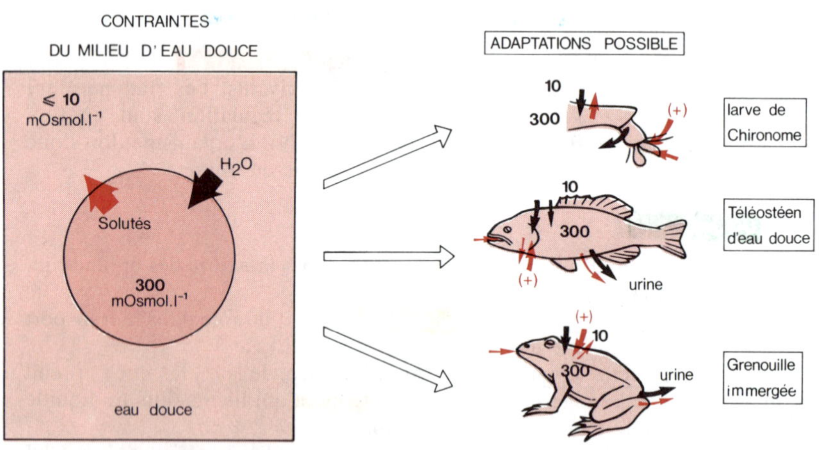

FIG. 79. — *Quelques adaptations à la vie en milieu d'eau douce.* L'organisme tend à perdre des solutés et à se faire envahir par l'eau. *Les flèches rouges* représentent les mouvements de solutés, *les flèches noires* les mouvements d'eau. *Les signes « + »* indiquent un transport actif (détails dans le texte).

C. Osmorégulation en milieu terrestre

Les animaux terrestres ont un accès privilégié à l'oxygène mais ils sont en contrepartie soumis à une déshydratation permanente par suite de l'évaporation qui se produit au niveau de leur tégument s'il est perméable à l'eau, et au niveau de leurs poumons, en particulier (fig. 80).

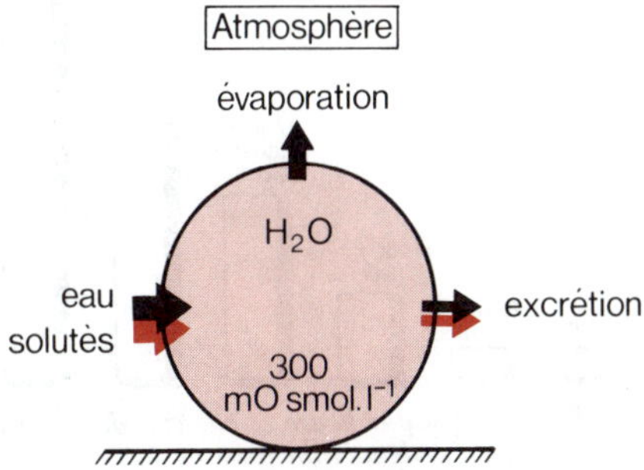

FIG. 80. — *L'osmorégulation en milieu terrestre doit permettre de contrebalancer l'évaporation qui prend place au niveau des téguments et des organes respiratoires* (détails dans le texte).

Les diverses adaptations rencontrées forment un continuum, depuis les animaux très dépendants de l'eau (Amphibiens terrestres de nos contrées ou lombrics) jusqu'aux animaux pouvant se passer totalement d'apport exogène d'eau de boisson, comme le rat kangourou des déserts d'Amérique du Nord.

1. Arthropodes et Arachnides

Les Insectes aériens ont développé une grande capacité à maintenir leur osmolarité hors de l'eau. La cuticule des Insectes n'est pas imperméable comme on l'a cru pendant longtemps : c'est une fine couche de cire qui confère au tégument une imperméabilité très variable selon les espèces (fig. 81). Les pertes d'eau par les féces et l'urine sont très faibles, par suite de la réabsorption rectale de l'eau (voir plus loin), contre un gradient osmotique (transport lié à un transport actif de Na^+) et du stockage d'une partie des déchets azotés sous forme d'acide urique, en particulier dans le corps gras et la cuticule.

Les sources d'eau sont représentées par l'alimentation, l'eau de boisson, l'eau produite par le métabolisme, et dans un petit nombre d'espèces, l'eau atmosphérique (absorbée par les trachées aériennes, le rectum, la cavité orale...), lorsque l'humidité atmosphérique relative est suffisamment importante.

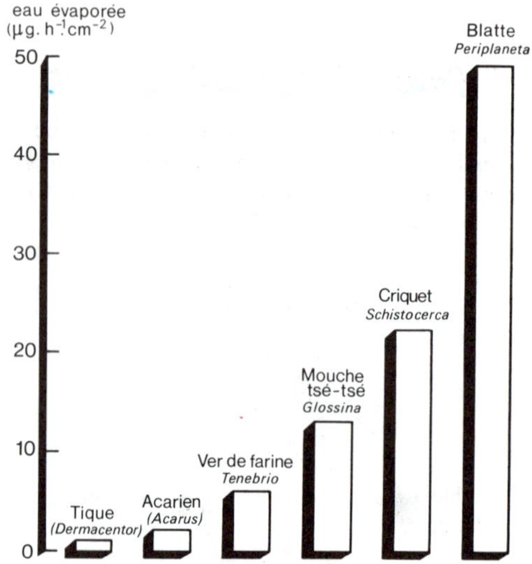

FIG. 81. — *Évaporation d'eau (en µg par heure et par cm² de surface corporelle) à travers la cuticule de quelques insectes, déduction faite de la perte d'eau par les organes respiratoires.* Les conditions ont été standardisées de telle sorte que lors des mesures, la pression de vapeur d'eau était inférieure de 0,13 kPa (1 mm de mercure) à la pression de saturation.
(D'après les données de K. SCHMIDT NIELSEN, The neglected interface: the biology of water as a liquid gas system. *Q. Rev. Biophys.*, **2**, 283-304, 1969.)

2. *Amphibiens*

La peau des Amphibiens, très perméable, est le siège d'une évaporation intense et permanente, cause de leur dépendance étroite vis-à-vis de l'eau. Ces animaux ne boivent pas mais ils contrôlent leur production d'urine dès qu'ils sont hors de l'eau : plusieurs espèces, sinon toutes, réabsorbent même l'eau urinaire qui sert alors de réserve hydrique pendant les périodes passées à terre (l'ADH stimule la réabsorption d'eau urinaire). Diverses espèces des régions désertiques peuvent stocker le tiers de leur poids total sous forme d'eau urinaire ; elles vivent en outre dans des terriers profonds où l'humidité environnante est suffisante pour qu'elles puissent absorber l'eau d'imbibition du sol au travers de leur peau. La résistance à la déshydratation est par ailleurs toujours prononcée chez les Amphibiens, certaines espèces supportant jusqu'à 40 % de perte d'eau totale.

3. *Vertébrés terrestres*

• Le tégument des Reptiles n'est pas imperméable et il rend compte de la majeure partie de la déperdition d'eau, la respiration étant la deuxième cause de perte d'eau, alors que les urines, très concentrées, ne représentent qu'un pourcentage infime. Ces animaux présentent cependant une très bonne résistance à la dessication, les sources d'eau étant représentées par la boisson, les aliments et l'eau d'origine métabolique.

- Les animaux *endothermes* (Oiseaux et Mammifères) présentent une nouvelle contrainte physiologique qui vient compliquer la régulation de l'osmolarité du milieu intérieur : le contrôle de la température interne, qui fait appel à des mouvements d'eau. Les pertes d'eau sont alors susceptibles d'être modulées par la transpiration ou la polypnée thermique (voir chapitre 7). Le rein, enfin, contrôle l'excrétion azotée et l'élimination de solutés minéraux (voir ci-dessous).

Les capacités d'adaptation à un environnement pauvre en eau sont parfois telles que l'animal peut se passer de toute boisson : le rat kangourou *(Dipodomys spectabilis)* des déserts d'Amérique du Nord couvre ses besoins avec le peu d'eau (moins de 10 %) contenue dans les graines dont il se nourrit, à laquelle s'ajoute l'eau métabolique produite par l'oxydation des nutriments en $H_2O + CO_2$. Cette adaptation à la vie désertique repose ici essentiellement sur la capacité des reins à élaborer une urine très hypertonique au plasma : 5 500 $mOsmol.l^{-1}$ contre 300 à 1200 chez la plupart des Mammifères (certains autres rongeurs du désert australien ont une urine dont l'osmolarité atteint même plus de 9 000 $mOsmol.l^{-1}$).

III. L'EXCRÉTION AZOTÉE

La régulation du métabolisme hydrominéral implique une déperdition d'eau plus ou moins importante, mise à profit chez de nombreux animaux pour éliminer divers déchets du métabolisme, en particulier l'azote provenant du catabolisme. Il est donc impossible de dissocier les fonctions excrétrices des divers organes spécialisés de leurs fonctions osmorégulatrices.

Le métabolisme oxydatif des glucides et des lipides produit de l'eau et du dioxyde de carbone, alors que le métabolisme des protides et des acides nucléiques produit en outre des *substances azotées* telles que l'ammoniac, l'urée, l'acide urique et quelques autres molécules, moins abondantes dans la plupart des espèces (créatinine, acide hippurique, acide para-aminohippurique = « PAH »).

Les animaux aquatiques, qui présentent de grandes surfaces de contact avec l'eau (tégument des Invertébrés, branchies des poissons) éliminent le plus souvent l'*ammoniac* directement (tableau 11) par suite de la petite taille et de la solubilité de cette molécule (NB : l'élimination de 1g d'azote sous forme de NH_3 nécessite environ 500 ml d'eau ; sous forme d'urée : 50 ml et sous forme d'acide urique environ 10 ml). Dans le cas des vertébrés terrestres, de l'ammoniac est également éliminé dans les urines mais cette fraction ne provient pas du catabolisme des protéines : elle intervient pour tamponner l'excès d'ions H^+.

L'*urée*, très soluble dans l'eau, est élaborée à partir de l'ammoniac et de dioxyde de carbone, *via* le cycle de l'urée, essentiellement hépatique (voir annexe). Filtrée par le rein, au niveau du glomérule, l'urée est réabsorbée dans certaines espèces pour maintenir une urémie élevée nécessaire à l'osmorégulation.

Les enzymes du cycle de l'urée, en particulier la carbamyl phosphate synthétase, sont inactives ou peu actives dans le foie du têtard d'Amphibien jusqu'à la métamorphose : l'élimination d'azote se fait alors sous forme d'ammoniac (tableau 11), alors que l'Amphibien adulte produit de l'urée.

TABLEAU 11. — *Principaux produits du métabolisme azoté dans divers groupes animaux.*

	Invertébrés aquatiques	Poissons téléostéens	Élasmobranches	Crocodiles	Têtard d'Amphibien	Amphibien adulte	Mammifères	Autres Vertébrés
Ammoniac : NH_3	●	●		●	●			
Urée : $(NH_2)_2C=O$		●	●			●	●	
Acide urique : 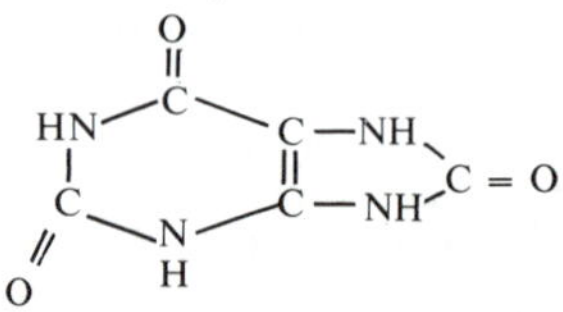				●				●

On retrouve cette maturation tardive des enzymes du cycle de l'urée chez les fœtus de Mammifères, en fin de gestation, peu avant le passage à la vie aérienne et dans les premières heures suivant la naissance.

L'élimination d'azote sous forme d'*acide urique* est répandue chez les Insectes, la plupart des reptiles et des oiseaux, tous animaux adaptés à la vie terrestre. L'acide urique est très peu soluble dans l'eau et il précipite dans une urine concentrée, ce qui permet une élimination de l'azote avec une perte d'eau minimale (partie blanche des fientes d'oiseaux) ou sous forme d'un stockage dans le corps gras chez certains insectes.

IV. HOMÉOSTASIE CALCIQUE EXTRACELLULAIRE

La *calcémie* (concentration de calcium sanguin) est un paramètre remarquablement stable : chez de très nombreux animaux, elle reste comprise entre 2,2 et 2,6 mmol. l^{-1} (8,8 à 10,4 mg pour 100 ml). Le calcium est l'un des éléments les plus abondants de l'organisme, représentant environ 2 % du poids corporel chez l'homme. La régulation de la calcémie est étroitement liée à celle de la concentration extracellulaire d'autres minéraux tels que les ions HPO_4^{2-} et Mg^{2+}.

La régulation de la calcémie est l'exemple d'un contrôle assuré par une étroite collaboration entre trois hormones essentiellement.

A. *Importance physiologique du calcium*

Le rôle de *médiateur* joué par le calcium ionisé a été mentionné à maintes reprises dans les chapitres précédents. Parmi les divers processus dans lesquels le Ca^{2+} intervient comme agent de couplage ou de régulation, on peut rappeler :

— l'assemblage des microtubules,
— l'excitabilité neuro-musculaire,
— la perméabilité cellulaire,
— la cohésion entre cellules épithéliales,
— les couplages stimulus-contraction, stimulus-sécrétion...,
— les divisions cellulaires,
— de nombreux autres mécanismes tels que les réponses hormonales à divers stimuli, la coagulation sanguine, et plus généralement les nombreuses réactions enzymatiques qui sont calcium dépendantes.

Certains auteurs se sont interrogés sur l'intérêt que peut avoir le calcium, par rapport à d'autres minéraux, pour jouer un rôle de régulateur. La toxicité du calcium est en effet bien connue au niveau cellulaire. Une *hypothèse* séduisante suppose que le calcium ne serait pas directement le paramètre qui a fait l'objet d'une sélection au cours de l'évolution : son importance physiologique ne serait que la conséquence de la sélection de *composés phosphorylés* pour les transferts d'énergie. Les phosphates forment en effet des sels insolubles avec les ions calcium et toute concentration excessive de Ca^{2+} libre priverait la cellule de ses capacités de transfert de groupements phosphates d'une molécule à une autre.

A partir d'une telle hypothèse, on peut concevoir que les cellules aient développé des systèmes de transport spécifiques du Ca^{2+}, pour en diminuer la concentration cytosolique vers des valeurs de l'ordre de 10^{-7} à 10^{-8} mol. l^{-1} (contre 10^{-2} à 10^{-3} mol. l^{-1} dans les liquides extracellulaires). Il n'existe pas de gradient de concentration aussi important pour aucun autre ion ou molécule circulante. Une situation de ce genre permet des variations locales très rapides de la concentration, compatibles avec le rôle d'un médiateur.

B. *Le calcium sanguin*

Le calcium existe sous trois formes dans le sang :
— lié aux protéines (Ca-Prot.) : environ 40 %,
— complexes diffusibles : environ 10 %,
— calcium ionisé (Ca^{2+}) : environ 50 %.

Ce sont les concentrations du *calcium ionisé* qui sont les plus importantes sur le plan physiologique. Le Ca^{2+} est en équilibre avec les autres formes du calcium sanguin, en particulier avec Ca-Prot. Une relation empirique relie, avec une assez bonne approximation, les paramètres de cet équilibre :

$$\frac{(Ca^{2+})\ (Prot^{-})}{(Ca.\ Prot.)} = K = 10^{-2,2} \qquad \text{(à 25 °C et pH = 7,35)}$$

Ainsi, toute variation de concentration des protéines plasmatiques, en particulier les *albumines,* aura une incidence sur la concentration de Ca^{2+} ; les répercussions sur la physiologie générale de l'organisme sont alors possibles par suite d'une diminution du calcium ionisé extracellulaire. Les variations de l'équilibre acido-basique ou l'existence d'un rythme nycthéméral sont également des causes de modifications de la concentration de Ca^{2+} sérique.

C. *Hormones et régulation de la calcémie*

1. *L'équilibre calcique*

Le bilan calcique d'un compartiment est le résultat des entrées et des sorties de calcium. L'équilibre global implique chez les Vertébrés des mouvements de calcium entre plusieurs compartiments : tractus gastro-intestinal, liquides extracellulaires, liquides intracellulaires, tissu osseux et reins (fig. 82). Le calcium pénètre dans l'organisme par absorption intestinale et quitte le milieu intérieur par dépôt dans le tissu osseux ou par excrétion urinaire.

Plusieurs tissus endocrines participent à la régulation de la calcémie, le signal de régulation essentiel étant la concentration de Ca^{2+} du plasma (rétrocontrôle négatif). Seules les grandes lignes de la régulation de la calcémie chez les Vertébrés seront envisagées dans ce qui suit, mais il est clair que de très nombreux organismes, sinon tous, disposent de moyens de régulation du taux des ions Ca^{2+} du milieu extracellulaire.

2. *L'hormone parathyroïdienne (parathormone)*

Les glandes parathyroïdes sont présentes, chez les Vertébrés, à partir de la classe des Amphibiens. Elles dérivent des 3e et 4e paires de poches branchiales et sont au nombre de quatre le plus souvent. Chez les Téléostéens, une parathyrine est élaborée par les corpuscules de Stannius.

La parathormone (PTH) élaborée par les cellules principales des glandes parathyroïdes est une hormone polypeptidique constituée de 84 acides aminés. La sécrétion et la synthèse de parathormone sont étroitement dépendantes de la concentration de Ca^{2+} du milieu extracellulaire (fig. 83).

Lors d'une diminution de la calcémie, ou de l'action d'agonistes β, la sécrétion de la PTH est très rapide et les effets de l'hormone sont les suivants :

a) à forte concentration, la PTH stimule *l'activité phagocytaire des ostéo-*

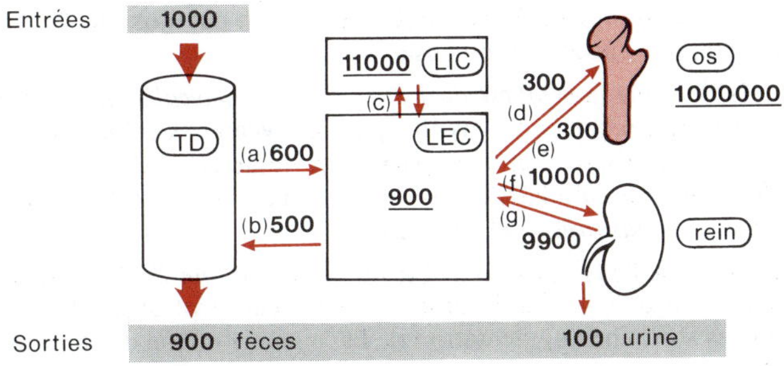

FIG. 82. — *Représentation schématique du bilan calcique chez un homme au repos ingérant 1000 mg de calcium par jour.* Les valeurs sont données en mg par 24 h (40 mg Ca^{2+} = 1 mmol = 2 mEq). Elles ont été déterminées après marquage isotopique de l'un ou l'autre des compartiments. TD, tractus digestif ; LIC, liquides intracellulaires ; LEC, liquides extracellulaires ; (a), absorption intestinale ; (b), sécrétion intestinale (salive, bile, sécrétions digestives...) ; (c), échanges entre LIC et LEC ; (d), accrétion de Ca dans l'os ; (e), résorption du Ca osseux ; (f), filtration glomérulaire ; (g), réabsorption tubulaire.
(Simplifié, d'après les valeurs données par H. RASMUSSEN, in, *Textbook of Endocrinology,* 5th ed., Saunders, 1974.)

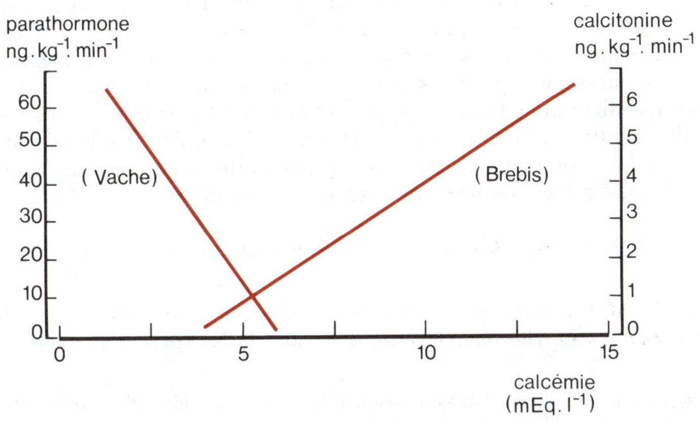

FIG. 83. — *Sécrétion de parathormone (chez la vache) et de calcitonine (brebis) en fonction de la calcémie.* Chaque droite est une droite de régression linéaire établie à partir d'un ensemble de déterminations expérimentales ; elle est une représentation de la relation qui lie calcémie et sécrétion de l'hormone. Les sécrétions les plus faibles sont observées pour des concentrations de calcium sanguin de l'ordre de 5 $mEq.l^{-1}$.
(Simplifié, d'après POTTS *et al* pour la PTH, et CARE *et al* pour la calcitonine.)

clastes (cellules impliquées dans le remaniement du tissu osseux) et leur sécrétion de hyaluronidase, ce qui se traduit par une attaque de la matrice osseuse, avec libération du calcium et des composants de la trame organique (l'hydroxyproline formée par hydrolyse du collagène se retrouve dans les urines à la suite d'un tel processus). Il est peu probable que les concentrations physiologiques de PTH aient cette action sur l'os : la PTH aurait plutôt un effet sur l'accrétion osseuse.

b) La PTH stimule la *synthèse du 1,25 dihydroxycholécalciférol* (voir ci-dessous), à partir du précurseur 25 hydroxylé, au niveau des cellules rénales du tubule contourné proximal et de la *pars recta* ; le dérivé 1,25 hydroxylé peut agir sur les segments tubulaires situés en aval du site de synthèse, via la circulation dans les *vasa recta* (cf. fig. 92).

c) L'effet de la PTH sur le rein est une *réabsorption de* Ca^{2+} accrue, au niveau des néphrons, et une inhibition de la réabsorption de HPO_4^{2-} ; les conséquences sont une augmentation de la calcémie et une diminution de la phosphatémie.

Au total, la PTH a une action hypercalcémiante sur l'organisme.

3. La calcitonine

Les *corps ultimobranchiaux,* dérivés de la dernière paire de poches branchiales, sont présents chez tous les Vertébrés, à l'exception des Cyclostomes. Ils forment un tissu localisé dans la région péricardique chez les non-mammaliens, alors qu'ils donnent les *cellules C* de la glande thyroïde (3 à 10 % de la population cellulaire totale de la thyroïde) chez les Mammifères. Ce tissu élabore la calcitonine, hormone formée de 32 acides aminés.

La calcitonine est sécrétée lors des élévations du taux de Ca^{2+} dans le plasma, mais aussi, et c'est probablement le stimulus physiologique, lorsque certaines hormones gastro-intestinales sont sécrétées, notamment la *gastrine.* La calcitonine, hormone hypocalcémiante dans la plupart des espèces serait ainsi libérée avant même que la concentration de calcium ne soit augmentée dans la circulation générale ; une situation comparable a été décrite plus haut, à propos de l'axe entéro-insulaire (chap. 5).

Les effets biologiques de la calcitonine sont antagonistes de ceux de la PTH :

a) Blocage de la résorption osseuse par une inhibition, en quelques minutes, de l'activité phagocytaire des ostéoclastes (perte des microvillosités).

b) Les effets rénaux de la calcitonine restent discutés (variabilité des réponses selon les espèces, expériences ayant souvent mis en œuvre des concentrations élevées d'hormone, hétérologue généralement) ; les effets les plus nets concernent la conservation des électrolytes Ca^{2+} et Mg^{2+}. Une diminution des concentrations de phosphate sanguin fait suite à l'élimination urinaire et à la captation accrue de ceux-ci par divers tissus, dont l'os.

L'effet global de la calcitonine est une diminution de la calcémie et de la phosphatémie.

4. Dérivés de la vitamine D

Deux formes de la vitamine D, la forme D_2 (ergocalciférol) et la forme D_3 (cholécalciférol) peuvent être rencontrées dans l'alimentation. Le *cholécalci-*

férol peut aussi être élaboré par la peau, à partir de 7 déhydro-cholestérol, après irradiation convenable par des rayons ultra-violets. La synthèse est en outre stimulée par un régime pauvre en calcium, mais la régulation de cette synthèse est complexe, dépendant des taux de PTH, de la calcémie, de la phosphatémie et de diverses hormones.

Une 25-hydroxylase, présente dans le foie, permet de transformer les deux vitamines en dérivés 25 hydroxylés (25(OH)D_2 et 25(OH)D_3), métabolites bien plus actifs que les précurseurs D_2 et D_3. Le 25(OH)D_3 peut ensuite être hydroxylé par une 1-hydroxylase rénale, pour donner un dérivé encore plus actif, le 1,25$(OH)_2D_3$ (1,25 dihydroxycholecalciférol) qui possède toutes les caractéristiques d'une hormone (voir tome 1).

Ces divers composés favorisent, à des degrés divers :

— l'absorption intestinale de calcium et de phosphates ;

— la minéralisation de l'os (doses faibles) ;

— une action rénale des métabolites de la vitamine D est vraisemblable bien qu'elle reste à établir.

Pour l'action sur l'intestin, il a été clairement montré qu'elle faisait intervenir la synthèse d'une protéine de transport du calcium : la *Ca BP* vitamine D dépendante (Ca BP pour « calcium binding protein » : protéine liant le calcium). Toutefois, l'absorption de calcium précède dans le temps la synthèse de cette protéine.

Les interactions entre ces trois familles d'hormones, dans la régulation de la calcémie, sont résumées sur la figure 84.

Chez les non-mammaliens, les fonctions des trois types d'hormones ne sont pas les mêmes, et le tissu squelettique, réserve minérale essentielle pour les Vertébrés supérieurs, n'est pas toujours comparable à celui des Mammifères : le squelette est acellulaire chez de nombreux poissons Téléostéens et

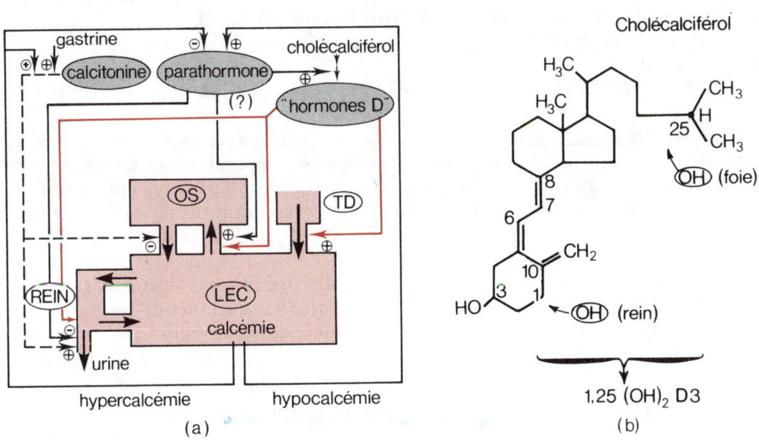

FIG. 84. — **a,** *représentation schématique des régulations hormonales de la calcémie :* TD, tube digestif ; LEC, liquides extracellulaires. **b,** *le cholecalciférol et les sites d'hydroxylation* (détails dans le texte). *En tirets,* action de la calcitonine ; *en traits noirs,* action de la parathormone ; *en traits rouges,* actions des hormones D.

même seulement cartilagineux chez la plupart des Chondrychtyens et Cyclostomes. Dans ces conditions, les mécanismes régulateurs sont assez différents et souvent encore mal connus.

5. *Autres effets hormonaux*

Les *œstrogènes* ont un rôle hypercalcémiant très marqué chez les divers Vertébrés ovipares (des poissons aux oiseaux) au moment de la vitellogenèse. La concentration de calcium ionisé du sang n'est pas affectée par ces variations périodiques de la calcémie.

Chez les oiseaux, le calcium nécessaire à la formation de la coquille provient de l'os médullaire, sans que l'on comprenne le mécanisme de sa mobilisation ; l'augmentation de l'absorption de calcium par l'intestin participe à l'accrétion calcique dans la coquille.

La prolactine et l'hormone somatotrope stimulent l'activité de la 1, hydroxylase rénale dans certains modèles expérimentaux et pourraient ainsi augmenter le staux de 1,25 $(OH)_2D_3$.

V. PHYSIOLOGIE DES ORGANES SPÉCIALISÉS

A. *Techniques d'étude*

Malgré la variété des structures anatomiques qui participent à la régulation du métabolisme hydrominéral et à l'excrétion, on peut dégager quelques principes généraux de l'approche expérimentale de leur étude. Il s'agit essentiellement de microtechniques de dissection, d'analyse chimique, de dosages hormonaux...

— microdissection et isolement de l'organe ou d'un fragment de l'organe (exemple : isolement de fragments de néphrons à partir de reins de lapin) ;

— microponctions du liquide qui transite dans l'organe d'excrétion (fig. 85) à l'aide de micropipettes ;

— mesures de différences de potentiel trans-épithéliales, en rapport avec les flux nets d'ions ;

— étude des *clairances* de certaines substances (la clairance est le volume fictif de plasma totalement épuré d'une substance donnée lors du passage dans un organe, rapporté à l'unité de temps ; ce paramètre a donc la grandeur d'un débit : $ml.\ min^{-1}$) ;

— mesure de la sensibilité aux hormones des divers segments de l'unité anatomique qui permet les échanges d'eau et de solutés (ou recherche des récepteurs des diverses hormones) ;

— microdosages des minéraux dans les liquides prélevés par microponctions : les méthodes de dosage actuelles permettent de mesurer des quantités de Na^+ ou de K^+ inférieures au picogramme (10^{-12}g) dans un volume de 10 nanolitres ($1nl = 10^{-9}l$).

B. *Variété des structures*

Les organes qui participent à l'osmorégulation et à l'excrétion sont très variés et il n'est pas possible de les envisager tous ici : seuls quelques exemples seront retenus. La physiologie du rein des Mollusques, de la glande

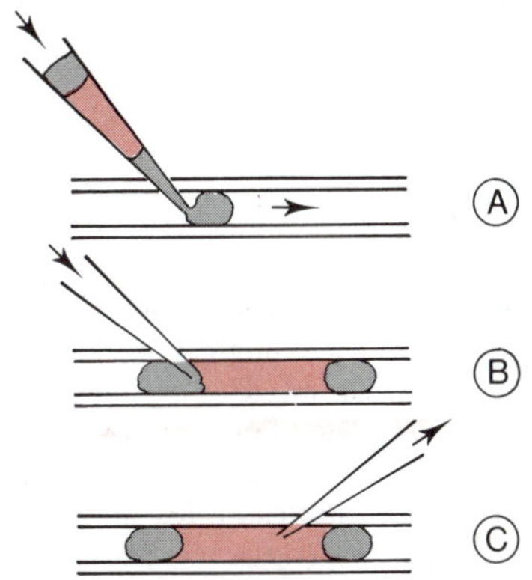

FIG. 85. — *Schéma de principe de l'étude des propriétés d'une structure excrétrice.* Un liquide de composition connue *(rouge)* est injecté à l'aide d'une micropipette (quelques µm de diamètre) entre deux « bouchons » formés d'un liquide inerte, non miscible au premier (A et B). Après un temps d'équilibration, le liquide est prélevé (quelques nanolitres) et sa composition est analysée à l'aide de microtechniques.

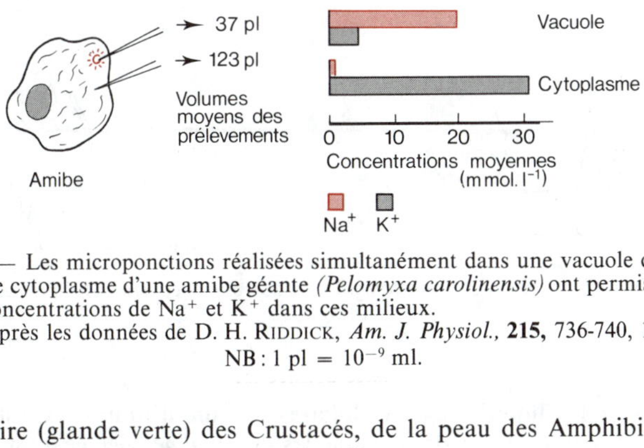

FIG. 86. — Les microponctions réalisées simultanément dans une vacuole contractile et dans le cytoplasme d'une amibe géante *(Pelomyxa carolinensis)* ont permis de mesurer les concentrations de Na^+ et K^+ dans ces milieux.
(D'après les données de D. H. RIDDICK, *Am. J. Physiol.*, **215**, 736-740, 1968).
NB : 1 pl = 10^{-9} ml.

antennaire (glande verte) des Crustacés, de la peau des Amphibiens (voir tome I), par exemple, ne sera pas abordée.

1. *Vacuoles contractiles*

Bien que n'étant pas des organes, mais des organites, les vacuoles contractiles représentent une première forme de spécialisation d'une structure dans la régulation de l'équilibre osmotique. Elles se rencontrent chez les Protozoaires et les Spongiaires d'eau douce. L'analyse du contenu des vacuoles contractiles a pu être réalisée dans certaines espèces (fig. 86) et les mécanismes d'osmorégulation mettraient en œuvre des transports actifs de Na^+ et de K^+ à partir des microvésicules qui entourent toujours les vacuoles pulsatiles ; lorsque ces dernières atteignent un volume critique, à la suite de la fusion de nombreuses microvésicules elles vont s'ouvrir à la périphérie de la cellule et déversent leur contenu à l'extérieur avant de reprendre un nouveau cycle de croissance.

2. Néphridies

La forme la plus primitive des organes d'excrétion et d'osmorégulation véritables est représentée par les néphridies (fig. 87).

Les *protonéphridies* sont des structures tubulaires, ramifiées le plus souvent, dont l'une des extrémités est aveugle, l'autre s'ouvrant à l'extérieur de l'animal par un pore, le néphrostome. Ces organes se rencontrent essentiellement chez les animaux dépourvus d'un coelome. Leur physiologie est mal comprise : la partie terminale est close et enclavée dans un tissu, situation peu favorable à l'ultrafiltration. Pourtant, les *solénocytes* (cellules à un seul grand cil) ou les *cellules à flamme* (nommées ainsi parce qu'elles possèdent une touffe de cils qui ondulent lentement) qui ferment le tube pourraient créer, par les mouvements de leurs cils, une dépression négative suffisante

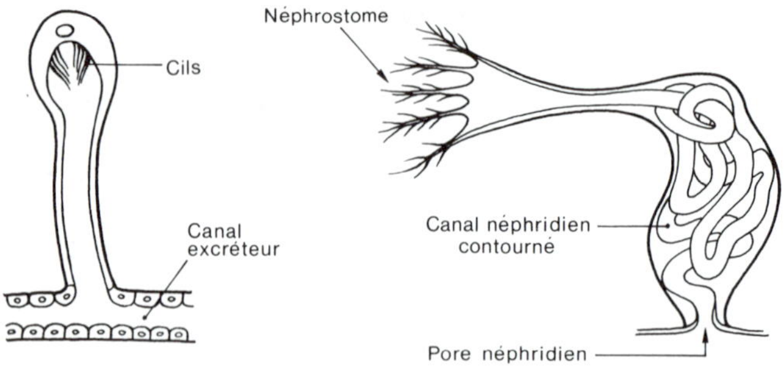

FIG. 87. — A gauche, *protonéphidie ;* à droite, *néphridie d'Annélide.*

pour drainer les liquides extracellulaires par ultrafiltration. C'est ce que suggèrent des expériences dans lesquelles de l'*inuline* injectée à un Rotifère est retrouvée dans les protonéphridies, alors que cette substance ne traverse pas les membranes plasmiques (cf. chap. 6).

Les *métanéphridies* (ou néphridies) sont des tubes non ramifiés caractéristiques des animaux possédant un coelome (bien que ces animaux puissent aussi posséder des protonéphridies). La physiologie des néphridies a pu être étudiée en pratiquant des microponctions du fluide qui transite dans leur lumière, et en analysant la composition du liquide recueilli à divers niveaux. Le fonctionnement de ces organes est fondamentalement le même que celui des néphrons : *filtration* produisant un liquide isotonique au milieu extracellulaire, suivie d'une *réabsorption* de minéraux lors du transit, et rejet d'une urine hypotonique.

3. *Tubes de Malpighi des Insectes*

Les tubes de Malpighi sont des évaginations tubulaires de la partie terminale du tube digestif (leur nombre varie de deux à plusieurs centaines selon les espèces), dont l'extrémité distale plonge dans l'hémocœle. Ils sont formés d'un épithélium simple renfermant de nombreux types cellulaires, dont une majorité de cellules à microvillosités apicales et riches en mitochondries au pôle basal. Les tubes sont parfois entourés par des muscles assurant des mouvements de torsion du tubule dans l'hémocoele (fig. 88).

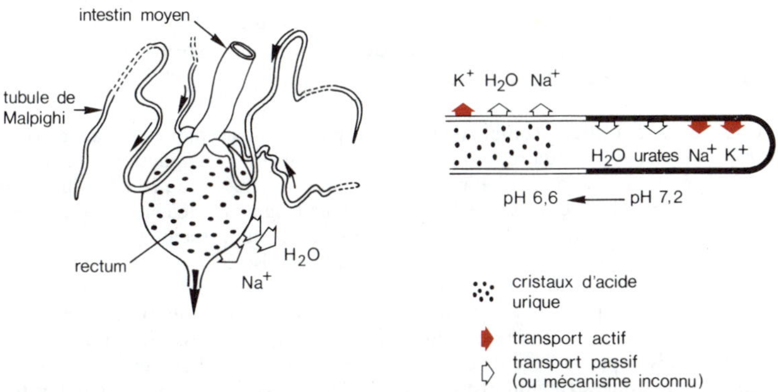

FIG. 88. — *Tubules de Malpighi chez un Insecte* (Rhodnius). *A gauche*; disposition des 4 tubules par rapport au tube digestif. *A droite*, schéma des échanges entre la lumière du tubule et l'hémocœle pour l'eau et les solutés. Chaque tubule comprend deux segments dont la structure et la physiologie sont différentes : segment distal à pH plus basique (tracé noir sur le schéma) et segment proximal.
(Modifié, d'après STOBBART, R. H. & SHAW, J., in *The Physiology of Insecta*, vol. 5, 1974, Academic Press.)

Le tube de Malpighi des Insectes ne fonctionne pas sur le principe de l'ultrafiltration : l'inuline injectée dans l'hémolymphe ne se retrouve pas dans le liquide tubulaire. Un transport actif de K^+ et Na^+, depuis le milieu intérieur vers la lumière du tubule entraîne l'eau et les solutés, en particulier l'acide urique, qui sont alors drainés vers le rectum, où l'eau peut être réabsorbée. Dans diverses espèces, en particulier chez les Insectes hématophages on a pu montrer que le fonctionnement des tubes de Malpighi est contrôlé par une substance diurétique d'origine centrale (peut-être la sérotonine ?) qui apparaît dans l'hémocœle dès que l'animal commence à se nourrir : le débit de la sécrétion des tubules de Malpighi peut alors être multiplié par un facteur 1000 en quelques minutes. Il s'agit donc d'un système régulé par un mécanisme neuroendocrine.

Les tubes de Malpighi peuvent avoir d'autres fonctions, de type sécrétoire, par exemple la production de la soie chez les espèces qui font un cocon.

4. La branchie des Poissons

Il a été vu plus haut que la branchie des poissons d'eau douce capte activement les sels, alors que celle des poissons d'eau de mer expulse activement les ions Na^+, K^+ ou Cl^- (fig. 76 et 79). Les cellules à chlorure, situées dans l'épithélium des lamelles primaires (voir aussi p. 81), présentent une forte densité de mitochondries, des dépôts de glycogène abondants et un grand développement du réticulum endoplasmique lisse, données morphologiques qui laissent entrevoir une activité métabolique intense pour ces cellules. Des arguments biochimiques (mise en évidence d'une activité ATPasique Na-K dépendante ; cf. tome I) et plus récemment des mesures de l'activité des cellules à chlorure en termes de flux ioniques, sont venus confirmer les rôles qui leur étaient attribués.

Chez certaines espèces, compte tenu de la disposition anatomique des vaisseaux sanguins, les lamelles secondaires (épithélium respiratoire) sont irriguées par un système artério-artériel alors que l'épithélium des lamelles primaires est au contact du système veineux (fig. 89). Les cellules à chlorure sont donc baignées, à leur pôle basal, par un espace extracellulaire drainé par le système veineux, ce qui présente un intérêt expérimental certain : il devient possible de perfuser une tête isolée, avec un liquide de composition appropriée, et de collecter les deux réseaux vasculaires séparément. Le bilan des échanges correspondant à l'une ou l'autre des catégories cellulaires de l'épithélium branchial (cellules à chlorure ou cellules respiratoires) est accessible, en utilisant par exemple des isotopes radioactifs de certains ions (^{24}Na, ^{36}Cl...) ou des substances non électrolytes marquées (mannitol ^{14}C par exemple) : la comparaison des compositions sanguines en A et V (fig. 89) permet de faire la part des échanges qui reviennent à l'une ou à l'autre des catégories cellulaires.

Chez les *poissons euryhalins* (voir chap. 6, II), l'adaptation des cellules à chlorure est particulièrement évidente sur le plan structural, lors du passage dans des milieux de salinité différente : lorsque l'animal passe de l'eau douce à l'eau salée, les cellules respiratoires ne changent absolument pas alors que les cellules à chlorure sont profondément remaniées (fig. 90), avec en particulier apparition de « leaky junctions » comparables à certaines dispositions déjà connues dans les glandes à sel des oiseaux marins, les glandes lacrymales ou les glandes nasales. Ces structures diminuent les forces osmotiques qui s'exercent à travers l'épithélium et permettent de réduire la perte d'eau. En outre, le nombre de cellules à chlorure augmente et l'activité Na-K ATPasique aussi.

Chez les Téléostéens d'eau douce, les échanges ioniques avec le milieu extérieur sont assurés par les cellules de l'épithélium respiratoire en relation étroite avec l'*équilibre acido-basique* et avec l'*excrétion azotée* . Les mécanismes de transport de Na^+ et de Cl^- ne sont pas couplés ; il semble assez bien établi aujourd'hui que les ions Na^+ sont échangés contre le même nombre d'ions NH_4^+ et que les ions Cl^- sont absorbés de manière proportionnelle à un flux sortant de HCO_3^- (fig. 91), en relation avec les besoins respiratoires.

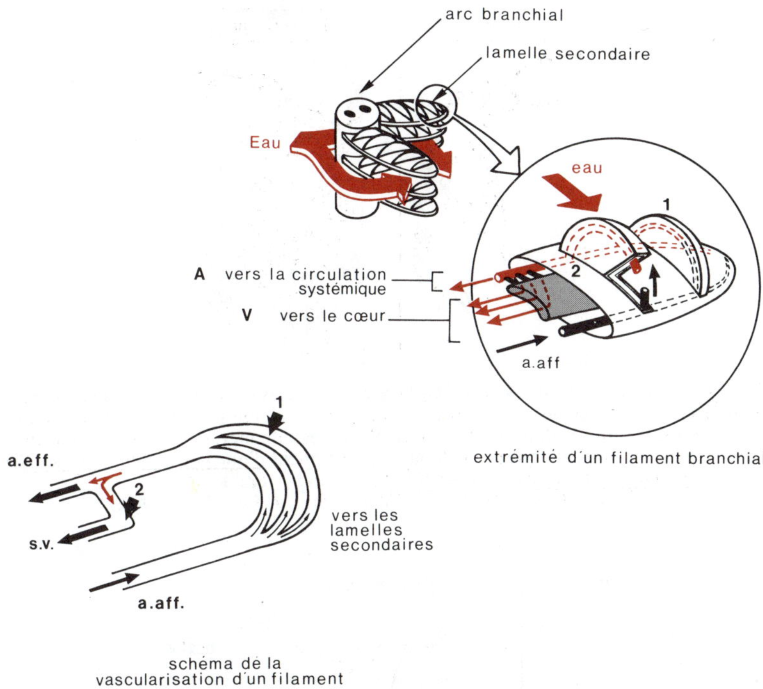

FIG. 89. — *Représentation schématique de l'irrigation des branchies chez une truite.* Dans cette espèce, les anastomoses artério-veineuses ne sont situées qu'entre l'artère efférente (a. eff.) et le sinus veineux (s. v.) central du filament branchial. Dans la mesure où les cellules à chlorures sont uniquement localisées dans l'épithélium de la lamelle primaire, il est possible de collecter séparément : *par l'artère afférente* (a. aff.), le sang ayant seulement transité au niveau des lamelles secondaires (1) et *par le sinus veineux* le sang ayant transité à la fois au niveau des lamelles secondaires et au niveau de l'épithélium renfermant les cellules à chlorures (2).

(Adapté de GIRARD, J. P. & PAYAN, P., *Am. J. Physiol.*, **238,** R 260-R 268, 1980.)

Adrénaline et fonctions branchiales

Lors d'un *stress,* la décharge d'adrénaline a deux effets sur les fonctions branchiales :

— elle stimule les échanges de Na^+/NH_4^+ au niveau des lamelles secondaires, aussi bien en eau de mer qu'en eau douce, *via* des récepteurs β adrénergiques ;

— elle inhibe l'efflux de Na^+ et de Cl^-, à partir des cellules à chlorure en eau de mer, *via* des récepteurs α adrénergiques cette fois.

Au total, cela signifie que l'adrénaline stoppe l'effet osmorégulateur des lamelles primaires, dont la fonction respiratoire est alors privilégiée, alors que les lamelles secondaires améliorent leurs fonctions excrétrices, deux conditions favorables dans une situation d'urgence.

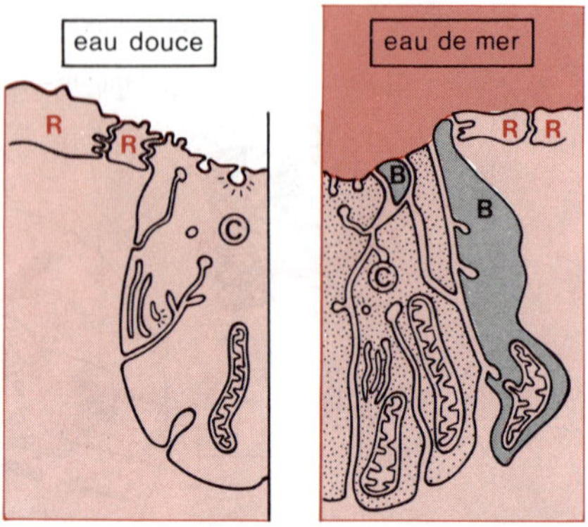

FIG. 90. — *Modèle proposé pour l'adaptation des cellules à chlorures d'un poisson passant de l'eau douce au milieu marin.* En eau douce, les cellules à chlorures (C) sont isolées et entourées des cellules respiratoires (R). En eau de mer, des cellules à chlorures développent des bras (B) qui permettent l'établissement d'une continuité entre le réticulum tubulaire et le milieu extérieur, *via* des « leaky junctions ».
(D'après C. M. SARDET et collaborateurs, *J. Cell. Biol.,* 1980.)

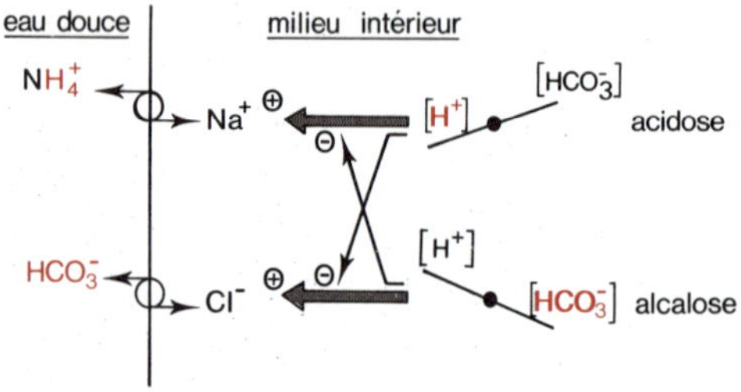

FIG. 91. — *Interrelations entre l'équilibre acido-basique et l'excrétion azotée chez un Poisson d'eau douce* (Carassius auratus ; *« poisson rouge »*). (+) = stimulation ; (—) = inhibition.
(Adapté de RENZIS, G., 1978, cité dans GIRARD, J. P. & P. PAYAN, 1980, *référence citée.*)

5. *Le rein des Vertébrés*

a) Données structurales

Le rein des Vertébrés fonctionne sur le principe de l'ultrafiltration du plasma, suivie d'un échange des divers solutés tout au long du transit de l'*urine primitive* dans les néphrons (fig. 92). L'irrigation sanguine de cet organe est particulièrement abondante : les reins de l'homme reçoivent environ 25 % de la masse sanguine propulsée par le cœur, alors que leur masse propre est de l'ordre du centième du poids corporel. Un tel débit est possible par suite de la faible résistance vasculaire du rein.

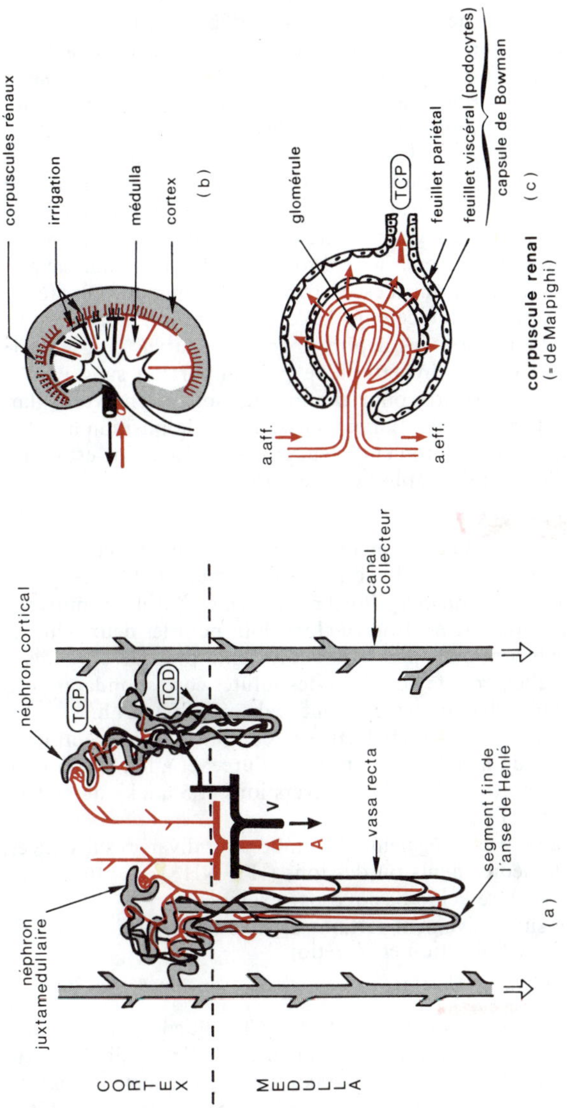

FIG. 92. — **a,** *schémas de deux types de néphron (juxtamédullaire, avec anse de Henlé longue, et cortical) et de leur irrigation.*
b, *coupe d'un rein ;*
c, *représentation simplifiée d'un corpuscule rénal.*
TCP, tubule contourné proximal ; TCD, tubule contourné distal ; a. aff., artère afférente ; a. eff., artère efférente.
On notera que l'irrigation des segments de néphron est une irrigation porte.

Le *néphron* est l'unité structurale et fonctionnelle du rein des Vertébrés (quelques centaines de néphrons chez les Vertébrés primitifs et 10^6 chez l'Homme). Il s'agit d'un tube pelotonné sur lui-même, aveugle à son extrémité proximale, où il forme la *capsule de Bowman* (fig. 92). Le *glomérule* est un peloton vasculaire artériel situé dans la capsule de Bowman, l'endothélium vasculaire étant entouré par les cellules épithéliales du tubule, différenciées à ce niveau en *podocytes*. C'est dans la capsule de Bowman que se forme l'urine primitive ; ce liquide transite ensuite tout au long du tubule, en subissant diverses modifications de composition (absorptions, sécrétions). L'anse de Henlé (le segment grêle correspond à la partie physiologiquement active) est un segment du nephron de calibre très diminué par rapport aux autres segments, qui n'est rencontré que chez les Oiseaux et les Mammifères où son importance dans la concentration de l'urine est fondamentale. Les Vertébrés dont les néphrons sont dépourvus d'anse de Henlé ne produisent pas d'urine hypertonique par rapport au sang et d'autres organes sont alors nécessaires pour éliminer les solutés en excès (glande à sel des Sélaciens par exemple). La connaissance de la position anatomique des divers segments du néphron et de leur irrigation sanguine est un préalable à la compréhension de sa physiologie normale (fig. 92).

b. Physiologie du néphron

L'ultrafiltrat glomérulaire a la même composition que le plasma sanguin, aux protéines près. Environ 20% du plasma circulant dans le glomérule passe dans le néphron *(fraction filtrée)* pour former l'urine primitive. Chez un homme, cela représente environ 200 l par jour pour les deux reins, ce qui implique une réabsorption à peu près équivalente puisque l'organisme ne peut tolérer une telle perte de liquide et des solutés correspondants ; c'est en effet 99% de l'eau et des solutés qui sont réabsorbés par 24 h.

La réabsorption tubulaire est sélective et conduit à la concentration des produits de déchet du métabolisme, tels que l'urée, et à la récupération des solutés tels que le glucose (fig. 93) ou divers ions (1,5 à 2 kg de NaCl réabsorbés par jour chez l'homme).

La sécrétion tubulaire est également connue pour diverses substances, par exemple certains médicaments ou des ions (H^+, NH_4^+), en rapport avec la régulation de l'équilibre acido-basique par exemple.

On envisagera successivement certains aspects de ces trois étapes : filtration glomérulaire, réabsorption et sécrétion.

• La filtration glomérulaire

La filtration d'eau et de solutés (Na^+, K^+, Cl^-, glucose, urée...) est directement fonction de la dimension des particules : la sérum albumine (masse molaire 69000) ou l'hémoglobine (68000) sont pratiquement absentes de l'ultrafiltrat, alors que l'inuline (masse molaire 5000) ou même l'insuline (5500) sont présentes dans l'ultrafiltrat à la même concentration que dans le plasma.

Le processus d'ultrafiltration repose sur la structure du filtre formé par les divers types cellulaires en présence (environ 100 fois plus perméable que le filtre formé par l'endothélium des autres tissus ; voir p. 31) et sur l'existence des pressions hydrostatiques ou osmotiques qui s'exercent à la frontière entre le sang et l'urine primitive (fig. 94). On notera que l'énergie nécessaire à la filtration provient uniquement du travail cardiaque. Le taux de filtration glomérulaire est remarquablement constant malgré les différences de pression artérielle qui peuvent intervenir : la régulation semble reposer essentiellement sur le *système rénine angiotensine* (voir plus loin),

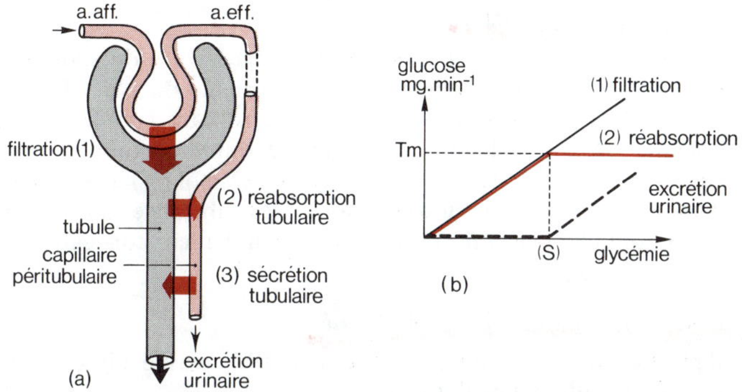

FIG. 93. — **a,** *échanges pouvant intervenir au niveau du néphron.* **b,** *un exemple de substance réabsorbée avec une valeur de transport maximal* (Tm) ; jusqu'à un certain seuil (S) de concentration de glucose dans le sang, et par conséquent dans l'urine primitive, la totalité du glucose est réabsorbée au niveau du TCP. Au-delà de la valeur seuil, le système de transport est saturé et on retrouve l'excédent de glucose dans l'urine (c'est le principe du dépistage systématique des diabètes en médecine préventive : la présence de glucose dans l'urine indique que la glycémie a dépassé le seuil rénal). D'autres substances présentent aussi des Tm : lactate, vitamine C, phosphates, sulfates, acides aminés...

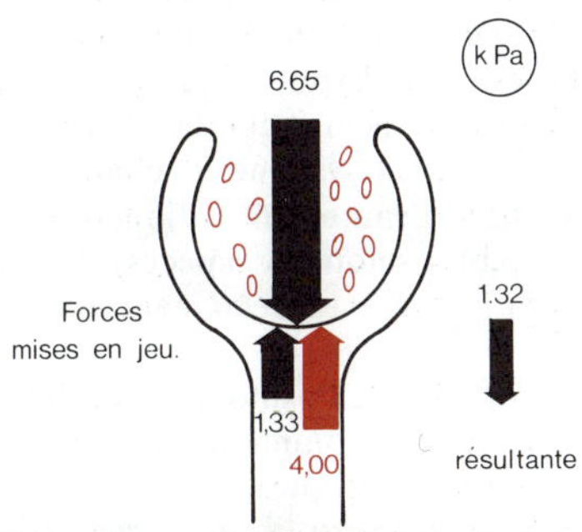

FIG. 94. — *Bilan des forces mises en jeu lors de la filtration glomérulaire.* La pression hydrostatique du sang glomérulaire (6,65 kPa) est partiellement contrecarrée par la pression hydrostatique existant dans la capsule de Bowman (1,33 kPa), à laquelle s'ajoute la pression osmotique développée par les protéines (symboles rouges) présentes seulement dans le glomérule (4 kPa). Au total, la pression de filtration est de 1,32 kPa.
(Schéma élaboré à partir des valeurs rapportées par VANDER, A. J. *et al, Physiologie humaine,* 1977, McGraw-Hill.)

dont l'ajustement permanent est réglé par la sensibilité de l'*appareil juxta-glomérulaire* (fig. 96) aux variations de pression sanguine.

• Exemples de réabsorptions tubulaires

L'analyse expérimentale des propriétés des divers segments des néphrons, par les techniques déjà mentionnées, a permis d'aboutir aux conclusions ci-dessous, concernant le rein des Mammifères essentiellement (fig. 95).

• Tubule contourné proximal

Un transport actif de Na^+ permet de réabsorber 75 % du sodium filtré ; l'eau et le Cl^- suivent passivement les mouvements du Na^+. Le glucose, librement filtré, est réabsorbé en totalité à ce niveau dans les conditions physiologiques. Lorsque le liquide tubulaire quitte le tubule contourné proximal, il est isotonique au plasma (300 $mOsmol.l^{-1}$) mais beaucoup moins abondant que lors de l'ultrafiltration ; les substances qui ne sont pas réabsorbées sont alors en concentration supérieure à leur concentration sanguine (cas de l'urée).

• Branche descendante de l'anse de Henlé

Pas de transport actif connu à ce niveau et faible perméabilité au NaCl et à l'urée, mais grande perméabilité à l'eau.

• Branche ascendante de l'anse de Henlé

Le segment large a fait l'objet de travaux nombreux sur trois espèces surtout (lapin, rat, Psammomys). Dans ce segment, tout se passe comme si les ions Cl^- étaient transportés activement depuis la lumière vers l'extérieur du nephron. En réalité, des travaux récents (approches pharmacologiques et electrophysiologiques) ont montré que, chez le rat, c'est bien un transport actif de Na^+ qui entraîne le système, en provoquant la sortie des ions Cl^- contre leur gradient de concentration. Le liquide parvenant au début du tubule contourné distal est alors hypotonique au plasma.

C'est au niveau de l'anse de Henlé que le *gradient de concentration* cortico-papillaire est généré, par un système d'échange à contre-courant mettant en jeu une soustraction d'eau et une adjonction de solutés (sodium et urée, en proportions variables selon les espèces) dans la lumière tubulaire. La capacité de concentrer l'urine est directement liée à la longueur de l'anse de Henlé.

A la pointe de l'anse de Henlé, l'osmolarité du liquide tubulaire atteint 1 300 à 1 400 mOsmol. l^{-1} chez l'homme (au maximum), et jusqu'à plus de 9 000 chez certains rongeurs désertiques.

L'ADH stimule déjà la réabsorption de Na^+ dans cette partie du néphron.

• Tubule contourné distal

Plusieurs segments successifs ont des propriétés différentes, variables également selon les espèces : K^+, H^+, NH_3, Na^+, Cl^- et HCO_3^- sont échangés.

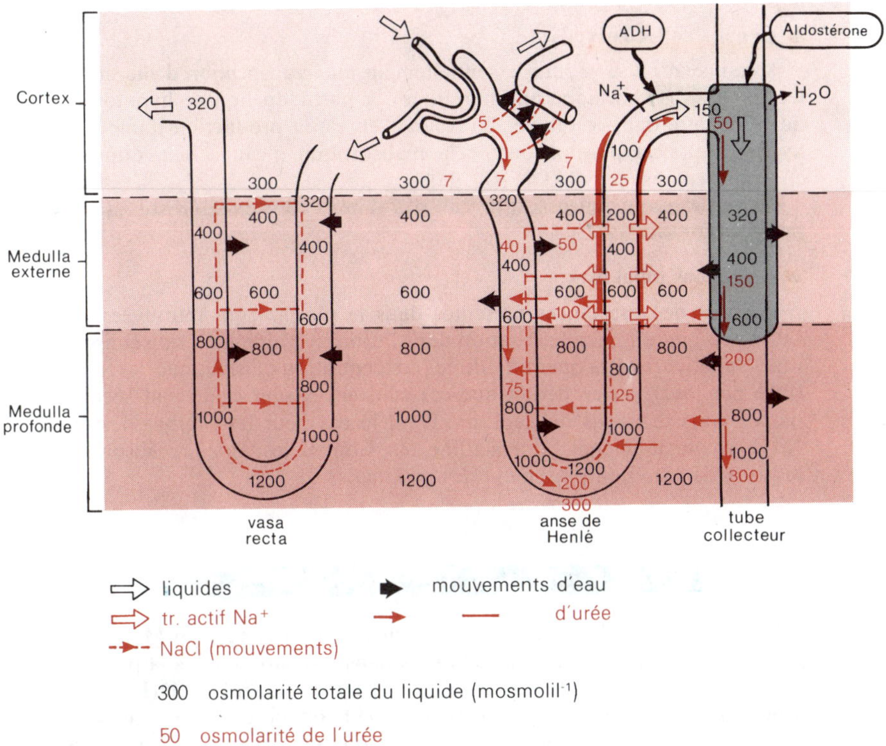

FIG. 95. — *Représentation schématique d'un modèle résumant la physiologie d'un néphron et du système de concentration par contre courant dans le rein d'un Mammifère.* L'anse de Henlé transporte activement le Na^+ dans sa partie ascendante, cet ion entraînant des ions Cl^- par effet électrochimique. Cette partie du tubule n'étant pas perméable à l'eau (ce qui est symbolisé par le tracé rouge épais), l'osmolarité des liquides interstitiels augmente et du NaCl passe par simple diffusion dans la partic descendante de l'anse de Henlé. La concentration de solutés augmente alors au fur et à mesure que le liquide descend dans cette partie, ce qui entretient un gradient de concentration cortico-médullaire.

Des transports d'urée participent à l'entretien du gradient : l'urée sort des tubules lorsque sa concentration est augmentée, par suite de la réduction progressive du volume de filtrat et cette recirculation d'urée, participe de façon non négligeable au mécanisme général.

Les vasa recta, capillaires disposés parallèlement aux anses de Henlé, sont très perméables aux solutés et sont également le siège de ces variations de concentration (recomposé, d'après diverses sources).

- **Canaux collecteurs**

A ce niveau, il se produit essentiellement une réabsorption d'eau, modulée par l'*ADH* (hormone antidiurétique), à partir du liquide hypotonique qui a pénétré dans le tubule. Le résultat en est la production d'une urine hypertonique au plasma lorsque la réabsorption d'eau a lieu, diluée au contraire en absence d'ADH (fig. 95)

L'aldostérone n'agit qu'au niveau des tubes collecteurs, en stimulant la réabsorption de Na^+.

- **Sécrétions tubulaires**

Lorsque des substances présentes dans le plasma sont retrouvées dans l'urine en quantités (concentration dans l'urine × volume d'urine émise par jour) supérieures à la quantité filtrée (concentration plasmatique × volume filtré par jour), on en déduit que ces substances sont également sécrétées par certains segments du néphron. C'est le cas pour les protons, les ions, K^+, le rouge de phénol, la pénicilline, etc. Comme les taux de réabsorption, les taux de sécrétion présentent des maxima.

VI. APPROCHE DES RÉGULATIONS INTÉGRÉES

La régulation de l'*osmolarité* et du *volume* des LEC chez un Mammifère permet de replacer les éléments abordés dans ce chapitre dans la physiologie générale de l'individu. Diverses hormones ont un rôle (ADH, aldostérone et système rénine-angiotensine) dans le maintien de l'équilibre hydrominéral, les centres nerveux participant, à un autre niveau (comportement dypsique et appétits spécifiques pour certains minéraux), à cet équilibre.

A. *Limites aux variations de l'osmolarité ou du volume des LEC*

Une diminution de la prise d'eau de boisson, une perte excessive d'eau ou de sel (sudation, vomissements, hémorragie...) vont modifier l'équilibre hydrominéral des LEC d'abord, des cellules ensuite s'il n'intervient pas une compensation du trouble. On sait en effet qu'une déshydratation même peu prononcée est rapidement mortelle pour l'homme, par exemple, ou qu'une diminution de l'osmolarité vers des valeurs proches de 250 $mOsmol.l^-$ provoque une *intoxication* par l'*eau*, avec tous les troubles associés aux perturbations des échanges ioniques membranaires et le risque d'un coma mortel.

Les compensations des variations de volume des LEC font appel à des mécanismes rapides, tels que l'hémostase en cas d'hémorragie (chapitre 10), les réajustements circulatoires immédiats (régulation de la pression artérielle)..., et à des mécanismes de restauration de l'équilibre initial, à effet différé.

B. *Soif et contrôle de la consommation d'eau*

Certaines régions (« noyaux ») de l'hypothalamus, différentes selon les espèces, sont impliquées dans le contrôle du comportement dypsique :

— lors de leur stimulation stéréotaxique, à l'aide de microélectrodes, l'animal ne cesse de boire ;

— après destruction de ces centres, l'animal ne boit plus, alors que les centres de faim et de satiété (chapitre 5), voisins, peuvent rester fonctionnels.

Les stimuli normaux de l'activation des centres de la soif sont :

— l'augmentation de l'osmolarité du plasma, enregistrée par des récepteurs spécialisés, les osmorécepteurs hypothalamiques ; des micro-injections de solutions hypertoniques dans la circulation sanguine, à proximité immédiate de ces récepteurs provoquent la prise d'eau par les animaux d'expérience ;

— la diminution du volume des LEC (hypovolémie) consécutive à une hémorragie, sans modification immédiate de l'osmolarité. L'hypovolémie agit sur l'hypothalamus *via* l'augmentation de la concentration d'angiotensine II (voir ci-dessous), qui stimule certaines zones diencéphaliques (effets reproduits par l'administration d'angiotensine II par ionophorèse).

L'arrêt de la prise de boisson intervient en général bien avant que l'osmolarité des LEC soit à sa valeur de consigne (cf. tome I) si l'animal était particulièrement déshydraté. Le mécanisme qui permet d'ajuster le volume d'eau consommée au besoin du moment n'est pas connu.

C. *L'ADH (hormone antidiurétique)*

L'ADH, d'origine hypothalamique, est libérée dans la circulation par la neurohypophyse dès que l'osmolarité du plasma augmente de quelques mOsmol.l^{-1} (soit environ 1 %). Elle agit principalement au niveau du néphron (fig. 95),

— en augmentant fortement la perméabilité à l'eau des canaux collecteurs et la réabsorption passive de l'eau, par suite de l'existence du gradient médullaire de pression osmotique ;

— en stimulant le transport de NaCl par le segment large ascendant de l'anse de Henlé, dans son trajet médullaire, ce qui favorise l'entretien du gradient cortico-papillaire de pression osmotique dont dépend le pouvoir de concentration de l'urine par le rein.

L'ADH a d'autres effets, extra-rénaux :

— elle provoque, à forte concentration, une vasoconstriction de nombreux vaisseaux périphériques ;

— elle est un des facteurs d'agrégation plaquettaire. Ces deux effets sont susceptibles de participer à la rétention de liquide lors d'hémorragies.

— en outre, l'ADH possède des actions glycogénolytiques et néoglucogéniques sur le foie.

hydrolyse Gn   Synt Glc

La demi-vie de l'ADH est brève, dans le plasma (moins de 10 minutes), ce qui autorise des ajustements rapides de la fonction rénale.

Le *diabète insipide* est un syndrome résultant d'une déficience en ADH : les individus atteints émettent des volumes énormes d'urine diluée et sont contraints de boire en conséquence (plusieurs dizaines de litres par jour dans certains cas). La souche de rat dénommée Brattleboro est un modèle animal comparable au diabète insipide de l'humain.

D. *Système rénine - angiotensine et sécrétion d'aldostérone*

La rénine est un enzyme protéolytique élaboré par les cellules musculaires lisses de l'artériole afférente située au contact du glomérule (appareil juxtaglomérulaire : fig. 96) ; cet enzyme présente la particularité de circuler

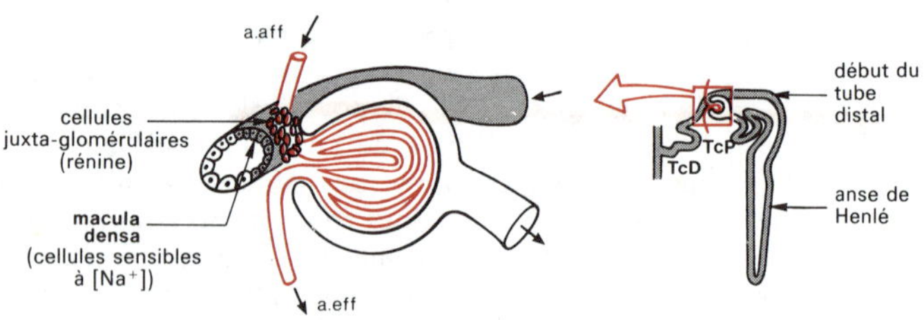

FIG. 96. — *Représentation schématique de l'appareil juxtaglomérulaire.* Les cellules de la *macula densa,* situées dans le tubule distal, juste avant la zone contournée, sont des cellules modifiées de l'épithélium tubulaire, en rapport étroit avec les *cellules juxtaglomérulaires,* cellules myoépithéliales situées dans la média de l'artériole afférente (a. aff.), au point où celle-ci pénètre dans la capsule de Bowman. L'ensemble est situé en une région critique pour évaluer les variations de volume et de composition du liquide tubulaire, et sa réponse est à la fois locale, en modulant la résistance glomérulaire, et générale, en agissant sur la pression artérielle et le volume des LEC.
TCD, tubule contourné distal ; TCP, tubule contourné proximal.

dans le plasma, comme son substrat, *l'angiotensinogène* d'origine hépatique. Le précurseur de la rénine est la prorénine, activée par la kallikreine tissulaire. La sécrétion de la rénine est soumise à un contrôle complexe par les variations de pression artérielle, le volume plasmatique, le système nerveux beta-adrénergique (système sympathique et catécholamines d'origine médullosurrénalienne), la prostacycline (cf. p. 222).

Sous l'action de la rénine, l'angiotensinogène (glycoprotéine) libère un décapeptide, l'*angiotensine I,* qui est à son tour activée en *angiotensine II* (octapeptide) par action d'un *« enzyme de conversion »* (ou kininase II car cet enzyme inactive aussi la bradykinine) d'origine endothéliale (les poumons, dont l'irrigation sanguine est très développée, présentent une très forte activité de cet enzyme).

L'angiotensine III, qui se forme à partir de l'angiotensine II, conserve une partie de l'activité biologique de celle-ci.

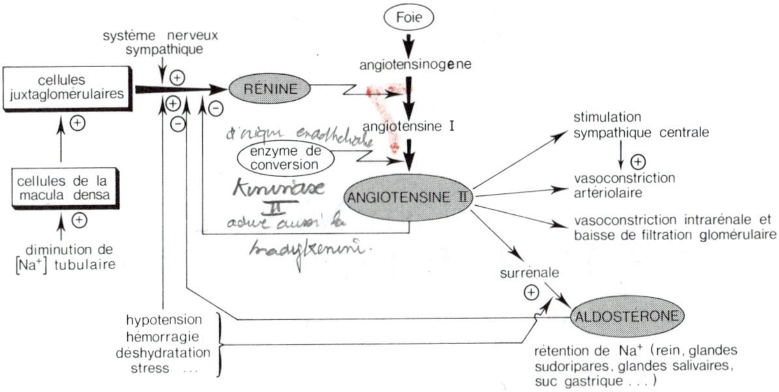

FIG. 97. — *Schéma général des interrelations entre les sécrétions de rénine, angiotensine, aldostérone et leurs actions sur la régulation du métabolisme hydrominéral.* (+), stimulation ; (—), inhibition.

L'angiotensine II est le facteur vasoconstricteur le plus puissant que l'on connaisse ; elle agit sur les artérioles.

L'angiotensine II agit par ailleurs directement sur la corticosurrénale pour faire sécréter l'aldostérone (fig. 97). L'*aldostérone* est le minéralocorticoïde le plus efficace qui soit connu ; elle augmente la réabsorption de Na^+ à partir de l'urine (tube collecteur), de la salive, de la sueur. Les autres stimuli de la sécrétion d'aldostérone sont l'hémorragie, la diminution de consommation de sodium, les stress divers (agression chirurgicale, anxiété...).

7

ÉLÉMENTS DE THERMOPHYSIOLOGIE

La dépense énergétique d'un animal varie en fonction de divers paramètres : activité globale, taille, température interne, caractéristiques physiques de l'environnement... Dans ce chapitre, ce sont les divers aspects des échanges énergétiques sous forme de chaleur qui seront envisagés sous le vocable *« thermophysiologie »*.

DÉFINITIONS

La terminologie longtemps retenue pour distinguer les animaux *homéothermes* (dont la température est relativement constante), des animaux *poïkilothermes* (dont la température est largement dépendante de l'environnement) n'est pas satisfaisante, dans la mesure où les deux termes ne précisent pas quels peuvent être les mécanismes sous-jacents des échanges d'énergie calorifique. La température corporelle d'un animal est en effet la résultante de gains et de pertes de chaleur.

On préfère actuellement distinguer les animaux *ectothermes* et *endothermes.*

De nombreux animaux présentent un métabolisme peu actif (animaux *bradymétaboles* , produisant peu d'énergie calorifique) et une conductance thermique élevée (mauvaise isolation vis-à-vis de leur environnement), de sorte que leur température interne dépend essentiellement de la chaleur provenant de l'environnement : ce sont des *ectothermes.* La majorité des espèces animales appartient à cette catégorie.

Dans un certain nombre d'autres espèces (animaux *tachymétaboles*), la production de chaleur par le métabolisme (oxydatif essentiellement) est élevée et l'isolation thermique suffisante pour que la température interne des individus soit essentiellement dépendante de leur propre production de chaleur : ces animaux sont des *endothermes.*

Les Oiseaux et Mammifères sont essentiellement endothermes. D'autres classes ont des représentants partiellement endothermes, au moins dans certaines conditions d'activité (grands reptiles, poissons de grande taille à nage rapide, divers insectes volants...). Lorsque l'endothermie n'est pas permanente, les animaux sont dits *hétérothermes.*

I. TEMPÉRATURE ET PROCESSUS PHYSIOLOGIQUES

A. *Vitesses de réaction et Q_{10}*

Quand la température d'un système chimique est augmentée, la vitesse des réactions est affectée. Afin de comparer les effets de la température sur divers systèmes, un coefficient thermique a été défini, le Q_{10}. Le Q_{10} est le facteur par lequel est multipliée la vitesse d'une réaction lorsque la température augmente de 10 °C.

$Q_{10} = \frac{V_2}{V_1}$ avec V_2 = vitesse de réaction à la température $t_2 = (t_1 + 10)$ °C
V_1 = vitesse de réaction à la température t_1 °C

Pour la plupart des réactions métaboliques, le Q_{10} est de l'ordre de 2 à 3. Ce coefficient varie avec la température mais dans les zones de température qui intéressent les réactions biologiques, la variation est faible (environ 10 %).

On peut voir, dans cette réaction exponentielle (fig. 98), l'origine de la

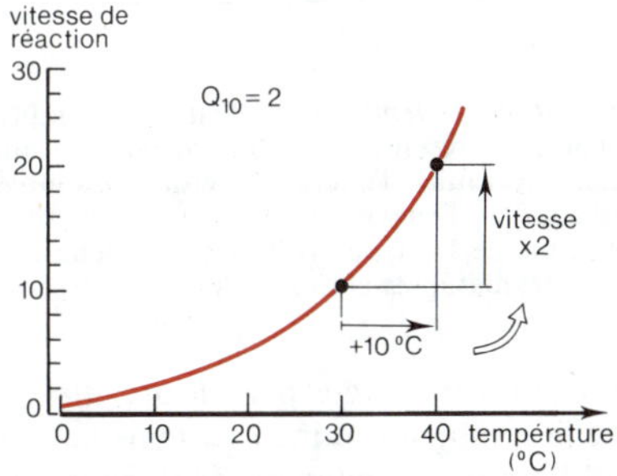

FIG. 98. — *Relation entre la vitesse de réaction et la température pour un processus dont le Q_{10} est égal à 2.* Explications dans le texte.

nécessité de thermorégulation de nombreux animaux : une dépendance trop étroite du métabolisme vis-à-vis de la température externe met l'animal dans des situations de besoin de nutriments très augmenté (voire excessif par rapport aux ressources), et au contraire, le ralentissement du métabolisme peut être tel, en ambiance froide, qu'il n'assure plus correctement les fonctions essentielles.

B. *Effets de la température sur les activités enzymatiques*

La vitesse à laquelle un organisme consomme de l'énergie chimique varie en fonction de sa température : les diverses réactions métaboliques sont en effet affectées par la température à laquelle elles se déroulent. La température optimale de fonctionnement d'un enzyme est celle pour laquelle celui-ci interagit avec la plus grande efficacité avec ses substrats, aux concentrations physiologiques (fig. 99).

Les propriétés cinétiques des enzymes sont particulièrement sensibles aux variations de température, par suite de la labilité des liaisons faibles (liaisons hydrogène, interactions hydrophobes, forces de Van der Waals) qui stabilisent leur structure tridimensionnelle. Les effets des variations de température sont ainsi susceptibles de contrer les diverses possibilités d'ajustement des activités enzymatiques (interconversions entre formes actives et inactives, interactions allostériques, variations de la vitesse de synthèse...).

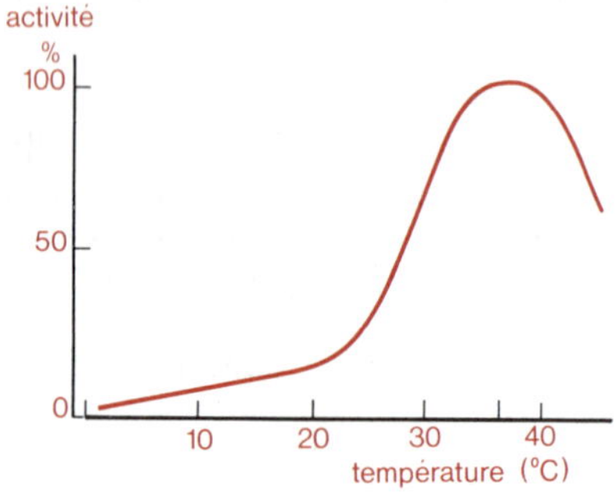

FIG. 99. — *Activité enzymatique et température.* Dans des conditions de milieu déterminées, l'activité enzymatique présente un optimum pour un intervalle de température limité. En dessous de l'optimum, l'énergie cinétique des molécules diminue et les interactions avec le site actif de l'enzyme sont moins fréquentes ; au-dessus de cette température, la dénaturation de la structure tertiaire touche un nombre de plus en plus grand de molécules enzymatiques et l'efficacité de la réaction diminue.

L'intensité de l'utilisation d'énergie par un organisme ne dépend toutefois pas seulement de la température interne, mais aussi de la disponibilité en substrats, et quand l'approvisionnement (nourriture) devient insuffisant, l'une des possibilités d'adaptation est une diminution appropriée de la température interne, qui limite alors les activités enzymatiques et l'utilisation des substrats (voir hibernation, p. 163).

C. *Thermogenèse et thermolyse*

L'ensemble des processus qui permettent à un animal de gagner de l'énergie thermique forment la *thermogenèse* ; chez les endothermes la thermogenèse est essentiellement chimique (métabolisme).

La *thermolyse* regroupe les processus de déperdition de chaleur (conduction, convection, radiation, évaporation). Les animaux qui présentent une *thermorégulation* fine (Oiseaux, Mammifères) disposent de mécanismes qui leur permettent d'ajuster thermogenèse et thermolyse aux conditions d'environnement du moment.

II. ÉCHANGES DE CHALEUR ENTRE UN ORGANISME ET SON ENVIRONNEMENT

Comme d'autres grandeurs physiques, la chaleur se déplace selon un gradient de concentration, des zones où elle est « abondante » (zones chaudes) vers les zones où elle est moins abondante (zones froides). Plusieurs voies de transfert de chaleur peuvent coexister entre deux objets dont la température est différente (fig. 100).

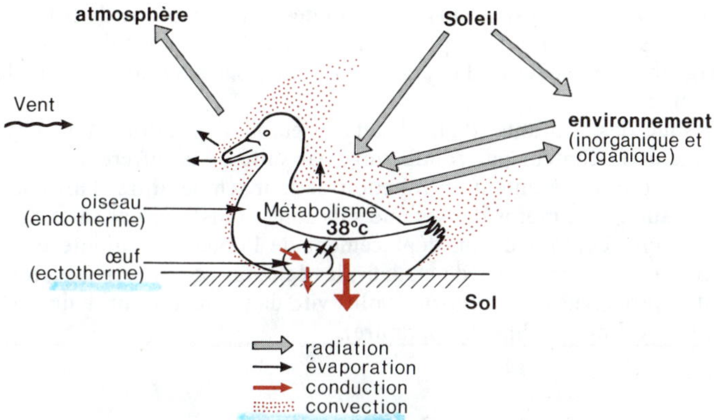

FIG. 100. — *Représentation schématique des échanges énergétiques entre un organisme endotherme (oiseau) ou un organisme ectotherme (œuf) et leur environnement.* Dans le cas d'un œuf (au moins dans les premières phases du développement) la chaleur gagnée par conduction est prépondérante ; pour d'autres organismes ectothermes ce sont les gains de chaleur par radiation qui sont les plus importants.

A. *Radiation*

Les échanges d'énergie calorifique par radiation mettent en jeu l'émission ou la réception de radiations électromagnétiques dont les longueurs d'onde varient entre 0,35 μm (ultraviolet) et 10 μm (infrarouge) environ, incluant les longueurs d'onde du domaine visible (0,4 à 0,75 μm).

La quantité d'énergie qui est échangée par radiation, d'un corps à un autre, est une fonction complexe des propriétés physiques des deux objets, de la surface d'échange et de leurs différences de température. Dans le cadre de la thermophysiologie, les échanges d'énergie par radiation présentent des variations d'amplitude relativement modérées.

B. *Conduction et convection*

Sur de courtes distances, la chaleur peut être échangée par *conduction* :
— entre deux objets dont les températures sont différentes, à condition qu'un contact physique existe entre les deux ;
— entre les régions chaudes et froides d'un même objet.

La conduction se fait par simple échange de chaleur, de molécule à molécule. Les propriétés physiques des milieux (notion de conductivité thermique), la surface à travers laquelle s'établissent les échanges de chaleur par conduction, la différence des températures et la distance de conduction déterminent l'importance de cette forme de transfert d'énergie. Les échanges thermiques sont ainsi plus rapides dans l'eau que dans l'air (environ 20 fois), par suite de la plus grande densité des molécules susceptibles de gagner ou de céder de l'énergie thermique, par conduction, dans le premier milieu.

Lorsque des courants (d'air, d'eau...) s'établissent autour d'un objet qui échange de la chaleur par conduction, par suite de la différence de densité que ces fluides présentent en fonction de leur température (l'air chaud ou l'eau chaude sont moins denses que s'ils sont froids), ou par suite de turbulences (vent, courant d'eau, déplacement de l'objet), il s'ajoute une autre composante aux échanges de chaleur, les échanges par *convection*, qui accélèrent le processus (on se refroidit plus vite dans un courant d'air froid que dans l'air calme à même température).

C. *Évaporation*

Les échanges de chaleur entre deux corps peuvent également faire intervenir les changements d'état de l'eau. Le passage de l'eau, de la forme liquide à la forme vapeur nécessite un apport énergétique ; lorsque de l'eau quitte un organisme dont la température est de 35 °C, sous forme gazeuse (vapeur d'eau émise lors de l'expiration ou par sudation), la déperdition énergétique est d'environ 2430 kJ par litre (chaleur latente de vaporisation de l'eau).

D. *Conductance thermique*

Il est difficile de déterminer chez l'animal les valeurs des divers paramètres qui rendent compte des échanges de chaleur relevant de la conduction, de radiation ou de convection. Dans tous les cas la différence des températures entre l'organisme et le milieu est l'un des paramètres en cause et une équation simplifiée permet de décrire les échanges calorifiques :

$$\text{chaleur nette échangée} = C\,(T_1 - T_2)$$

avec : T_1 = température de l'objet le plus chaud

T_2 = température de l'objet le plus froid
C étant définie comme la *conductance thermique* de l'objet considéré.

La conductance thermique est une grandeur qui combine les caractéristiques physiques de l'animal et de l'environnement. Plus la conductance thermique est élevée, plus l'animal échangera de la chaleur (gain ou perte) avec son environnement, et inversement. La modification de la conductance thermique du tégument (vasomotricité, pilo-érection...) est l'un des mécanismes qui permettent des ajustements thermorégulateurs rapides.

III. ECTOTHERMIE ET THERMORÉGULATION

Chez les ectothermes, les températures corporelles sont essentiellement déterminées par les caractéristiques physiques de l'environnement. Le comportement est alors l'un des facteurs principaux du maintien d'une température interne régulière.

A. *Comportement et préférendum thermique*

En laboratoire, divers ectothermes subissent les variations de température de leur environnement ; leur température interne ne peut que suivre passivement, par suite d'un métabolisme énergétique peu intense. Les mêmes animaux, lorsqu'ils sont dans un environnement qui le leur permet, choisissent de séjourner dans les zones dont la température leur assure le maintien de leur température interne, et leur croissance est alors optimale (fig. 101). Le comportement des reptiles en fonction de la température de leur environnement a fait, en particulier, l'objet d'études détaillées, mais des préférences thermiques sont connues dans de nombreux autres groupes (tableau 12).

TABLEAU 12. — *Quelques preferendum thermiques d'animaux ectothermes aquatiques ou terrestres*
(d'après les données collectées par F. R. HAINSWORTH, *Animal Physiology ; adaptations in function*, Addison Wesley, 1981).

Animaux	*Températures préférées*
Truite arc-en-ciel	22 °C
Saumon de l'Atlantique	18 °C
Crapaud *Bufo boreas*	27 °C
Alligator	32-35 °C
Iguane	38 °C
Lézard *Anolis sp*	30-33 °C
Larve de mouche domestique	30-37 °C

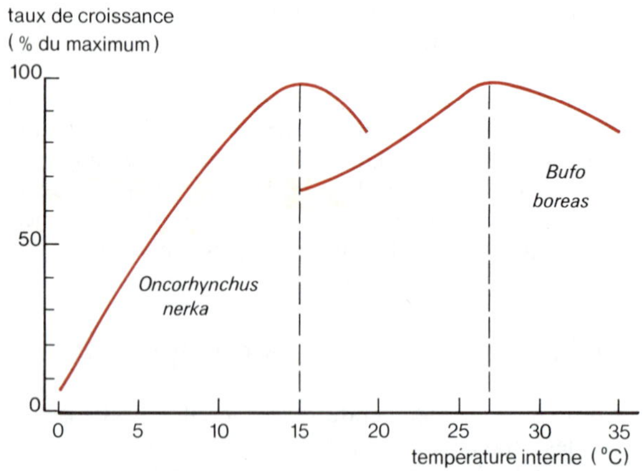

FIG. 101. — *Deux exemples de la relation entre la température corporelle imposée par l'environnement dans lequel sont placés des animaux ectothermes et leur croissance (dans les deux cas, l'accès à la nourriture est libre). A gauche,* un saumon *(Oncorhynchus nerka),* dont l'optimum thermique est à 15 °C (prise de poids journalière) ; *à droite* un crapaud *(Bufo boreas)* dont l'optimum thermique est à 27 °C (croissance linéaire par gramme de nourriture consommée).
(D'après les données de LILLYWHITE *et al,* 1973 et de BRETT, 1971, simplifiées par F. R. HAINSWORTH, in *Animal Physiology, Adaptations in function,* 1981, Addison-Wesley Pub.)

B. *Phénomènes d'adaptation*

Nombre d'ectothermes sont peu mobiles ou n'ont accès qu'à des environnements dont les températures ne présentent pas de variations locales appréciables (c'est le cas des milieux aquatiques) ; la seule possibilité est alors une modification de l'intensité du métabolisme lorsque la température du milieu est déplacée (diminution ou augmentation).

Divers exemples de telles adaptations physiologiques à des températures différentes du préférendum thermique maintenues pendant de longues périodes sont connus chez des ectothermes ; la grenouille léopard *(Rana pipiens)* a un métabolisme très différent, à une température donnée, selon qu'elle a séjourné précédemment à 25 °C ou à 5 °C (fig. 102).

Les mécanismes mis en jeu dans ces phénomènes d'adaptation sont mal connus ; on les attribue à des modifications des propriétés des enzymes :

— variations de concentration ;

— configuration spatiale modifiée à la suite des modifications de pH associées aux changements de température ;

— synthèse d'isozymes : enzymes modifiés par suite de la mise en jeu de gènes différents.

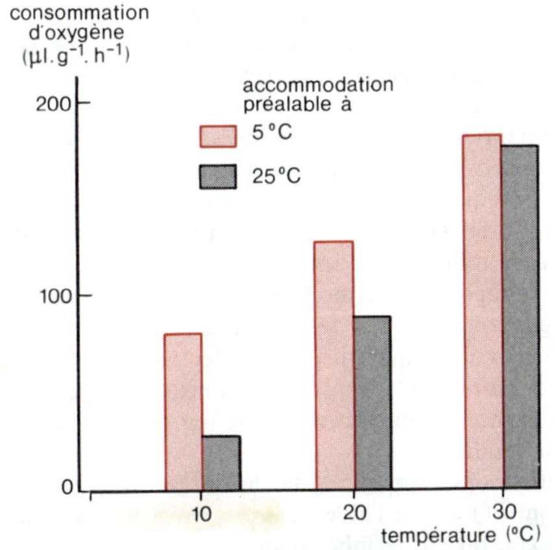

FIG. 102. — *Consommation d'oxygène chez la grenouille* Rana pipiens, *à diverses températures, après des séjours prolongés à 5 °C ou à 25 °C.*
(Modifié, d'après RIECK, A. F. *et al, Proc. Soc. Exper. Biol. Med.*, **103,** 436, 1960.)

C. *Contrôle du choix d'un optimum thermique*

Le comportement étant affecté en priorité dans la régulation thermique des ectothermes non thermoconformes (c'est-à-dire ne s'adaptant pas à n'importe quelle température externe), on doit rechercher une localisation centrale, en relation avec les commandes motrices, de l'intégration des paramètres thermiques du milieu. Chez divers Reptiles, c'est la température de l'hypothalamus antérieur qui détermine le comportement thermorégulateur (déplacement vers les régions plus chaudes ou plus froides), ce qui a pu être montré par diverses études mettant en jeu des réchauffements ou des refroidissements localisés de l'hypothalamus (voir plus loin).

IV. THERMORÉGULATION CHEZ LES ENDOTHERMES

Chez ces animaux c'est l'intensité du métabolisme oxydatif qui rend compte de l'essentiel des gains de chaleur (thermogenèse chimique).

A. *Approche expérimentale*

L'étude de la régulation thermique nécessite des préparations dites « chroniques » : les sujets d'expérience ne peuvent pas être étudiés sous anesthésie car celle-ci perturbe fortement les fonctions thermorégulatrices. Le principe est donc d'opérer les animaux, sous anesthésie, plusieurs jours avant l'expérience proprement dite, afin de mettre en place les systèmes d'enregistrement, prélèvement, stimulation (thermodes, cathéters...). Lorsque les animaux ne sont plus sous l'effet du choc opératoire (comportement, prise alimentaire, état général, comparables à ceux des animaux non opérés), les mesures peuvent être effectuées.

Parmi les divers matériels ou techniques utilisés, on retiendra :

• Les *thermodes,* dispositifs miniaturisés souvent basés sur la circulation dans de fines canalisations d'un liquide dont la températaure est strictement contrôlée ; un tel système permet de faire varier la température d'un territoire profond de quelques degrés centigrades, sans que la température interne de l'animal ne soit affectée. Il est alors facile d'enregistrer les réponses thermorégulatrices qui font suite à une modification de température (hausse ou baisse) de tel ou tel territoire.

• Les enregistrements de température sont effectués à l'aide de *thermocouples* dont la sensibilité peut atteindre le 1/100e de degré Celsius ; certains dispositifs autorisent l'enregistrement à distance, et en continu, de la température d'une région même profonde de l'organisme étudié.

• Les enregistrements des fréquences de décharge de neurones impliqués dans la thermorégulation sont obtenus à l'aide de *microélectrodes* implantées en divers sites du système nerveux central ou périphérique.

— Si des *paramètres sanguins* doivent être suivis, tels que la concentration des catécholamines, on a recours à des prélèvements pratiqués à l'aide de cathéters en implantation chronique.

— La *thermographie infrarouge* permet de mettre aisément en évidence les variations régionales de production de chaleur.

— Les variations de l'intensité de la *sudation* en certains territoires sont estimées par pesée d'un papier absorbant convenablement positionné pendant une durée déterminée.

— L'intensité du *métabolisme* est déterminée par méthode indirecte (chapitre 1).

B. *Caractéristiques générales des animaux endothermes*

1. *Noyau thermique central et enveloppe*

La température interne des endothermes n'est pas homogène : les tissus qui produisent l'essentiel de la chaleur (chez les Vertébrés supérieurs : cœur, cerveau, foie, graisse brune lorsqu'elle existe, muscles squelettiques en activité) sont les plus chauds et constituent ce qui est appelé le *noyau central.* Ce dernier est relativement isolé de l'environnement, sur le plan thermique, par une *enveloppe* formée par les téguments et le tissu souscutané (fig. 103).

On notera que le *volant thermique,* représenté par la quantité de chaleur disponible à un moment donné dans un organisme endotherme, est relativement faible par rapport aux échanges quotidiens avec l'extérieur, si l'on en juge par la vitesse de refroidissement qui s'observe *post mortem,* dès que le métabolisme est stoppé.

2. *Valeurs moyennes de la température interne*

La température interne que maintiennent divers animaux endothermes en dépit des modifications de température du milieu extérieur est donnée dans le tableau 13. Ces températures sont des moyennes entre lesquelles des

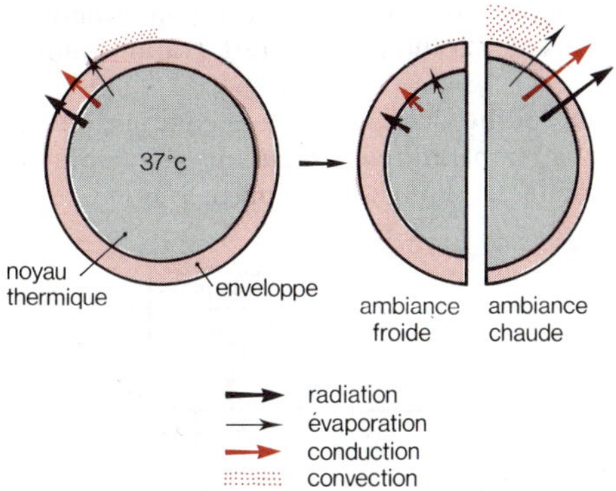

FIG. 103. — *Représentation schématique (variation de l'épaisseur de l'enveloppe) des propriétés d'isolant des téguments chez un animal endotherme.* Les ajustements de la circulation cutanée, du fonctionnement des glandes sudoripares, de l'horripilation, de la surface corporelle exposée à l'environnement, etc., permettent de moduler les échanges d'énergie calorifique avec l'environnement.

TABLEAU 13. — *Température interne de quelques animaux endothermes* (d'après F. R. HAINSWORTH, 1981, op. cit.).

Animaux	*Température* (°C)
Thorax d'un papillon (Sphingidé) en vol	38 à 43
Thon (muscles)	18 à 23
Python incubant ses œufs	29 à 34
Oiseaux	39 à 42
Mammifères non placentaires	34 à 36
Mammifères placentaires	36 à 38

variations peuvent être observées. En particulier, la température interne d'un mammifère non hibernant varie avec le nycthémère, l'état nutritionnel, l'activité musculaire, le cycle sexuel...

3. *Températures extérieures compatibles avec la thermorégulation*

Le coût énergétique de la régulation thermique est différent selon les espèces mais les processus thermorégulateurs sont assez comparables chez tous les endothermes.

La figure 104 présente une courbe caractéristique des dépenses d'énergie liées à la thermorégulation chez un endotherme confronté à des variations de température du milieu extérieur. Lorsque la température du milieu est en dessous de la température critique inférieure, la thermogenèse augmente pour compenser l'augmentation de la thermolyse. De même, lorsque la température critique supérieure est dépassée, l'organisme lutte contre l'hyperthermie en dépensant davantage d'énergie (vaporisation d'eau par exemple).

La pente de la courbe décrivant l'augmentation de thermogenèse avec l'abaissement de la température est d'autant plus faible (angle α plus aigu) que l'animal possède une bonne isolation thermique.

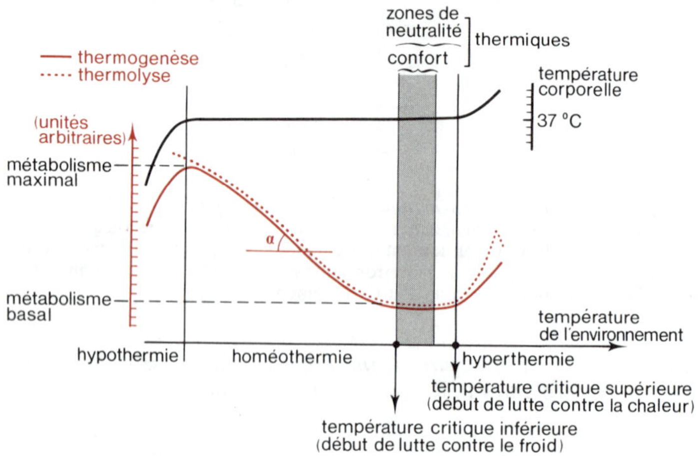

FIG. 104. — *Homéothermie et température ambiante.* Explications dans le texte.

C. *Réponses thermorégulatrices à un environnement froid*

Dans un environnement froid, le problème immédiat auquel sont confrontés les endothermes concerne la limitation des pertes énergétiques puisque leur chaleur provient essentiellement du noyau central et tend à s'écouler vers l'environnement (radiation, conduction, convection, évaporation).

L'équation simplifiée décrivant l'équilibre thermique d'un être biologique permet d'analyser les facteurs d'adaptation des endothermes aux variations de température du milieu :

$$\text{thermogenèse (métabolisme)} = \text{thermolyse} = C\,(T_1 - T_2) + E_{H_2O}$$

avec :
- C = conductance thermique
- T_1 = température corporelle
- T_2 = température de l'environnement
- E_{H_2O} = chaleur perdue par évaporation d'eau

Lorsque l'organisme est au repos, la thermolyse peut être diminuée en réduisant le plus possible chacun des termes C, $(T_1 - T_2)$, ou E_{H_2O}. Si la limitation des pertes de chaleur est maximale, l'animal adapte son métabolisme à un niveau plus élevé et peut alors produire davantage de chaleur.

1. Diminution du gradient thermique (T_1-T_2)

Deux voies sont possibles pour diminuer le gradient thermique entre l'animal et son environnement :

- Réduire la température corporelle (T_1) lorsque la température extérieure (T_2) baisse ; l'animal entre alors en hibernation (voir plus loin). Cette adaptation est souvent observée quand la disponibilité en aliments énergétiques n'est plus suffisante pour assurer la thermogenèse.
- Augmenter la température de l'environnement par une modification comportementale : recherche d'une température plus chaude (T_2). Ce processus est comparable à celui qui a été vu plus haut, chez les ectothermes. Les migrations saisonnières sont une illustration de cette voie d'adaptation.

2. Diminution de la conductance thermique (C)

La conductance thermique diminue si l'isolation augmente :

- **Réponses transitoires** mises en jeu par activation du système sympathique :

— horripilation (érection des poils) qui permet d'emprisonner un volume d'air dans le pelage et de ralentir les échanges par conduction et convection ;

— vasoconstriction périphérique : les téguments sont moins irrigués et libèrent moins de chaleur vers l'environnement.

- **Réponses comportementales :** diminution de la surface corporelle (l'animal se met en boule), regroupement des individus (manchots). → TORTUE
- **Adaptations permanentes :** fourrure, plumage, plus ou moins développés, tissu adipeux sous-cutané (Mammifères marins, manchots...), limitation des pertes de chaleur par suite de l'existence de circuits sanguins à contre-courant (particulièrement développés chez les Mammifères marins : fig. 105).

3. Diminution des pertes de chaleur par évaporation (E_{H_2O})

Les animaux terrestres perdent des quantités non négligeables d'eau lors de l'expiration, surtout s'ils ne possèdent pas de dispositifs anatomiques permettant un refroidissement de l'air (plus l'air est expiré à une température élevée, plus il est riche en vapeur d'eau).

Les voies nasales sont très développées et permettent un refroidissement efficace de l'air, et par conséquent une diminution de sa teneur en vapeur d'eau chez divers Mammifères et Oiseaux.

4. Augmentation de la thermogenèse

Lors de l'exposition au froid, les endothermes présentent une augmentation de leur métabolisme énergétique (voir fig. 104) par la mise en jeu de plusieurs mécanismes :

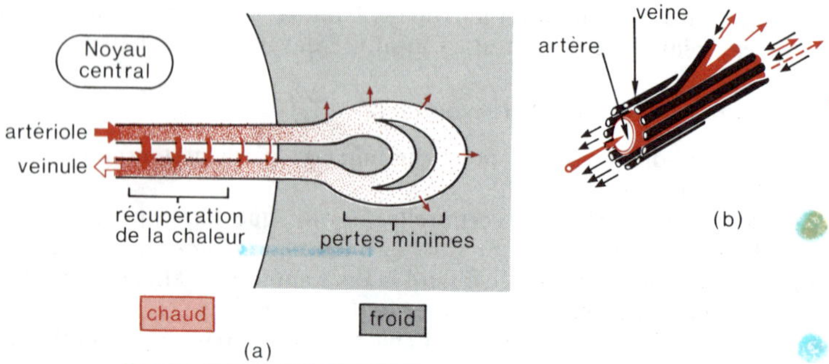

FIG. 105. — **a,** *principe d'un échangeur de chaleur à contre-courant sanguin.* Le trajet parallèle des artérioles et des veinules, ainsi que la faible distance qui les sépare tout au long de leur trajet, permet une récupération de la chaleur, ce qui limite les déperditions vers l'environnement. **b,** *disposition anatomique correspondante, rencontrée par exemple dans l'irrigation des membres des dauphins ou des manchots :* une artère est entourée par plusieurs veines.

- Une augmentation de la production de chaleur, immédiatement obtenue par des mouvements volontaires puis par *frisson thermique* (contractions spasmodiques des muscles superficiels, avec faible production de travail mécanique mais un dégagement de chaleur important).
- Une intervention plus tardive de la *thermogenèse sans frisson,* qui repose sur l'oxydation de lipides essentiellement, par les muscles et surtout le *tissu adipeux brun* lorsqu'il existe (voir p. 165).

La noradrénaline libérée par les terminaisons sympathiques, lors de l'exposition au froid, est principalement impliquée dans la stimulation de la thermogenèse sans frisson, *via* un effet sur les β_1 récepteurs essentiellement. Des hormones telles que les hormones thyroïdiennes, qui stimulent le métabolisme de tous les tissus, ou l'ACTH, hormone libérée lors des situations de stress (voir chap. 10), ont probablement aussi un rôle, encore mal connu, dans l'adaptation au froid. Les hormones thyroïdiennes, en particulier, sont nécessaires à la réponse des tissus aux stimulations de type β par les catécholamines (effet « permissif »).

Après adaptation, la prise alimentaire des animaux soumis au froid est augmentée.

D. *Réponses thermorégulatrices à un environnement chaud*

Quand un endotherme est placé dans un environnement chaud, la thermogenèse est diminuée au maximum (repos musculaire, diminution de la prise alimentaire) alors que la thermolyse augmente :

- Recherche d'un environnement plus frais (réponse comportementale).
- Exposition de la plus grande surface corporelle possible.
- Vasodilatation cutanée.

• Évaporation d'eau par sudation s'il existe des glandes sudoripares (homme, cheval...), polypnée thermique (chiens, oiseaux...), léchage (rats, marsupiaux...).

E. *Autres adaptations thermorégulatrices*

Parmi les autres causes de variation de la température interne, on peut citer :

• **La fièvre**, déclenchée par une substance *pyrétogène endogène.* Cette substance est une lymphokine, l'interleukine 1, sécrétée par les leucocytes, après phagocytose de microorganismes pathogènes, à la suite d'une réaction d'hypersensibilité ou à la suite de diverses autres causes. La fièvre est une augmentation contrôlée de la température, la valeur de consigne étant seulement déplacée à une valeur supérieure de quelques degrés. Les réactions fébriles sont connues dans toutes les classes de Vertébrés ainsi que chez divers Invertébrés.

• **Les exercices musculaires** intenses (voir plus loin) augmentent fortement la température interne chez les animaux qui ne peuvent éliminer rapidement l'excédent de chaleur (un guépard stoppe sa course lorsque sa température interne atteint 40,5 °C).

Dans un certain nombre d'espèces, le cerveau est à l'abri d'une augmentation excessive de température par suite de la présence de circuits vasculaires à contre-courant : le sang veineux en provenance de la région nasale peut avoir une température de plusieurs degrés inférieure à celle du sang artériel et permet un rafraîchissement du sang arrivant par les carotides internes (reptiles, gazelles...).

V. THERMORÉCEPTEURS ET INTÉGRATIONS CENTRALES

A. *Thermorécepteurs cutanés (périphériques)*

Des extérocepteurs (voir chap. 9) spécialisés dans la perception des différences de température sont distribués à la surface de l'organisme (ils sont à l'origine des sensations de chaud ou de froid). Leur répartition est variable selon les espèces ou les territoires. Certains répondent aux augmentations, d'autres aux diminutions de la température de surface (fig. 106 a).

B. *Thermorécepteurs centraux*

La fréquence de décharge de certains neurones hypothalamiques est nettement modifiée par des variations de température induites localement. Ces neurones représentent donc des intérocepteurs thermosensibles (fig. 106 b).

D'autres thermorécepteurs sont localisés dans la moelle épinière thoraci-

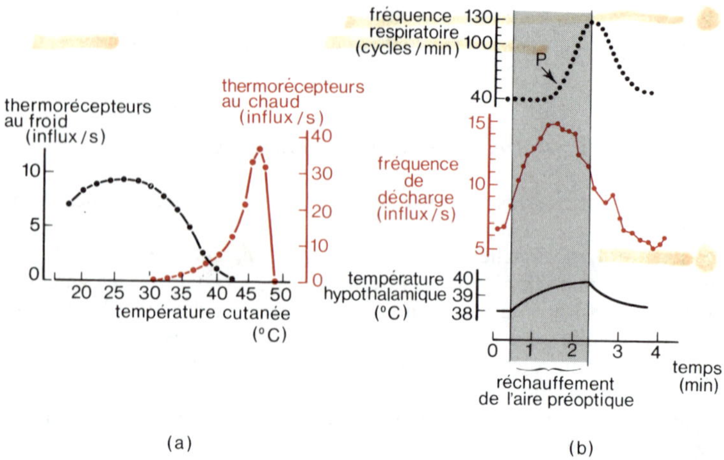

FIG. 106. — **a,** *thermorécepteurs cutanés.* La fréquence de décharge de populations de fibres nerveuses à point de départ cutané a été mesurée en fonction de la température de la peau. Deux classes de récepteurs sont révélées : sensibles au froid (à gauche) ou au chaud (à droite).

(Modifié, d'après HENSEL, H. & WURSTER, R. D., *Pflügers Arch.,* **313,** 153, 1969.)

b, *thermorécepteurs centraux.* Effets du réchauffement local, à l'aide d'une microthermode, de l'aire préoptique de l'hypothalamus antérieur, chez un chien, sur la fréquence de décharge d'un neurone thermosensible hypothalamique et sur la fréquence respiratoire. Dès que la polypnée thermique (P) s'installe, la fréquence de décharge commence à diminuer.

(Modifié, d'après T. NAKAYAMA *et al, Science,* **134,** 560, 1961.)

que ou lombaire et certains travaux en décrivent également dans la cavité abdominale.

C. *Intégrations thermorégulatrices*

La moelle épinière pourrait présenter un certain degré d'intégration mais l'hypothalamus reste la structure principale impliquée dans les réponses thermorégulatrices :

• Certains neurones hypothalamiques modifient leur fréquence de décharge lorsque des variations de température cutanée sont provoquées : un tel système permet une anticipation des réponses thermo-régulatrices, avant toute modification de la température centrale.

• Des lésions localisées de l'hypothalamus antérieur (région préoptique) perturbent définitivement la régulation thermique.

• Des réchauffements localisés de cette même région hypothalamique provoquent des réactions de thermolyse (vasodilatation cutanée, polypnée, salivation, sudation...), quelle que soit la température ambiante (même froide) et à l'inverse, les refroidissements localisés entraînent une réponse orientée vers l'augmentation de température (vasoconstriction, thermogenèse avec ou sans frisson), même en ambiance chaude.

Lors des réponses thermorégulatrices, les neurones hypothalamiques ont une action *via* les voies de la *motricité somatique* (tonus musculaire, frissons) et les *nerfs sympathiques* innervant la médullo-surrénale (sécrétion de catécholamines), la graisse brune (thermogenèse sans frisson), les glandes sudoripares (sudation) ou les artérioles cutanées (vasoconstriction et vasodilatation).

VI. L'HIBERNATION

Lorsque les animaux abaissent leur température interne, on emploie les termes de :

• **Torpeur** si la diminution de température est basée sur le nycthémère plus que sur une saison ; de nombreux ectothermes présentent cette adaptation (poissons, insectes, amphibiens...), ainsi que divers endothermes, en particulier s'ils sont de petite taille et si leur métabolisme est très rapide (petits rongeurs, oiseaux-mouches...).

• **Hibernation** si la température diminue pendant l'hiver, en général pour des périodes assez longues.

Dans ce qui suit, seuls l'hibernation et les problèmes physiologiques qu'elle peut poser sont envisagés.

• **L'estivation,** pratiquée par certains rongeurs (certains écureuils par exemple) lorsque les conditions de l'environnement deviennent très difficiles (sécheresse) serait à rapprocher de l'hibernation bien que le stimulus déclenchant ne soit pas le même.

A. *Besoins énergétiques de l'animal hibernant*

La plupart des animaux hibernants sont soumis à un environnement froid pendant plusieurs mois de l'année, alors que les ressources sont réduites au cours de cette période. Ils stockent d'importantes réserves de graisse avant l'entrée en hibernation et ces lipides seront métabolisés lentement pendant la période d'hibernation.

Les espèces de petite taille ne peuvent toutefois pas accumuler des réserves importantes et des réveils périodiques leur permettent de se nourrir avant de revenir en état de léthargie. La marmotte (environ 2 kg de poids corporel), divers écureuils hibernants (500 à 700 g) ne se nourrissent pas en hiver alors que les hamsters, par exemple (100 à 300 g), se nourrissent plusieurs fois.

Les animaux de grande taille, tels que les ours, dorment la plus grande partie de l'hiver, mais ils n'entrent pas en état de torpeur comme les petits Mammifères : leur température interne diminue peu et leur réveil est toujours rapide, même en hiver.

B. *Adaptations physiologiques de l'animal hibernant*

1. *Entrée en léthargie*

Lors de l'entrée en hibernation, les animaux présentent une thermolyse qui devient supérieure à la thermogenèse, et la température corporelle diminue progressivement en quelques heures (fig. 107). Il faut noter que la capacité de thermorégulation de l'hypothalamus ne disparaît pas quand l'animal entre en léthargie : un refroidissement provoqué de l'hypothalamus

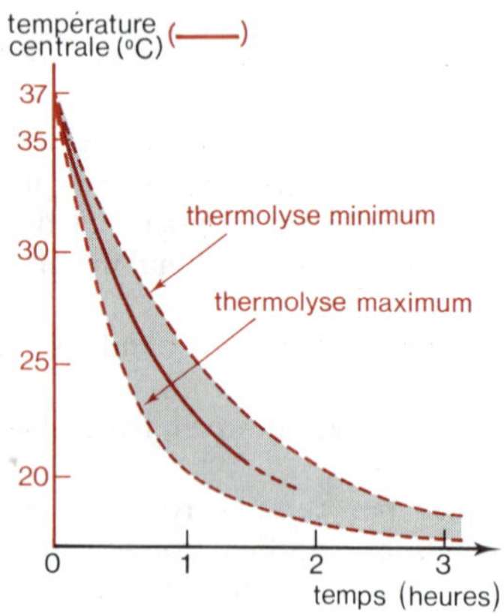

FIG. 107. — *Abaissement de la température centrale de la souris* Perognathus californicus *lorsqu'elle entre en léthargie, par suite de la diminution de sa thermogenèse.* L'abaissement de température s'inscrit entre les courbes de thermolyse minimale et maximale, ce qui indique qu'il existe également une augmentation de la déperdition de chaleur vraisemblablement par une redistribution de la circulation cutanée. (Simplifié, d'après TUCKER, V. A., 1965, *J. Cell Comp. Physiol,* **65,** 405, cité dans Hainsworth, 1981, *op. cit.*)

entraîne toujours une réponse thermogénétique, mais la valeur de consigne pour la régulation thermique est abaissée.

2. *Adaptations physiologiques au cours de l'hibernation*

La diminution de température entraîne un ajustement des diverses fonctions à une demande cellulaire très diminuée :

- Diminution de la *consommation d'oxygène* et baisse concomitante du rythme respiratoire.
- Diminution considérable du *rythme cardiaque* : chez certaines chauves-souris *(Eptesicus fuscus),* le rythme descend de 700 contractions par minute, à 37 °C, à une douzaine par minute à 5 °C.
- La conséquence est une diminution du *flux sanguin* au niveau de tous

les organes, l'irrigation représentant en moyenne 10 % de la valeur enregistrée avant l'hibernation ; le cœur et le tissu adipeux brun restent un peu plus irrigués (en ml. min^{-1}.g de $tissu^{-1}$) que les autres tissus.

3. *Sortie d'hibernation : rôle du tissu adipeux brun*

La sortie d'hibernation nécessite une production de chaleur intense pour que la température interne de l'animal puisse remonter. C'est la thermogenèse sans frisson, mettant en jeu le tissu adipeux brun essentiellement, qui permet cette production de chaleur chez les Mammifères hibernants.

Le tissu adipeux brun n'est pas seulement développé chez les Mammifères hibernants : il existe chez divers Mammifères non hibernants, avec dans ce cas une extension différente selon l'âge (relativement plus développé chez le nouveau-né) ou les conditions climatiques (hypertrophié si l'animal est brusquement exposé au froid). Les situations physiologiques dans lesquelles le tissu adipeux brun est stimulé sont en rapport avec ces observations :

— froid environnant ;

— stress thermique de la naissance chez les nouveau-nés peu isolés du froid ;

— sortie d'hibernation ;

— thermogenèse induite par une augmentation chronique de la prise alimentaire.

Les cellules adipeuses du tissu adipeux brun se distinguent des autres cellules adipeuses par leur couleur plus foncée, due en particulier à leur richesse en mitochondries, et par conséquent en *cytochromes,* ainsi que par la fragmentation de la réserve de lipides en de très nombreuses gouttelettes au lieu d'une grosse masse envahissant tout le cytoplasme. Ce sont les cellules de l'organisme qui possèdent la plus grande densité en mitochondries, et par conséquent les capacités oxydatives maximales.

Les dépôts de graisse brune les plus fréquents dans l'organisme sont une masse interscapulaire et des dépôts secondaires sous les aisselles, autour des reins et le long des gros troncs artériels. L'irrigation et l'innervation sympathique de ce tissu sont très importants. La production de chaleur augmente lorsque la noradrénaline est libérée par les terminaisons nerveuses sympathiques innervant le tissu adipeux brun, ce que montrent les thermogrammes ou les mesures locales de production de chaleur d'animaux sortant d'hibernation ou adaptés au froid. La production de chaleur par la graisse brune pourrait alors représenter plus de 50 % de la thermogenèse totale.

La noradrénaline stimule, *via* l'AMPc, la triglyceride lipase des cellules du tissu adipeux brun, augmente le métabolisme oxydatif et provoque une vasodilatation locale.

Le mécanisme par lequel les adipocytes « bruns » produisent de grandes quantités de chaleur est alors dû à des particularités biochimiques, parmi lesquelles :

— la présence d'une *glycérol kinase,* enzyme qui permet aux cellules de consommer leurs propres réserves en triglycérides après avoir hydrolysé ceux-ci (alors que le tissu adipeux blanc, dépourvu de glycérol-kinase, ne peut que libérer les acides gras et le glycérol dans la circulation : voir p. 104) ;

— des mitochondries dont la physiologie est particulière : chez l'animal soumis au froid, ou lors de la sortie d'hibernation, elles produisent peu d'ATP mais beaucoup de chaleur.

La figure 108 résume le mécanisme qui est retenu comme le plus proba-

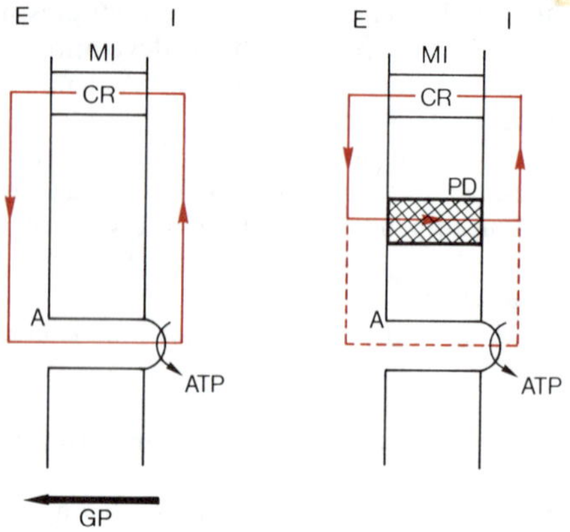

FIG. 108. — *La membrane interne des mitochondries. A gauche,* mitochondrie avec couplage ATP synthétase — gradient de protons ; *à droite,* mitochondrie de tissu adipeux brun, avec protéine découplante. A, ATP synthétase ; C, canal à protons impliquant la protéine découplante ; CR, chaîne respiratoire ; GP, gradient électrochimique de protons.

(D'après BARNARD, T. *et al,* in *Biogenic Amines in Development,* Elsevier, 1980.)

ble, à l'heure actuelle, avec intervention de la *protéine découplante* ou *thermogénine* (protéine 32 K, spécifique des mitochondries du tissu adipeux brun), qui permet un découplage entre oxydations et phosphorylations. En augmentant d'un facteur 100 la perméabilité aux protons de la membrane interne des mitochondries, la protéine découplante supprime pratiquement le gradient de concentration des protons et la synthèse d'ATP ne peut se faire, alors que l'oxydation des acides gras se déroule. L'énergie libérée est alors dissipée sous forme de chaleur.

Lorsque du GDP (guanosyl diphosphate) est ajouté à une suspension de mitochondries isolées à partir de graisse brune, le recouplage oxydation-phosphorylation est immédiat et la production de chaleur diminue. On ne sait pas actuellement si le GDP a un rôle modulateur de l'activité du tissu adipeux brun. Par contre, les acides gras exercent un contrôle positif de l'activité découplante de la protéine mitochondriale, à des concentrations physiologiques.

8

LES ADAPTATIONS DE L'ORGANISME A UN EXERCICE MUSCULAIRE
(Un exemple d'intégrations régulatrices)

Lors d'un exercice musculaire, ce sont de nombreuses fonctions de l'organisme qui sont impliquées et il est intéressant de se pencher sur les aspects régulateurs qui sont alors mis en jeu.

Parmi les adaptations physiologiques qui accompagnent le passage de l'état de repos à l'exercice musculaire, on peut retenir les plus importantes :

— la coordination neuromusculaire, mettant en jeu le système nerveux central (voir tome I) ;

— les ajustements métaboliques ;

— les ajustements respiratoires et circulatoires : augmentation de l'entrée d'oxygène et du rejet de dioxyde de carbone ;

— la dissipation de la chaleur produite par les muscles en activité (environ 75 à 80 % de l'énergie libre consommée est transformée en chaleur).

Ces divers processus sont coordonnés de telle sorte qu'ils permettent :

- le recrutement et l'exploitation des stocks énergétiques selon une certaine logique (métabolisme énergétique) ;
- la modulation appropriée de l'apport d'oxygène et de nutriments et du rejet de dioxyde de carbone (ventilation, circulation) ;
- l'élimination de l'excédent de chaleur produit par l'activité musculaire.

Ces trois aspects formeront les articulations du présent chapitre.

I. APPROCHE EXPÉRIMENTALE

A. *Caractérisation de l'exercice*

1. *L'homme, animal d'expérience*

La gamme des exercices musculaires est excessivement variée dans le monde animal, du fait de l'adaptation au milieu (nage, marche, reptation, course, saut, vol...), de l'intensité de ces exercices (vol d'oiseau-mouche, course de félin, reptation d'une limace...) ou de leur durée (vols d'oiseaux migrateurs, marche des manchots empereurs rejoignant la mer...). Cette variété rend très difficile la caractérisation quantitative d'un exercice musculaire et les comparaisons entre espèces. C'est en particulier pour ces raisons que l'homme a souvent été retenu pour les études de la physiologie de l'exercice musculaire. Sujet coopératif, discipliné, motivé le plus souvent, voire entraîné, il se prête aux expériences sans être stressé par l'équipement nécessaire aux mesures ou par le fait de fournir un travail musculaire codifié (bicyclette ergométrique, tapis roulant...).

2. *Intensité des exercices musculaires*

L'amplitude plus ou moins grande d'un exercice musculaire est exprimée en général en termes de puissance (travail par unité de temps : $1\ W = 1\ J.s^{-1}$). Le *métabolisme* du sujet, c'est-à-dire la consommation énergétique qui couvre à la fois le travail mécanique effectué et l'entretien des diverses fonctions est souvent le paramètre mesuré : la consommation d'oxygène par unité de temps (cf. chap. 1), convertie en énergie consommée, est exprimée également en puissance (W).

Par rapport au métabolisme de l'individu allongé au repos (environ 90 W pour un homme de 70 kg), scier du bois correspond à une augmentation d'un facteur 6 (540 W) et un sprint d'athlète à vitesse maximale à la multiplication par plus de 15 du métabolisme de repos (1 400 à 1 700 W, soit la puissance d'un radiateur électrique ménager). Un exercice soutenu pendant une longue période (une heure ou plus), ne peut atteindre ces puissances : produire 200 W pendant une heure est une performance.

Les adaptations physiologiques sont sensiblement différentes selon l'intensité de l'exercice considéré ; les données qui suivent correspondent le plus souvent à un exercice modéré (marche rapide, course lente) mais soutenu pendant plus d'une heure par un individu en état post-absorptif (cf. chap. 5).

B. *Paramètres mesurés*

Parmi les paramètres mesurés, on peut citer les suivants :

— consommation d'oxygène et rejet de dioxyde de carbone ($ml.min^{-1}$) ;

— enregistrements des débits ventilatoires, du pouls, de la saturation en O_2 du sang veineux ou artériel ;

— concentrations hormonales dans le sang ;

— différences artério-veineuses des concentrations de substrats énergétiques au niveau d'un muscle en activité (cf. p. 101) ;

— variations de débits sanguins locaux, mesurés par thermodilution ou dilution de divers indicateurs (la technique utilisant les microsphères radioactives n'est pas applicable car elle suppose le prélèvement de l'organe en fin d'expérience ; cf. p. 101) ;

— l'évolution des concentrations de substrats énergétiques ou des activités enzymatiques dans des microbiopsies successives (réalisées à l'aide d'aiguilles appropriées) d'un muscle en activité ;

— température centrale (rectale) et température cutanée, intensité de la sudation (voir p. 161).

II. ADAPTATIONS MÉTABOLIQUES

Les ressources énergétiques de l'organisme humain sont surtout représentées par les triglycérides du tissu adipeux (15 kg pour un homme de 70 kg) et des muscles (300 g), alors que les glucides stockés sous forme de glycogène (dans le foie, les muscles, environ 435 g) ou les métabolites énergétiques circulants représentent une réserve énergétique très modeste (voir fig. 58).

Les protéines ne sont normalement pas utilisées en quantités appréciables à des fins énergétiques, par suite de leurs rôles structuraux et enzymatiques évidents.

Ce bilan énergétique rend compte, pour l'essentiel, des adaptations métaboliques qui s'observeront lors d'un exercice soutenu : les substrats immédiatement disponibles lors des premières contractions musculaires, avant que l'apport d'oxygène ne soit augmenté, sont le glycogène musculaire et le glucose sanguin, alors qu'au repos, le muscle utilise préférentiellement les acides gras non estérifiés (85 % de sa consommation énergétique).

A. *Utilisation du glycogène musculaire*

Les muscles squelettiques des vertébrés renferment deux catégories principales de fibres (cf. tome I) :

- les fibres rouges (lentes), richement irriguées, renferment des enzymes oxydatifs en concentration importante et des triglycérides de réserve ;
- les fibres blanches (rapides) ont de fortes concentrations en enzymes glycolytiques, peu de mitochondries et sont moins bien irriguées.

Lors d'un exercice intense, ou de mouvements rapides et puissants ce sont les motoneurones innervant les fibres blanches qui sont actifs, alors que dans la marche, par exemple, ce sont les motoneurones innervant les fibres rouges qui sont surtout recrutés ; chaque unité motrice (cf. tome I) ne contient en effet que l'une ou l'autre des catégories de fibres.

Dès que les muscles commencent à se contracter, la diminution de la concentration musculaire d'ATP entraîne une régénération de celle-ci par des transphosphorylations, à partir d'ADP ou de *phosphagènes* (cf. tome I). Cette réserve immédiate d'énergie est vite épuisée et c'est le glycogène musculaire qui est recruté très rapidement.

Le glycogène est, pour partie, métabolisé en lactate (voie anaérobie) et pour le reste, oxydé en totalité, dès que le flux sanguin augmenté apporte davantage d'oxygène (après 1 à 2 min). Plus l'exercice est intense, plus le glycogène musculaire est utilisé rapidement, sa concentration diminuant alors jusqu'à des valeurs très faibles (fig. 109). La glycolyse anaérobie produit de grandes quantités de lactate qui passe alors dans la circulation. Au fur et à mesure que la concentration de glycogène musculaire diminue, d'autres substrats sont progressivement utilisés : glucose et acides gras non estérifiés.

B. *Utilisation du glucose sanguin*

Le rôle du glucose comme substrat énergétique du muscle en activité est déterminé par la durée et l'intensité de l'exercice : dans les deux premières minutes suivant le début de l'exercice, la captation nette de glucose, déjà

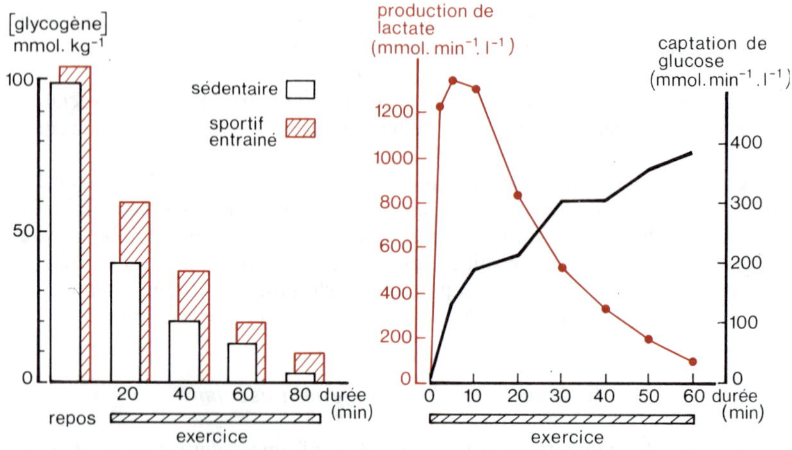

FIG. 109. — **a,** *évolution du contenu en glycogène (exprimé en mmol de glucose libérées après hydrolyse) du muscle quadriceps au cours d'un exercice intense chez des sujets entraînés ou non.* On note que le sujet entraîné épargne mieux le glycogène que le sujet sédentaire.
b, *évolution de l'intensité de la captation de glucose (quantités prélevées dans le sang artériel par unité de temps et rapportées au débit sanguin) et de la production de lactate (sang veineux, même unité) par les tissus de l'avant-bras au cours de contractions rythmiques prolongées.*
(a et b, modifié d'après J. WAHREN, in DE GROOT *et al,* ed., *Endocrinology,* **3,** 1913, Grune & Stratton, 1979.)

faible au repos, diminue, mais elle augmente après la deuxième minute, pouvant atteindre 15 fois la valeur basale à la 10e minute et 35 fois après 1 h.

Lors d'un exercice prolongé, la glycémie ne chute pas : le glucose sanguin provient surtout de la glycogénolyse hépatique, pendant la première heure, alors que la gluconéogenèse hépatique augmente seulement lentement sa contribution à la production de glucose (45 % après 4 h d'exercice).

C. *Utilisation des acides gras*

Les muscles captent et libèrent *en permanence* des acides gras (acides gras non estérifiés) ce qui rend plus difficile l'analyse du métabolisme musculaire de ces substrats énergétiques.

Lors d'un exercice soutenu, la proportion d'acides gras captés et oxydés par les muscles augmente au fur et à mesure que les autres substrats énergétiques sont moins utilisés ; les triglycérides du muscle sont eux-mêmes consommés.

La source d'acides gras reste pour l'essentiel liée à une lipolyse au niveau du tissu adipeux, sous l'influence des catécholamines.

D. *Modifications endocrines*

— *Catécholamines :* la concentration des catécholamines circulantes augmente très rapidement, à la suite d'une activation globale du système sympathique. Les estimations de l'activité du système nerveux sympathique sont basées sur les mesures précises de la concentration de noradrénaline retrouvée dans le sang et sur la mesure des fréquences de décharge de certaines fibres sympathiques superficielles (innervant la peau ou les muscles). La concentration de noradrénaline passe de 1,4 $nmol.l^{-1}$ (au repos), à 20 $nmol.l^{-1}$ (essentiellement par la production des terminaisons sympathiques) et la concentration d'adrénaline (d'origine surrénalienne) de 0,25 à 2 $nmol.l^{-1}$.

— *Insuline :* sécrétion inhibée par le système sympathique, ce qui favorise la mobilisation des réserves énergétiques.

— *Glucagon :* concentration sanguine augmentée à la suite de l'activation sympathique.

— *Cortisol :* dans certains cas, le taux de cortisol est augmenté dans le plasma, ce qui favorise la néoglucogenèse.

III. ADAPTATIONS RESPIRATOIRES ET CARDIOVASCULAIRES

Dans un organisme de Mammifère, au repos, le sang artériel est presque saturé en oxygène (90 %) alors que le sang veineux renferme encore plus de 50 % de sa capacité totale en oxygène. Lors d'un exercice intense, la demande musculaire en oxygène augmente très fortement, pouvant passer de 30 à plus de 300 ml d'O_2 par min. et par kg. Deux mécanismes essentiellement permettent un apport plus important de l'O_2 et des substrats vers les muscles :

— augmentation de l'irrigation musculaire par vasodilatation des artérioles (voir chap. 2) ;

— extraction d'oxygène beaucoup plus efficace au niveau musculaire (80 à 90 % de l'O_2 prélevé), et intensification des échanges gazeux avec l'extérieur.

A. *Besoin en oxygène et dette d'oxygène*

Lors de tout exercice, les muscles puisent immédiatement dans leur stock d'énergie libre immédiatement utilisable (ATP et phosphagènes), avant toute adaptation respiratoire, le métabolisme étant alors exclusivement anaérobie. La restauration des stocks énergétiques est possible par le maintien d'un métabolisme oxydatif à un niveau élevé après cessation de l'effort. L'organisme contracte une *« dette d'oxygène »*, appelée parfois aussi « dette d'énergie », terminologie peut-être mieux adaptée ; la consommation d'oxygène élevée, après l'effort, permet de restaurer les stocks énergétiques et de métaboliser lentement le lactate accumulé lors du métabolisme anaérobie du glycogène (fig. 110).

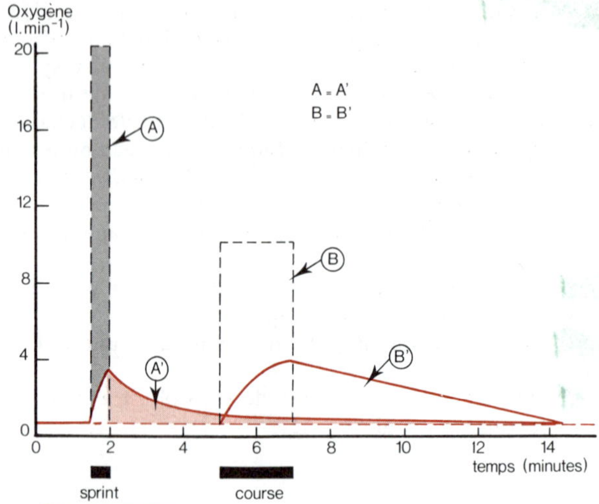

FIG. 110. — *Dette d'oxygène.* La consommation d'O_2 a été mesurée lors de deux exercices intenses : sprint de 30 secondes et course de 2 minutes, jusqu'à épuisement. En tirets, représentation du besoin en O_2 nécessaire pour couvrir les dépenses énergétiques correspondantes. La dette d'oxygène contractée pendant l'effort (aire A pour le sprint, B pour l'autre course) est couverte seulement plusieurs minutes après cessatuon de l'effort (aires A′ = A et B′ = B respectivement).
(Simplifié, d'après Sid Robinson, Physiology of Muscular exercise, in *Medical Physiology,* V. B. Mountcastle ed., 14th ed. *1980,* pp. 1387-1416, Mosby.)

B. *Ajustements circulatoires*

L'irrigation des muscles en activité peut augmenter d'un facteur 20 à 25, par suite de la demande accrue en métabolites énergétiques et en oxygène. Le débit sanguin augmente à la suite :

— d'une augmentation du volume d'*éjection systolique* (environ 50 % chez l'homme) ;

— d'une augmentation de la *fréquence cardiaque* (passant de 70 à 200 contractions par minute chez l'homme) ;

— d'une *dilatation artériolaire* dans les muscles en activité ;

— d'une *vasoconstriction* dans d'autres territoires tels que les viscères abdominaux et la peau (au moins en début d'exercice, tant que la température reste peu modifiée).

La régulation de la circulation est gouvernée essentiellement par :

- une commande centrale, mettant en jeu le système nerveux autonome ;
- des stimuli chimiques locaux (cf. chap. 2).

Les réflexes qui assurent une pression de perfusion élevée au niveau des muscles ont pour point de départ des récepteurs variés (fig. 111) :

- les terminaisons chémosensibles et mécanosensibles des muscles squelettiques et des articulations ;
- les barorécepteurs artériels et cardiopulmonaires ;

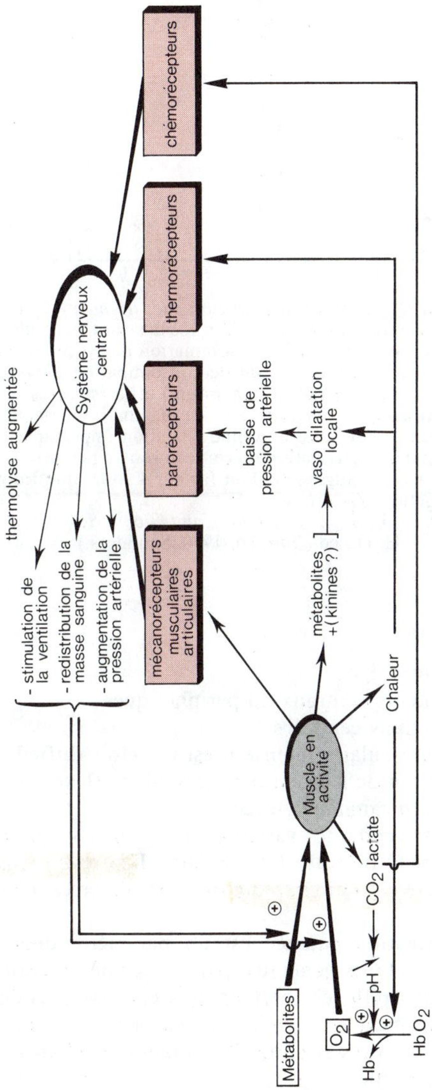

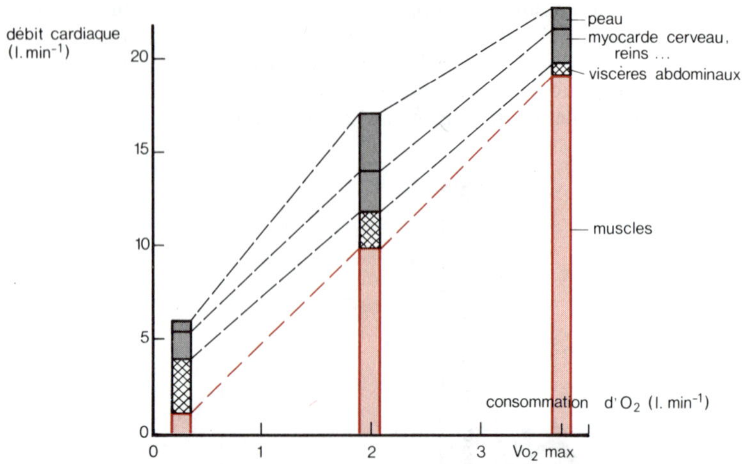

FIG. 112. — *Distribution régionale du flux sanguin chez un homme jeune, au repos et lors d'exercices d'intensités variables.* Les débits locaux sont exprimés en $l.min^{-1}$, l'intensité des exercices est estimée par la consommation d'oxygène qu'ils entraînent ; V_{O_2} max correspond à la capacité maximale de consommation d'oxygène. On note l'augmentation du débit cardiaque (x4 au maximum) et la part très importante que représente l'irrigation musculaire lors d'un exercice maximal. L'irrigation cutanée est maximale pour un exercice d'intensité moyenne (sudation importante) puis diminue lorsque l'exercice est maximal. L'irrigation du cerveau reste à peu près constante, celle du cœur (vaisseaux coronaires) augmente d'un facteur 4, alors que les viscères abdominaux voient leur irrigation très diminuée.
(Simplifié, d'après ROWELL, L. B., in *Physiology and Biophysics,* RUCH, T. C. & PATTON, H. D., ed., 20th ed. 1970, Saunders.)

- le réflexe de Bainbridge ;
- des thermorécepteurs centraux ou périphériques ;
- diverses interrelations centrales.

Dans un exercice musculaire intense il est toutefois difficile de préciser quelle est la contribution de telle ou telle variable (réflexe ou non) dans le maintien d'une pression sanguine élevée.

La figure 112 illustre certaines variations des débits sanguins régionaux en fonction de l'intensité du travail musculaire. L'intervention du système nerveux sympathique est prépondérante dans ces diverses adaptations circulatoires.

L'intensité de l'irrigation cutanée est un paramètre dont le contrôle dépend à la fois des réflexes généraux associés à une redistribution de la masse sanguine et des réflexes thermorégulateurs (voir ci-dessous). Les besoins simultanés des muscles et de la peau entraînent un état de compétition entre ces deux territoires et entre l'élimination de chaleur ou le maintien de la pression artérielle.

C. *Ajustements ventilatoires*

L'adaptation de la ventilation à l'exercice musculaire ne dépend pas d'un stimulus unique mais de nombreux facteurs, essentiellement nerveux, dont les actions sont complémentaires :

- réflexes proprioceptifs à point de départ musculaire ou articulaire ;
- réflexe de Héring-Breuer (cf. chap. 4) ;
- réflexes mettant en jeu les chemorécepteurs et les barorécepteurs ;
- diverses associations intercentrales.

IV. THERMORÉGULATION ASSOCIÉE A L'EXERCICE

Toute contraction musculaire s'accompagne d'un dégagement de chaleur et si l'exercice est suffisamment intense, la température du noyau central (cf. chap. 7) peut être affectée.

Chez l'homme, c'est essentiellement l'évaporation (sudation) qui est fortement augmentée lors d'un exercice intense, pouvant faire passer la déper-

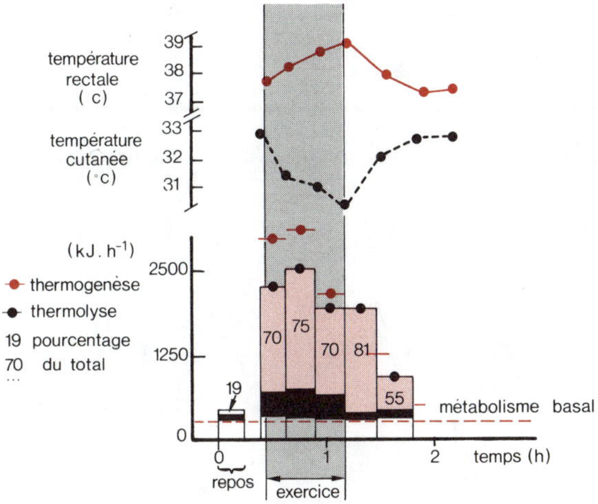

FIG. 113. — *Effet d'un exercice intense (partie de squash de 36 min) sur l'intensité du métabolisme et la thermolyse d'un sujet jeune.* Les colonnes correspondent à la thermolyse et à ses diverses composantes : *en blanc,* radiation ; *en noir,* convection et conduction (les mouvements associés à l'exercice augmentent légèrement ce type d'échanges) ; *en rouge,* évaporation d'eau (sudation). On note que la sudation rend compte de l'essentiel de la thermolyse (jusqu'à 81 %) lors d'un exercice, alors qu'elle ne représente que 19 % du total au repos. La diminution de température cutanée est le reflet de l'efficacité de la sudation dans la lutte contre la chaleur.
(Adapté de HARDY & DUBOIS, 1938, cités par STARLING et LOWATT EVANS, *Principles of Human Physiology,* 1968.)

dition d'énergie de 45 $kJ.h^{-1}$ par m^2 de peau, au repos, à plus de 1 500 $kJ.h^{-1}$ au m^2 lors d'un exercice réalisé en environnement chaud et sec (fig. 113).

La sécrétion des glandes sudoripares est stimulée par le sympathique, les centres moteurs étant localisés dans l'hypothalamus et soumis aux variations de température locale ainsi qu'aux afférences en provenance des thermorécepteurs cutanés. La conductance thermique de la peau, qui est proportionnelle au débit sanguin cutané, est également augmentée et permet une thermolyse efficace lors de l'activité musculaire.

Diverses dispositions permettent au contraire à certains animaux de ne pas dissiper la chaleur produite par l'activité musculaire, afin de faire monter leur température interne jusqu'à une valeur optimale (cas de divers insectes volants notamment).

9

ÉLÉMENTS DE PHYSIOLOGIE SENSORIELLE

Dans les pages qui précèdent, la mise en jeu de récepteurs spécifiques a souvent été mentionnée (barorécepteurs, chémorécepteurs, thermorécepteurs, osmorécepteurs...). On connaît la variété des stimuli qui peuvent avoir une valeur informationnelle chez les animaux (cf. tome 1) et une revue exhaustive de la physiologie des diverses structures impliquées ne peut être envisagée ici.

Dans ce chapitre, on cherchera à dégager quelques généralités concernant les fonctions sensorielles. Une analyse plus approfondie devrait s'intégrer dans le cadre plus vaste de l'étude des *fonctions de relation* : l'organisme réagit, *via* d'innombrables efférences motrices, aux sollicitations (afférences non moins nombreuses) acheminées vers le système nerveux central par son organisation sensorielle.

I. IRRITABILITÉ DIFFUSE ET SENSIBILITÉ

Un exemple simple, la sensibilité à la force de pesanteur, permet de percevoir la signification de la spécialisation fonctionnelle et de l'intégration des informations sensorielles par un organisme.

Dans un groupe primitif, tel que les Cnidaires, les cellules myoépithéliales (fig. 114) d'une hydre sont sensibles aux stimulations mécaniques de la région qu'elles exposent au milieu extérieur. Par contre, on ne leur connaît pas de sensibilité aux forces de gravité ; et de toute manière, la mise en jeu de la partie contractile de la cellule ne permettrait pas une réponse coordonnée de tout l'organisme à un stimulus de ce type.

Dans le même groupe, les méduses possèdent au contraire des cellules sensibles spécialisées, situées dans les *statocystes,* petits organes dont la structure permet une stimulation sensorielle lors de toute modification de position de l'animal (fig. 114). Les informations sensorielles sont véhiculées vers d'autres cellules spécialisées dans la distribution des influx nerveux vers les cellules musculaires. Ces données permettent alors à l'animal d'ajuster sa position par rapport à la verticale.

L'oreille interne des Vertébrés, dont l'organisation est plus complexe (p. 182), a une fonction comparable.

Dans ces exemples, il s'agit donc du passage d'une irritabilité diffuse, non sélective, à la sensibilité spécialisée.

D'une manière générale, un stimulus peut entraîner une réponse de

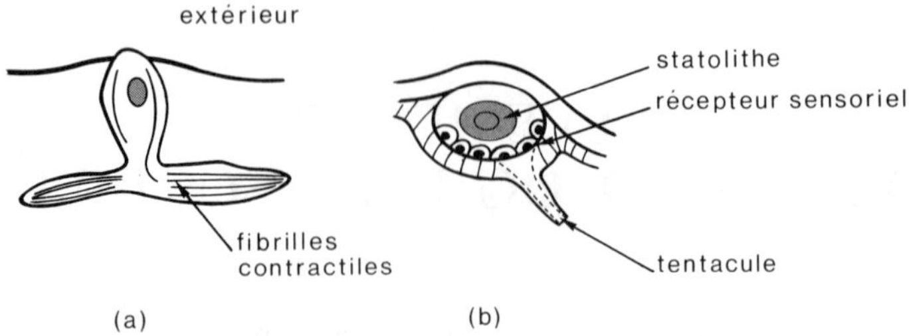

FIG. 114. — *Cellule myoépithéliale d'une hydre d'eau douce* **(a)** *et cellules sensorielles spécialisées situées dans un statocyste, chez une méduse* **(b)**, *à la base d'un tentacule.* (D'après J. CASE, *Sensory mechanisms,* 1966, McMillan Co.)

l'organisme après une succession de processus dont les trois étapes principales sont :

— l'émission du message sensoriel par le récepteur excité ;

— l'intégration du message par le système nerveux central ;

— l'émission de messages moteurs par le système nerveux, en direction des effecteurs (muscles, glandes) ou des récepteurs eux-mêmes (modulation de leur réceptivité au stimulus).

Seule la première étape sera envisagée dans ce qui suit.

II. DIVERSITÉ DES RÉCEPTEURS

La nature des stimuli reconnus spécifiquement par les récepteurs (cf. tome 1) permet une première classification de ces derniers.

On distingue ainsi des :

— *mécanorécepteurs,* sensibles aux stimuli mécaniques ;

— *photorécepteurs,* excités par la lumière,

— *thermorécepteurs* sensibles aux variations de température,

— *chémorécepteurs* sensibles aux variations de composition chimique du milieu,

— *électrorécepteurs* excités par de faibles courants électriques.

L'existence de *nocicepteurs* spécifiques (récepteurs de la douleur) ne semble pas aussi clairement établie, mais on peut retenir ce terme pour des récepteurs provoquant des sensations douloureuses.

Si le critère de classification des récepteurs sensoriels n'est plus la nature du stimulus, mais le territoire vers lequel est orienté le récepteur, on distinguera :

— les *extérocepteurs,* exposés aux actions du milieu extérieur,

— les *propriocepteurs,* sensibles aux actions de l'organisme sur lui-même (récepteurs d'étirement, récepteurs articulaires, récepteurs sensibles aux modifications de position, d'accélération...),

— les *intérocepteurs,* récepteurs exposés aux surfaces internes de l'organisme, comme le tube digestif et ses annexes, l'appareil urogénital et l'appareil circulatoire.

La figure 115 regroupe quelques structures réceptrices correspondant aux catégories mentionnées.

III. TRANSDUCTION ET CODAGE

Pour que le stimulus devienne un élément d'information pour l'organisme, le récepteur sensoriel doit :

1) traduire le stimulus : c'est la transduction ;

2) coder le message dirigé vers un neurone du système nerveux central.

Sur des critères anatomiques, les structures opérant la transduction et le codage des informations appartiennent à trois types de complexité croissante (fig. 115) :

— neurone sensoriel récepteur : transduction et émission des potentiels d'action par la même cellule ;

— transduction assurée par une ou des cellules réceptrices faisant synapse avec le neurone sensoriel, générateur des potentiels d'action ;

— dans la rétine des Vertébrés, le niveau de complexité est augmenté car la transduction est assurée par une cellule réceptrice séparée, par un élément de liaison, du neurone générateur des potentiels d'action ; en outre, des liaisons synaptiques transversales (cellules horizontales) viennent enrichir les capacités d'intégration de ce système (voir tome 1).

La *transduction* est associée à l'apparition de potentiels générateurs au niveau de la cellule sensorielle : modification graduelle de la polarité de la membrane plasmique en fonction de l'intensité du stimulus. Dans le cas des récepteurs d'étirement, les déformations de la membrane plasmique seraient à l'origine de l'ouverture de canaux membranaires dans lesquels des ions pourraient pénétrer ; pour les photorécepteurs, le mécanisme initial consiste en l'absorption de photons par les pigments visuels, suivie d'une modification de la perméabilité membranaire également ; les déplacements du kinocil des cellules sensorielles ciliées (dans l'oreille interne par exemple) est également suivi de mouvements ioniques au niveau de la membrane apicale de la cellule... Ces trois exemples nous permettront d'aborder certaines caractéristiques de la transduction et du codage des informations sensorielles.

Le *codage* permet d'informer les centres sur l'intensité du stimulus, sur ses aspects qualitatifs (lumière, onde, différence de potentiel...), sur les aspects spatiaux lorsqu'ils existent et sur la durée du phénomène.

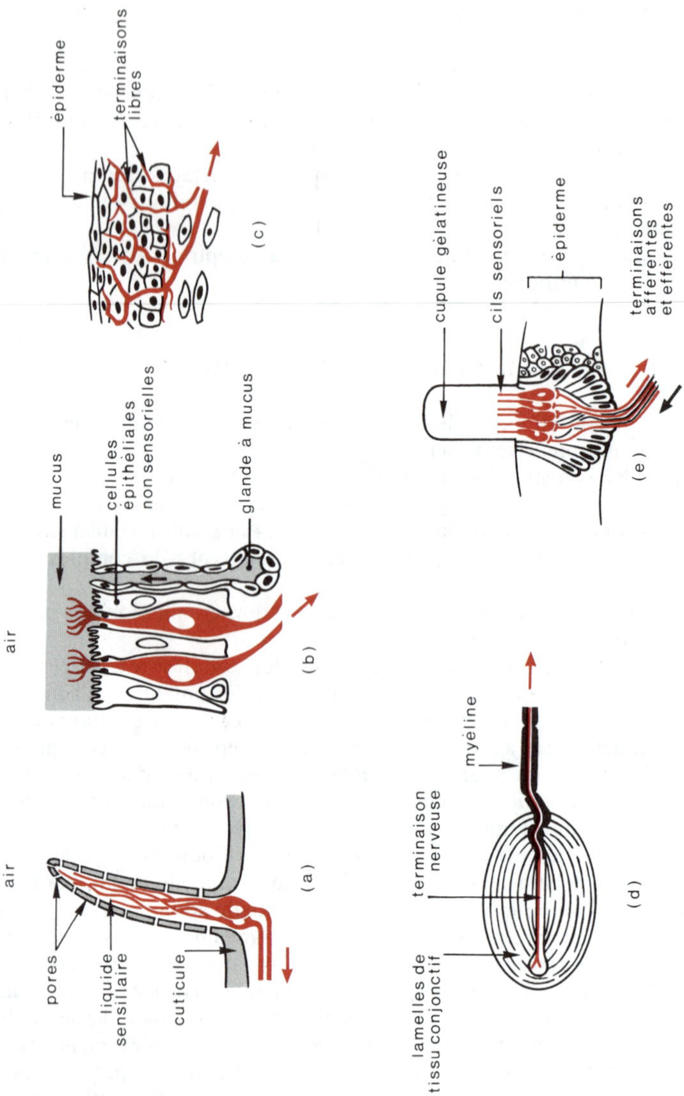

FIG. 115. — *Schémas représentant diverses cellules sensorielles* (en rouge) *et les structures dans lesquelles elles sont situées. La flèche rouge* indique le sens des influx nerveux.

a) chémoréception : cellules olfactives dans une soie sensorielle d'insecte (neurones bipolaires).

b) chémoréception : cellules sensorielles de la muqueuse olfactive d'un Vertébré (neurones bipolaires).

En ce qui concerne la sensibilité des récepteurs sensoriels, on connaît de nombreux exemples qui montrent quelles peuvent être les performances de certains d'entre eux :

— sensibilité aux molécules de bombykol chez certains papillons,
— sensibilité auditive de nombreux Vertébrés, tels que les chauve-souris,
— sensibilité aux modifications de champ électrique chez divers Poissons, etc.

Même des récepteurs unicellulaires peuvent avoir des réponses différentes pour des intensités de stimulation variant dans une gamme allant de 1 à 10^{10}. Ceci pose un problème physiologique si l'on sait que le codage de l'intensité est représenté par la fréquence des potentiels d'action : une cellule ne peut décharger plus de 1 000 potentiels d'action par seconde et si le codage était une relation linéaire entre l'intensité du stimulus et la fréquence des potentiels d'action, il faudrait imaginer des fréquences de l'ordre de 10^{-7} potentiels par seconde (environ 1 par mois) pour les intensités faibles... En réalité, les récepteurs à large spectre (récepteurs auditifs, électriques, visuels...) répondent de manière approximativement proportionnelle au *logarithme de l'intensité* des stimuli (fig. 116). Il est ainsi possible de distinguer l'intensité 1 000 de l'intensité 2 000, mais pas 10^{10} de $(10^{10} + 1\,000)$; la résolution diminue pour les fortes intensités de stimulation.

IV. RÉCEPTEURS D'ÉTIREMENT DES MUSCLES STRIÉS SQUELETTIQUES

Les muscles striés squelettiques renferment des récepteurs sensoriels sensibles à l'étirement (mécanorécepteurs), dans les fuseaux neuromusculaires. Chaque fibre musculaire modifiée présente dans un fuseau neuromusculaire est enveloppée de terminaisons neuronales et toute traction sur la fibre déclenche une salve de potentiels d'action dirigés vers le système nerveux central (cf. tome 1).

Lorsque les potentiels d'action du neurone sensoriel sont enregistrés à l'aide d'une micro-électrode, à proximité de la fibre fusoriale, leur fréquence est étroitement dépendante de l'intensité de l'étirement du muscle. Le codage en fréquence permet ainsi d'informer les centres sur l'intensité du stimulus détecté.

Le plus souvent, les neurones sensoriels des récepteurs d'étirement répondent davantage (fréquence de potentiels élevée) si la variation de tension est rapide, alors qu'ils déchargent peu si la tension est maintenue constante,

---

c) mécanoréception : terminaisons réceptrices (libres) d'un neurone en T de ganglion spinal de Vertébré.

d) mécanoréception : corpuscule de Pacini (sensible aux variations de pressions) dans les couches profondes de la peau, dans les tendons, le mésentère des organes abdominaux...

e) mécanoréception : neuromaste, récepteur de la ligne latérale d'un Poisson.

même forte. Il s'agit du phénomène d'*adaptation* du récepteur. De tels récepteurs sensibles surtout aux changements d'état sont dits *phasiques* (ou dynamiques). D'autres récepteurs codent à la fois l'intensité et la durée du stimulus (récepteurs *toniques*, ou statiques).

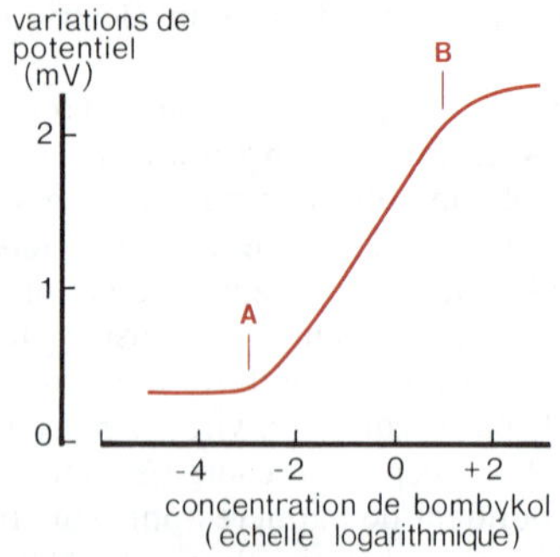

FIG. 116. — *Représentation schématique de la variation des réponses électriques enregistrées à l'aide d'une microélectrode, à la base d'une antenne du papillon mâle* Bombyx mori, *stimulée par des concentrations croissantes de bombykol (phéromone élaborée et répandue dans l'atmosphère par la femelle de la même espèce).* Les enregistrements (électroantennogrammes) correspondent à la résultante des variations de potentiels individuels des quelques 20000 récepteurs olfactifs répartis dans les antennes. On voit que la réponse est pratiquement linéaire entre les concentrations A et B, lorsque celles-ci sont portées sur une échelle logarithmique.

(Simplifié, d'après BOECKH, J. K. *et al*, 1965, in *Cold Spring Harbor Symp. quant. Biol.*, **30**, 263.)

V. LES CELLULES CILIÉES DE L'OREILLE INTERNE DES VERTÉBRÉS

Des cellules ciliées particulières représentent les éléments sensoriels (cellules réceptrices) des divers organes constituant l'oreille interne des Vertébrés (fig. 117) :

— canaux semi-circulaires (organes récepteurs sensibles à l'accélération angulaire) ;

— utricule et saccule (organes sensibles à l'accélération linéaire) ;

— cochlée (organe sensible aux sons).

Dans tous les cas, les cellules ciliées mécanoréceptrices font synapse avec le neurone sensoriel ; elles ne sont pas strictement identiques dans les organes mentionnés ci-dessus, mais elles ont toutes une organisation fondamentale et une physiologie comparables. On retrouve ce type cellulaire au niveau de la ligne latérale des poissons et amphibiens, ou dans les statocystes (organes de l'équilibre) de nombreux animaux.

Chaque cellule possède à son pôle apical un pinceau de « cils » dont un seul, le *kinocil*, a une structure de vrai cil (cf. tome 1), avec un axonème central comportant deux tubules axiaux entourés de 9 doublets de microtu-

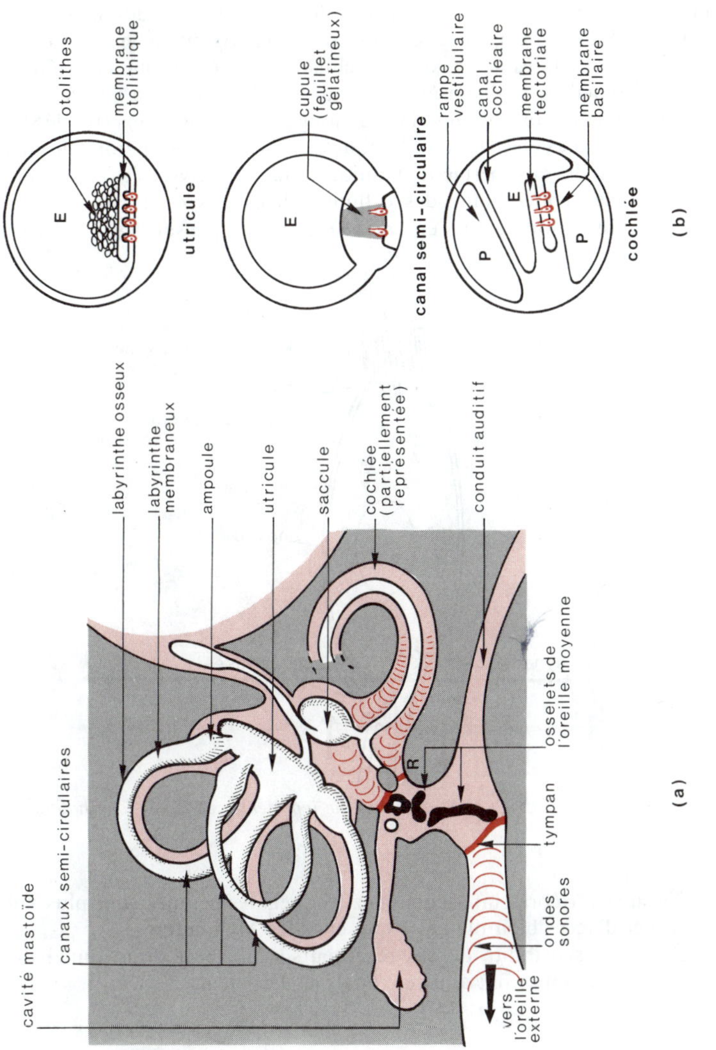

FIG. 117. — **a,** *représentation schématique de l'oreille moyenne et de l'oreille interne de l'homme.* Les cellules ciliées à rôle sensoriel sont localisées dans les canaux semi-circulaires, l'utricule, le saccule et la cochlée (structure spiralée dont une partie seulement est représentée ici). *En grisé :* os temporal ; *tramé rouge :* périlymphe (liquide entourant l'ensemble du labyrinthe membraneux). L'endolymphe est le liquide qui remplit les diverses cavités du labyrinthe membraneux. La propagation des ondes sonores est schématisée par les *flèches rouges,* entre la fenêtre ovale (O) et la fenêtre ronde (R).

b, *position des cellules ciliées sensorielles dans l'utricule, un canal semi-circulaire, et la membrane basilaire de la cochlée.* E, endolymphe ; P, périlymphe.

bules. Les autres formations apicales de la cellule sont des *stéréocils* (30 à 150 selon les cellules), sortes de microvillosités rigidifiées par des filaments d'actine (les cellules ciliées de la cochlée ne possèdent que des stéréocils).

Les stéréocils sont disposés selon leur taille, d'un côté à l'autre de la cellule, le kinocil étant toujours la plus longue des formations (fig. 118).

Les techniques électrophysiologiques, couplées à des micromanipulations du pinceau de cils permettent aujourd'hui d'analyser les variations du potentiel de la membrane des cellules ciliées lors d'une stimulation. De telles manipulations ont pu être menées par exemple sur des cellules isolées

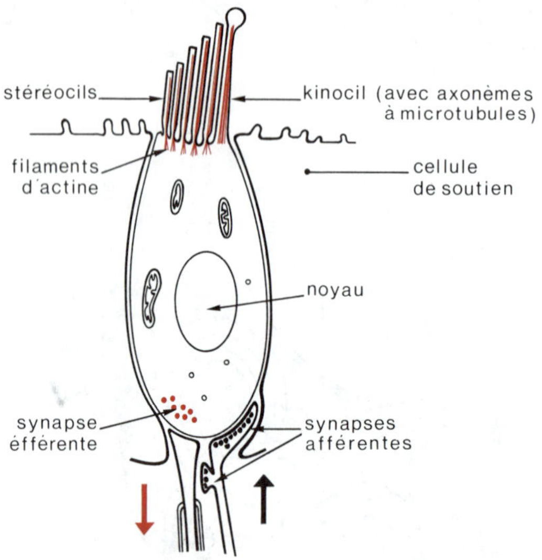

FIG. 118. — *Cellule ciliée de l'oreille interne représentée en coupe longitudinale.*

de certains vertébrés inférieurs chez lesquels les cellules sont plus volumineuses et d'accès bien plus aisé que chez les Mammifères.

L'extrême sensibilité de ces récepteurs et l'aspect directionnel de leur capacité de réponse ont ainsi été analysés finement.

Sensibilité.

Les cellules sensorielles ciliées sont sensibles à d'infimes déplacements du pinceau de cils : chez les Mammifères, des cellules de ce type peuvent détecter des mouvements du pinceau de cils inférieurs à 100 picomètres, distance correspondant au diamètre de certains atomes...

Orientation

Chaque cellule présente une sensibilité différente selon une direction bien déterminée : quand le pinceau de cils se déplace dans une direction, la cellule ne réagit qu'à la composante du déplacement qui est parallèle à l'axe de sensibilité maximale. Les déplacements perpendiculaires au plan de symétrie du pinceau de cils ne donnent lieu à aucune réponse, alors que les déplacements dirigés vers le kinocil provoquent une dépolarisation membranaire et les déplacements en sens contraire une hyperpolarisation de la membrane.

Dans le cas des canaux semi-circulaires, c'est l'inertie de l'endolymphe qui est à l'origine de la courbure des cils lors des mouvements de la tête. Pour l'utricule et le saccule, les mouvements d'accélération sont également à l'origine d'une courbure des cils des cellules sensorielles par suite de l'inertie des très nombreux cristaux de carbonate de calcium (otolithes) enchâssés dans la membrane otolithique, elle-même au contact des cellules ciliées (fig. 117).

Dans tous les cas, le mécanisme de transduction fait vraisemblablement intervenir des canaux ioniques situés au niveau de l'apex de la cellule ; le principal ion impliqué dans la genèse du potentiel générateur serait le potassium ici.

Au niveau de la cochlée, enfin, les ondes sonores qui se propagent le long de la membrane basilaire provoquent un mouvement d'infime amplitude de celle-ci, entraînant le léger déplacement du pinceau de stéréocils des cellules sensorielles. Les propriétés mécaniques de la cochlée sont telles que les ondes sonores présentent des variations d'amplitude lorsqu'elles s'y propagent ; les ondes de fréquence élevée atteignent leur amplitude maximale à l'une des extrémités, alors que les ondes de faible fréquence ont une amplitude maximale à l'autre extrémité. On a parfois comparé le rôle de la cochlée, vis-à-vis des ondes sonores, à celui d'un spectroscope vis-à-vis des ondes lumineuses.

VI. LES PHOTORÉCEPTEURS

La photoréception est limitée, dans le monde animal, à des longueurs d'onde comprises entre 300 et 1 000 nm (environ 400 à 800 nm chez l'homme).

Dans tous les photorécepteurs, il existe un pigment visuel, la *rhodopsine*, ou une molécule apparentée. La rhodopsine est constituée d'une protéine, l'opsine, associée à un pigment caroténoïde, la *rétinaldéhyde* (ou rétinal), dérivé de la vitamine A_1. Les animaux qui ont une vision des couleurs possèdent plusieurs pigments de spectres d'absorption différents, localisés dans plusieurs types cellulaires. Chez les Vertébrés, les cellules à cône sont spécialisées dans la vision des couleurs, les cellules à bâtonnet permettent la vision monochromatique en faible éclairement. La sensibilité de ces récepteurs est très grande : une cellule à bâtonnet peut délivrer un signal électrique mesurable en réponse à l'excitation d'un seul photon.

La cellule à bâtonnet est constituée d'un segment externe, dans lequel se trouve le système photorécepteur, d'un segment interne, riche en mitochondries, d'une région nucléaire, et d'un prolongement faisant synapse avec les cellules nerveuses de la rétine (fig. 119). A l'obscurité, la membrane de cette cellule est fortement dépolarisée ; la dépolarisation maintient des canaux calciques voltage dépendants ouverts au niveau de la terminaison synaptique et l'entrée continue de calcium entretient une libération continue du transmetteur vers la cellule post-synaptique. La dépolarisation membranaire est due à l'ouverture de canaux à Na^+ au niveau du segment externe (fig. 119). A la lumière, ces canaux se ferment et la polarisation membranaire augmente ; le potentiel générateur est donc dans ce cas une hyperpolarisation de la membrane du récepteur. Il s'ensuit une diminution de la libé-

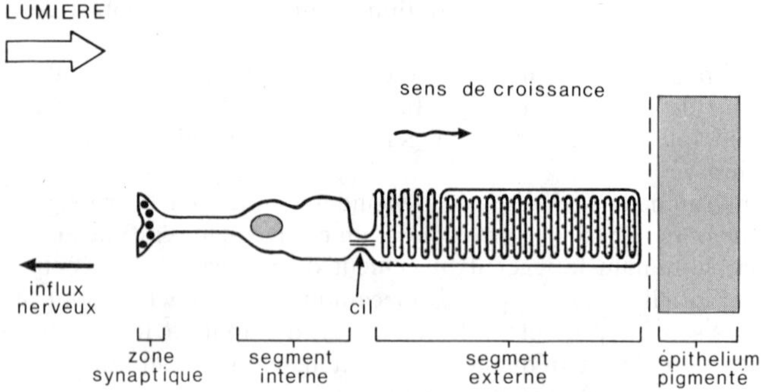

FIG. 119. — *Représentation schématique d'une cellule à bâtonnet de la rétine. Les points rouges* représentent les molécules de rhodopsine situées dans la membrane du segment externe. Les disques aplatis empilés dans le segment externe se renouvellent à partir du segment de liaison cilié.

ration du neuromédiateur proportionnelle à l'intensité de l'éclairement. La moindre sécrétion du transmetteur lève une inhibition et le neurone post-synaptique décharge des potentiels d'action vers les centres.

La fermeture des canaux calcium intervient à la suite d'une isomérisation du rétinal déclenchée par l'impact de la lumière sur le pigment visuel. Les centaines de disques présents dans le segment externe de la cellule à bâtonnet (fig. 119) renferment une forte densité de molécules de rhodopsine (10^5 molécules par μm^2) et c'est la simultanéité du changement de conformation de ces molécules qui déclenche la fermeture des canaux sodium. Le couplage entre les deux événements (isomérisation du 11 cis-rétinal en tout trans-rétinal, puis fermeture des canaux ioniques) ferait intervenir un second messager, vraisemblablement le calcium ionisé. Le détail des étapes intermédiaires n'est pas clairement établi.

Ainsi, les divers récepteurs renseignent l'organisme sur l'intensité des stimuli, sur certains aspects temporels (durée du stimulus, rapidité d'installation ou non...), mais aussi sur leurs caractères spatiaux dans certains cas : région de l'organisme concernée par le stimulus ou direction dans laquelle il est perçu. Ces éléments d'information sont accessibles au système nerveux central par suite de la distribution spatiale et des variations de densité des récepteurs sensoriels.

10

ASPECTS DE LA PROTECTION DE L'INTÉGRITÉ DES ORGANISMES

I. LES DÉFENSES IMMUNITAIRES

La physiologie des systèmes immunitaires est complexe et les nombreuses connaissances qui s'accumulent en permanence dans cette discipline ne facilitent pas l'approche de l'immunité. L'intrication de processus faisant intervenir plusieurs structures tissulaires, des types cellulaires variés, des molécules circulantes ou au contraire fixées sur des cellules, compliquée par les aspects temporels des réponses immunitaires ne permet pas une présentation simple des mécanismes en jeu.

Par commodité, on a gardé la distinction entre *immunité naturelle* (encore appelée innée, ou non spécifique) et *immunité acquise*, bien que les deux catégories de mécanismes participent simultanément aux réactions de défense de l'individu.

A. *Éléments de phylogénie*

La reconnaissance du *soi* et du *non-soi* par un organisme est une propriété apparue très tôt au cours de l'évolution ; la diversification des espèces repose en partie au moins sur cette caractéristique.

Les Spongiaires présentent déjà des phénomènes de rejet de greffes. Par contre, dans ce groupe, il ne semble pas exister de mémoire immunitaire aboutissant à un rejet accéléré du greffon lors d'une exposition ultérieure (immunité acquise).

Les mécanismes de l'*immunité naturelle* sont issus de l'évolution de chaque espèce et ne nécessitent pas d'apprentissage par l'individu. L'*immunité acquise*, qui repose sur une *reconnaissance* et la *mémoire* d'expériences antérieures de l'individu suivies d'une réponse adaptée, spécifique à l'élément étranger, n'apparaît que bien plus tard, en même temps que le *système lymphoïde*, chez des Vertébrés primitifs tels que la Myxine.

Le *thymus* apparaît chez les Poissons et les têtards d'Amphibiens chez lesquels il reste relié à l'épithélium pharyngien. Les *ganglions lymphatiques* se rencontrent de manière constante chez les seuls Mammifères et de façon isolée dans certaines espèces d'autres classes de Vertébrés (Oiseaux).

L'une des caractéristiques des systèmes de défense immunitaire est la nécessité d'une coopération entre plusieurs populations cellulaires dispersées dans l'organisme. Le rôle majeur revient aux cellules des *lignées lymphoïdes* (voir p. 190) qui forment un tissu très développé chez les Mammifères supérieurs ; chez un homme, la masse de lymphocytes est de 1 000 à 1 500 g, alors que 3 g seulement de ces cellules transitent en permanence dans le sang (fig. 120).

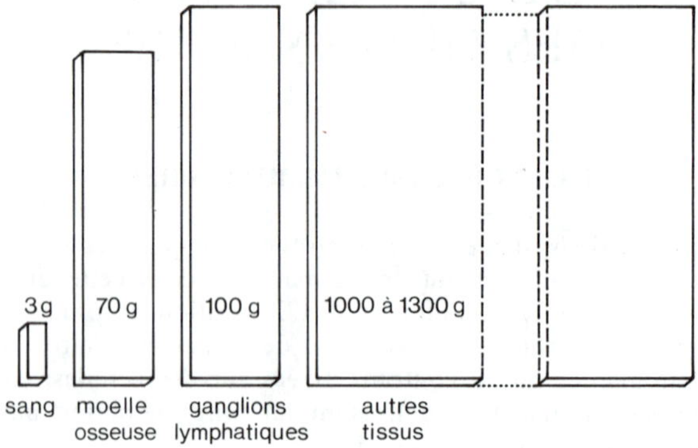

FIG. 120. — *Proportions de lymphocytes présents dans divers tissus d'un homme adulte.*

B. *Mécanismes de l'immunité naturelle*

Les mécanismes de défense non spécifiques mettent en œuvre :
— des barrières mécaniques,
— des sécrétions de surface,
— des substances bactéricides tissulaires et circulantes,
— la phagocytose,
— le système du complément,
— la fièvre...

Certains de ces éléments de défense sont déterminés génétiquement et leur efficacité est variable selon les espèces ou même les individus, puisqu'ils peuvent être affectés par l'âge, les facteurs nutritionnels, l'environnement hormonal ou d'autres facteurs physiologiques.

1. *Barrières mécaniques et sécrétions diverses*

Les *téguments* confèrent une première protection mécanique très efficace contre les nombreux organismes pathogènes qui nous entourent, renforcée encore par diverses sécrétions telles que la sueur et les sécrétions sébacées (riches en acides gras bactéricides et fongicides) ou les larmes (renfermant le lysozyme, actif contre les bactéries Gram +).

Les *muqueuses* de l'appareil respiratoire ou du tractus digestif sont également des protections efficaces contre la colonisation du milieu intérieur par des micro-organismes (épithéliums ciliés, sécrétions de mucus, acidité gastrique, salive riche en mucopolysaccharides...).

Parmi les protéines connues pour conférer une protection efficace contre les micro-organismes :

- Le *lysozyme* est un enzyme protéolytique présent dans les leucocytes polynucléaires ; divers tissus ou liquides organiques en renferment des quantités importantes (rate, ganglions lymphatiques, glandes lacrymales, salive provenant des glandes parotides, muqueuses respiratoire et gastro-intestinale...).
- Diverses *substances* (spermine, spermidine, histones, protamines...) issues par exemple de tissus endommagés à la suite d'infections ou d'inflammations ont aussi une action bactéricide, vraisemblablement par suite de leur richesse en groupements NH_2, qui peuvent réagir avec les groupements acides des parois bactériennes.

2. *Phagocytose*

La captation et la digestion des particules matérielles étrangères à l'organisme est un mécanisme très primitif puisqu'il s'observe dans l'ensemble de la série animale, dès les Protozoaires, au moins dans un but nutritionnel.

Deux types cellulaires y participent chez les Vertébrés supérieurs : les *leucocytes polynucléaires neutrophiles* du sang et les cellules du *système phagocytaire mononucléé* (cellules circulantes ou fixées dans de nombreux tissus).

Le système phagocytaire mononucléé (anciennement « système réticulo-endothélial ») est constitué par des *cellules* issues de la moelle osseuse et qui comprennent :

— les monocytes du sang (fig. 121),
— les macrophages du tissu conjonctif (ou « histiocytes »),
— les macrophages voisins des sinus (cellules de Kupffer dans le foie, macrophages alvéolaires des poumons, macrophages dendritiques libres de la rate, des ganglions lymphatiques).

Quel que soit le type cellulaire impliqué, la phagocytose comporte trois étapes principales :

— *Adhérence* mettant en œuvre la formation de pseudopodes (polynucléaires) ou de voiles cytoplasmiques (macrophages) ; des mécanismes de reconnaissance peu spécifiques (liaison des glycoprotéines de surface aux glucides de la paroi des micro-organismes) ou au contraire très élaborés (*opsonisation*, nécessitant une liaison préalable avec un composant du système du complément et dans certains cas avec un anticorps spécifique) sont connus dans cette phase.

— *Ingestion* de la particule qui est englobée dans un « phagosome », sorte de vacuole digestive.

— *Digestion* débutant lorsque des lysosomes viennent fusionner avec le

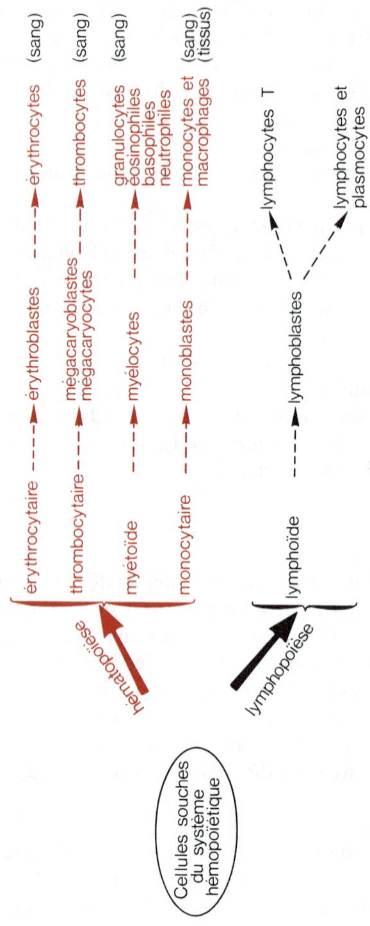

phagosome, pour former un *phagolysosome*; des enzymes lysosomiaux, protéolytiques, attaquent les particules ingérées. En outre, des peroxydases sont déversées dans les lysosomes et agissent en même temps que le peroxyde d'hydrogène dont l'effet bactéricide est essentiel (fig. 122).

L'existence d'un milieu intérieur et d'une circulation de celui-ci chez de nombreux organismes a permis le développement d'autres mécanismes de protection du soi.

3. *Réaction inflammatoire*

Lorsqu'un tissu est traumatisé, il se produit une réaction locale caractérisée par divers signes :

— dilatation des capillaires,

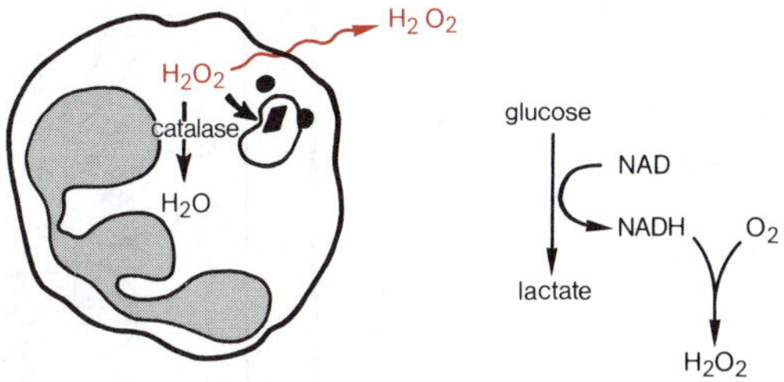

FIG. 122. — *Production de peroxyde d'hydrogène par un polynucléaire neutrophile.* Le peroxyde formé possède un puissant effet bactéricide.

— réduction du flux sanguin,
— exsudation des liquides intravasculaires,
— migration des cellules phagocytaires à travers les cellules endothéliales des vaisseaux *(diapédèse)*; les polynucléaires sont les premiers à migrer vers la source de l'irritation, les monocytes n'infiltrant la région que plus tardivement.

4. *Le système du complément*

Le nom de ce système enzymatique vient de ce que les premiers auteurs qui étudiaient la lyse d'hématies ou de bactéries Gram$^-$, en présence d'anticorps spécifiques, avaient mis en évidence la nécessité d'un facteur plasmatique thermolabile, appelé alors *« complément »* pour que la réaction soit possible. On sait maintenant que le système du complément comprend plusieurs proenzymes et enzymes. Les divers composants sont activés en cascade (tout comme les enzymes intervenant dans la coagulation, la fibrinolyse, ou la production de kinines) ; en outre il se produit une amplification du processus, par recrutement d'un nombre plus grand de molécules à l'une des étapes.

En plus de son rôle dans la lyse de cellules, le système du complément attire les cellules phagocytaires vers les sites d'infection et stimule leur activité.

Les neuf protéines principales connues pour appartenir au système du complément chez l'Homme (identifiées par les chiffres C1 à C9) sont synthétisées par plusieurs tissus : épithélium intestinal, foie, rate, macrophages. Diverses protéines régulatrices portent à une vingtaine le nombre des composants du système tel qu'il est connu actuellement. Les divers éléments du système du complément circulent dans le sang sous la forme de proenzymes ; ils représentent une part importante (environ 10 %) des globulines sériques chez l'homme.

Le système du complément peut être activé selon deux modalités (fig. 123) :
— la voie classique (découverte la première),
— la voie alterne.

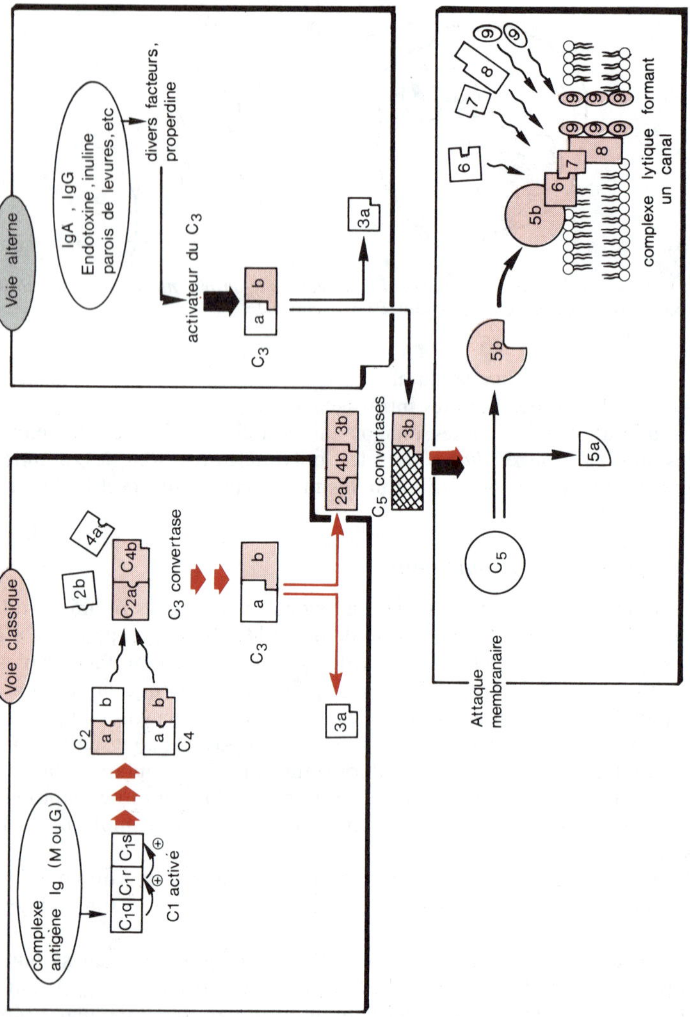

FIG. 123. — *Représentation schématique de l'activation du système du complément et de l'attaque membranaire par un complexe lytique.* Le canal membranaire formé par les composants C56789 est en réalité un dimère, comportant donc 12 molécules de C9 et non 6. Explications dans le texte.

a. Voie d'activation classique du complément

Cette voie nécessite la liaison d'anticorps spécifiques à des antigènes membranaires, ce qui permet de concentrer l'activité du système sur des cellules spécifiquement reconnues comme cellules étrangères à l'organisme (bactéries, parasites, ou autres cellules étrangères).

α) *Reconnaissance*

La liaison d'un anticorps des classes M ou G (voir plus loin) à un antigène de surface de la cellule étrangère entraîne une modification de conformation de la molécule d'anticorps qui expose alors un site de la partie de la molécule dépourvue d'activité anticorps (fragment Fc : voir plus loin). Le site démasqué est reconnu par l'unité de reconnaissance C1 du système du complément. L'unité C1 est formée de trois protéines activées par des ions calcium :

— C1q : unité de reconnaissance (non dépendante du Ca^{2+}),
— C1r : unité enzymatique pouvant activer C1s,
— C1s : unité possédant une activité estérasique après l'activation par C1r.

β) *Activation*

L'unité C1 activée agit sur les composants C2 et C4, qu'elle scinde en sous-unités C2a, C2b, C4a et C4b dont certaines s'associent en un complexe C4b2a, ou C3-convertase, enzyme protéolytique pouvant se fixer sur la cellule cible (une unité C1 permet d'activer plusieurs centaines de C3-convertases : étape d'amplification). La C3 convertase scinde l'unité C3 en C3a, qui gagne les espaces vasculaires et extravasculaires, et C3b qui peut ou bien s'associer à des récepteurs de certaines cellules de la lignée lymphoïde, ou bien s'associer à la C3-convertase pour former une C5-convertase (ou C423), initiateur de la séquence d'attaque membranaire.

b. Seconde voie d'activation du complément (voie alterne)

L'activation du système du complément par la voie alterne mène également au clivage enzymatique de l'unité C3, par deux convertases, différentes de celles de la voie classique. Au-delà de l'étape C3, les deux voies se rejoignent et aboutissent au même complexe enzymatique lytique (fig. 123).

Cette seconde voie peut être activée par des complexes immuns, mais aussi en absence totale d'anticorps, par diverses structures biochimiques particulières (polysaccharides, endotoxines, paroi de levures...). Elle constitue ainsi une première voie de défense contre les infections, avant toute réponse immunologique. Les structures glucidiques répétitives d'origine étrangère seraient reconnues par des composants sériques. La *properdine* est une glycoprotéine (masse moléculaire : 220 000) qui intervient dans la régulation de la voie alterne, appelée parfois voie de la properdine pour cette raison.

c. Mécanisme d'attaque membranaire

Après activation, par l'une ou l'autre des deux voies, la C5 convertase scinde l'unité C5 en C5a (à propriétés chimiotactiques) et C5b, le plus gros fragment, qui se fixe aux membranes cellulaires et possède des sites récepteurs pour les composants C6 et C7. Le complexe C5b67 est stable ; il expose les sites qui vont pouvoir fixer les composants C8 et C9 (une molécule de C8 et six molécules de C9). L'unité finale d'attaque de la membrane est alors formée et qu'il s'agisse d'une hématie ou d'une bactérie, la lyse est rapide. Le complexe lytique formé désorganise la bicouche lipidique de la membrane et entraîne l'apparition de perforations de celle-ci, d'un diamètre d'environ 10 nm, créant des passages à travers lesquels l'eau peut pénétrer et provoquer la lyse de la cellule.

d. Régulation de l'activation du système

L'activation du système du complément reste toujours localisée au voisinage immédiat des éléments étrangers par suite de l'existence de diverses protéines inhibitrices qui empêchent toute extension du phénomène. En outre, certaines mesures ont pu montrer que plusieurs composants activés du système ont une durée de vie extrêmement brève : C4 ou C3b, en particulier ont une demi-vie de l'ordre de 60 microsecondes...

e. Conséquences biologiques de l'activation du complément

En plus des actions cytolytiques, le système du complément activé possède diverses propriétés nécessaires à certaines interactions cellulaires :

— L'adhérence et la phagocytose (par les monocytes, les macrophages et les polynucléaires) de bactéries recouvertes d'IgG (voir plus loin) sont favorisées par la fixation de l'unité C3b *(opsonisation).*

— Des produits de l'activation du système du complément, C3a et C5a en particulier *(anaphylatoxines)* ont des effets amplifiant les processus inflammatoires (libération d'histamine par les mastocytes provoquant la contraction de certains muscles lisses et une vasodilatation ; production d'œdèmes lors d'administration intradermique).

— C3a et C5a ont des effets chimiotactiques sur les leucocytes.

— Enfin, des interrelations entre le système du complément et la coagulation du sang sont partiellement connues.

5. *Fièvre*

L'augmentation de température (fièvre : voir chap. 7) connue dans toutes les classes des Vertébrés, à la suite de certaines infections, a pour effet de tuer ou d'inhiber le développement de certains micro-organismes et d'augmenter flux sanguin et perméabilité vasculaire dans la région touchée.

Un *pyrogène endogène* (protéine de masse moléculaire environ 15 000) est produit par diverses cellules de la lignée leucocytaire et les cellules de Kupffer du foie lors de stimulations par certaines toxines bactériennes ainsi que quelques autres substances. Le pyrogène endogène agit au niveau hypothalamique en modifiant la valeur de référence de la thermorégulation.

6. *Production d'interférons et anticorps naturels*

Pratiquement toutes les cellules envahies par un virus produisent une classe de polypeptides nommés *interférons* (plusieurs catégories connues), qui inhibent la réplication intracellulaire des virus, ainsi que la reproduction de divers autres micro-organismes. En outre, certaines catégories d'interférons activent le système immunitaire (voir lymphokines).

Il existe encore des anticorps dits « naturels » (par exemple les agglutinines des groupes sanguins), différents des anticorps d'origine maternelle déjà connus chez les jeunes Mammifères (qui les acquièrent à travers le placenta, ou le colostrum dans certaines espèces). On ne peut rattacher l'origine des anticorps naturels à un quelconque stimulus ; il est cependant vraisemblable que des antigènes inhalés ou apportés par les aliments puissent être à l'origine de la synthèse de ces anticorps. Les animaux axéniques (voir chap. 3) ont des taux très réduits d'anticorps, qui n'appartiennent qu'à cette catégorie.

C. *Antigènes et anticorps*

Les micro-organismes (ou les tissus étrangers) qui ont pu résister aux systèmes de défenses non spécifiques de l'immunité vont être confrontés à une deuxième ligne de défense immunitaire, après que les antigènes dont ils sont porteurs aient été en contact avec les macrophages et les lymphocytes. La reconnaissance du non-soi par un organisme est sous-tendue par une interaction de nature stérique entre antigènes et anticorps.

1. *Les antigènes*

a. Définitions

Une substance est nommée antigène si :

— elle est capable d'induire une réponse immunitaire quand elle est introduite chez un animal *(immunogénicité)*, et si

— elle peut se lier spécifiquement avec le produit de la réponse immunitaire : anticorps dans le cas de la réponse immunitaire dite « humorale » ou récepteurs spécifiques situés sur des lymphocytes thymodépendants dans les réponses immunitaires à médiation cellulaire (voir plus loin).

Les *haptènes* sont des molécules souvent simples qui ne peuvent induire par elles-mêmes une réponse immunitaire, mais qui acquièrent une spécificité antigénique lorsqu'elles sont administrées avec une molécule porteuse immunogène à laquelle elles sont liées de façon covalente.

b. Nature particulaire et moléculaire

Les déterminants antigéniques (seules parties actives) des substances immunogènes sont des groupements chimiques souvent simples, inclus dans des molécules complexes et leur conférant une structure stérique particulière.

Les antigènes peuvent être des polypeptides, des polysaccharides, des lipides ou des acides nucléiques. Leur masse moléculaire peut aller de quelques centaines à quelques millions. Parmi les innombrables antigènes connus, on peut citer les antigènes des groupes sanguins (polysaccharides), les antigènes d'histocompatibilité (glycoprotéines), les antigènes bactériens (protéines, polysaccharides), les antigènes viraux ou parasitaires...

c. Antigènes d'histocompatibilité

Les greffes de tissus pratiquées entre individus de même espèce *(allo-*

greffes) ou d'espèces différentes *(xenogreffes)* sont toujours suivies du rejet du greffon par l'hôte. La cause du rejet est une réponse immunitaire dirigée contre les antigènes de surface des cellules greffées et met en jeu préférentiellement les *lymphocytes T* (voir plus loin). Les antigènes de surface sont encore appelés *antigènes d'histocompatibilité* ou antigènes de transplantation. Les plus importants de ceux-ci forment une famille d'antigènes codés par un complexe de gènes nommés *complexe majeur d'histocompatibilité.*

Ce système est particulièrement important parce qu'il confère son identité à un individu en « marquant » chacune de ses cellules.

Des antigènes majeurs d'histocompatibilité sont présents sur les cellules de tous les Vertébrés supérieurs étudiés. Ils ont fait l'objet d'analyses particulièrement poussées chez la souris, où ils forment le système des antigènes H-2, et chez l'homme où ils forment le *système HLA* (« human leucocyte associated antigen » : antigènes associés aux leucocytes humains, car ils ont été mis en évidence d'abord sur les leucocytes). Des systèmes comparables commencent à être connus chez le chien (DLA), le porc (SLA) et le lapin (RLA) entre autres.

Les gènes codant pour un système majeur d'histocompatibilité sont localisés sur un seul chromosome dans les exemples cités (bras court du chromosome 6 chez l'homme).

Il existe essentiellement deux classes d'antigènes majeurs d'histocompatibilité :

Classe I

Les glycoprotéines de la classe I sont présentes à la surface de toutes les cellules somatiques nucléées (fig. 124). Il existe environ 5.10^5 molécules de ce type par cellule, soit jusqu'à 1 % des protéines membranaires. Ces molécules sont associées de manière non covalente à une petite protéine, la β_2-microglobuline (codée par un gène situé sur un autre chromosome).

Chaque glycoprotéine de la classe I est codée par plusieurs loci (un *locus* peut être défini comme un élément de chromosome situé en un emplacement précis ; c'est au niveau de ce site que l'un ou l'autre des divers allèles d'un gène se situent). Or, ces loci présentent le plus grand *polymorphisme* connu chez les Vertébrés (très grand nombre d'allèles), ce qui explique la difficulté d'effectuer des greffes.

On notera que la variété affecte ici l'espèce et ne s'exprime pas chez un individu donné, puisque celui-ci ne reçoit au maximum que deux allèles pour un locus codant pour une glycoprotéine de classe I.

Classe II

Les antigènes de la classe II sont exprimés sur la plupart des cellules B les macrophages (voir lymphocytes B, page 206), et peut-être certaines cellules T (fig. 125).

Le polymorphisme de ces antigènes est considérable ; il a une autre nature mais prend plus d'importance que celui des antigènes de classe I chez un individu donné.

Les antigènes de classe II interviennent dans les phénomènes de recon-

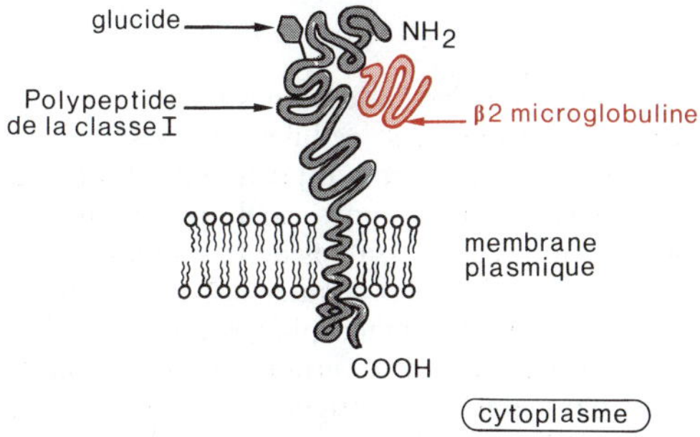

FIG. 124. — *Représentation schématique d'une glycoprotéine de la classe I du complexe majeur d'histocompatibilité, associée à la* β*2-microglobuline.*
(Adapté de B. ALBERTS *et al., Molecular Biology of the Cell,* Garland, 1983.)

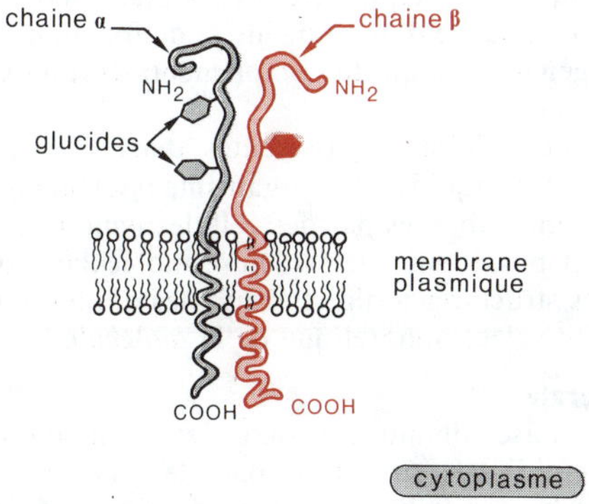

FIG. 125. — *Représentation schématique d'une glycoprotéine de la classe II du complexe majeur d'histocompatibilité, formée de deux chaînes.*
(Adapté de B. ALBERTS *et al.,* 1983, *op. cit.*).

naissance du soi et du non-soi et dans les régulations qui interviennent entre cellules immunocompétentes.

d. Voies d'entrée des antigènes dans l'organisme

Les antigènes peuvent être inoculés dans le milieu intérieur par les diverses voies sous-cutanée, intramusculaire, intraveineuse, intrapéritonéale, mais aussi pénétrer naturellement par les voies digestives ou respiratoires (cf. divers procédés de vaccination).

e. Réactions croisées

Lorsque des déterminants antigéniques sont communs à deux antigènes non identiques, les anticorps dirigés contre l'un des antigènes peuvent réagir avec d'autres et l'on parle alors de réactions croisées.

f. Adjuvants

Certaines molécules, telles les endotoxines bactériennes, et divers micro-organismes peuvent stimuler les cellules du système immunitaire de manière non spécifique. Cette action adjuvante pourrait être due à l'action puissante des endotoxines bactériennes sur la prolifération non spécifique des lymphocytes B, cellules responsables de la synthèse des anticorps circulants. Il est également possible de stimuler la réponse immunitaire par un recrutement plus important des macrophages impliqués dans la présentation des antigènes (par exemple avec certaines huiles minérales, de l'alun...).

Les vaccinations par mélanges d'antigènes et addition de divers adjuvants minéraux sont une application de ces propriétés.

2. *Les anticorps* (immunoglobulines)

Les anticorps sont des molécules protéiques (immunoglobulines, Ig en abrégé) élaborées par les lymphocytes et les plasmocytes, et douées d'une fonction de reconnaissance d'un antigène et de fonctions effectrices (agglutination des antigènes, fixation du complément, fixation sur certains récepteurs cellulaires...).

Toutes les immunoglobulines présentes dans la circulation sanguine, comme dans les autres liquides de l'organisme (système lymphatique, sécrétions nasales...), sont élaborées par des cellules lymphoïdes (lymphocytes B et plasmocytes) et possèdent une structure moléculaire de base commune s'associant en des structures tertiaires variables qui influencent la forme, la taille ou la mobilité électrophorétique de la molécule.

a. Structure générale

La structure de base commune à toutes les immunoglobulines comporte 4 chaînes polypeptidiques associées par des liaisons disulfures : deux chaînes légères (L pour « light » = léger) identiques, de masse moléculaire environ 25 000 et deux chaînes lourdes (H pour « heavy » = lourd) identiques, de masse moléculaire 40 000 à 60 000.

Chacune des quatre chaînes formant une molécule d'immunoglobuline (fig. 126) possède une région dans laquelle la séquence des acides aminés est relativement constante pour une classe donnée d'Ig chez un individu (partie constante : C) et une région variable dans laquelle la séquence des acides aminés varie d'une molécule à l'autre, conférant une forme particulière à cette partie de la chaîne (partie variable : V).

La partie de molécule la plus importante d'une immunoglobuline, par sa masse, est la chaîne lourde ; les diverses classes d'Ig ont des chaînes légères qui ne peuvent appartenir qu'à l'un des deux types : κ (kappa) ou λ (lambda) possédant des séquences spécifiques d'acides aminés.

Les Ig purifiées peuvent être découpées par des enzymes protéolytiques en divers fragments et l'on peut obtenir par exemple une dissociation en fragment cristallisable (Fc) et fragment porteur du site de liaison d'un antigène (fragment Fab = « fragment antigen binding ») et comportant une partie des chaînes lourdes et une partie des chaînes légères.

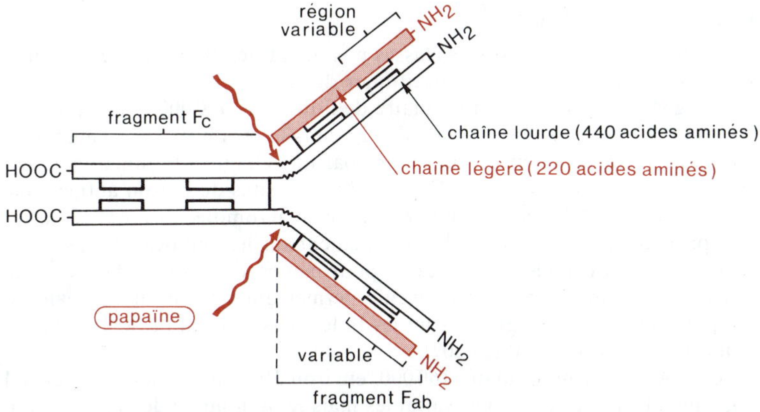

FIG. 126. — *Structure simplifiée de l'organisation des chaînes polypeptidiques formant une molécule d'immunoglobuline.* Le site d'attaque des protéases (papaïne par exemple) est représenté. Les ponts disulfures intra et intercaténaires sont schématisés par les *tracés noirs.* La molécule a en réalité un aspect globulaire qui n'est pas représenté ici.

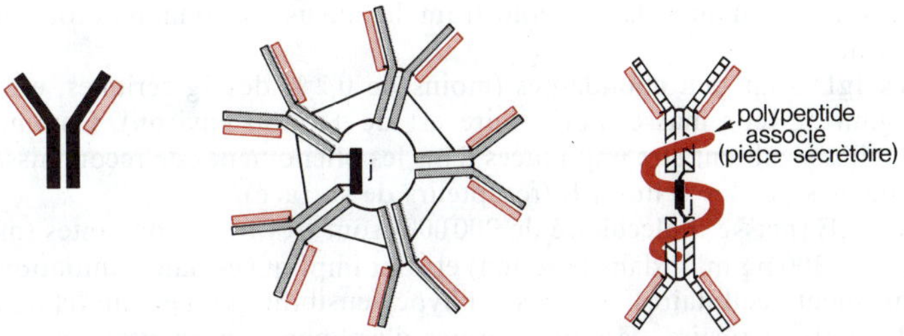

FIG. 127. — *Représentation schématique de trois classes d'immunoglobulines.* Les chaînes légères sont identiques dans les trois types. *Les traits noirs* représentent des ponts disulfures unissant les diverses sous-unités ; *à gauche,* IgG ; *au centre,* IgM ; *à droite,* IgA. (Explications dans le texte.)

b. Diverses classes d'immunoglobulines

Chez les Vertébrés supérieurs, il existe cinq classes d'Ig (IgA, IgD, IgE, IgG et IgM) différant par leurs chaînes lourdes (α, δ, ε, γ et μ respectivement), caractérisées par certains *marqueurs isotypiques* présents chez tous les individus d'une espèce donnée.

• **Les IgG** (fig. 127)

Elles représentent 70 à 80 % des Ig dans le sérum humain (8 à 14 $mg.ml^{-1}$) mais une partie importante se trouve aussi hors des vaisseaux (60 %). La masse moléculaire de ces molécules est de 146 000 à 165 000 chez l'homme.

Les chaînes légères des IgG peuvent être de type κ ou λ mais toujours d'un seul type pour une IgG donnée. Les chaînes lourdes existent sous quatre formes différentes, formant des sous-classes IgG1 à IgG4 chez l'homme.

- **IgM, IgA, IgE et IgD**

Comme les IgG, ces diverses classes possèdent des chaînes légères κ ou λ mais les chaînes lourdes sont spécifiques de chacune.

Les IgM ont une masse moléculaire de l'ordre de 900000 et représentent environ 6 à 8 % de la masse totale des Ig dans le sérum (0,5 à 1,9 $mg.ml^{-1}$). Elles sont formées de cinq unités unies par une chaîne J (« junctional peptide » = peptide de jonction). Ce sont donc 10 sites de liaison antigénique qui sont potentiellement disponibles sur ces macromolécules (fig. 127). Les IgM participent à l'activation du complément sur les cellules cibles spécifiques ; ce sont les Ig les plus efficaces pour mener à la lyse des hématies (la structure pentamérique de la molécule permet une activation optimale du complément). Avec les IgD, ce sont les Ig les plus souvent présentes dans la membrene des cellules B (p. 207).

Les IgA (masse moléculaire 160000, environ 10 % des Ig sériques soit 1,4 à 4,2 $mg.ml^{-1}$) ont des formes variables mais le monomère de base est similaire à une IgG. Comme pour les IgM, une chaîne J permet de former des dimères d'IgA, voire des formes tétramériques (fig. 127). Les IgA semblent surtout participer à la protection des surfaces muqueuses : elles sont élaborées localement et associées à une molécule, produite par des cellules épithéliales, qui permet à l'IgA de mieux résister aux attaques enzymatiques. Elles sont abondantes dans le colostrum, le mucus intestinal ou bronchique, les larmes...

Les IgD sont peu abondantes (moins de 0,2 % des Ig sériques, environ 50 $\mu g.ml^{-1}$; leur masse moléculaire est de 185000 environ). Comme les IgM, elles semblent être impliquées dans les phénomènes de reconnaissance d'antigènes par les cellules B (récepteurs de surface).

Les IgE (masse moléculaire de 200000) sont très peu abondantes (moins de 1 ‰ ; 300 $ng.ml^{-1}$ dans le sérum) et sont impliquées dans l'initiation des changements cellulaires associés à l'hypersensibilité immédiate (choc anaphylactique, urticaire, certaines formes d'asthme...) qui mettent en jeu les mastocytes au niveau des tissus ou/et les leucocytes basophiles. Ces deux types cellulaires possèdent en effet des sites membranaires de reconnaissance de très haute affinité (10^{10} $l.mol^{-1}$; cf. tome I) pour la région Fc des IgE. Les IgE fixées servent alors de sites récepteurs pour les antigènes (fig. 128).

c. Synthèse et diversité des immunoglobulines

Dans toutes les molécules d'Ig qui ont été étudiées, les chaînes (L ou H) ont une séquence d'acides aminés éminemment variable à leur extrémité N terminale, alors que la partie C terminale des mêmes chaînes est relativement constante.

Le *site antigénique* est formé par les fragments N terminaux des chaînes H et L et c'est la variabilité de la séquence de ces segments qui est à l'origine de la diversité des sites anticorps. Sur les quelques 110 acides aminés qui constituent la région variable de chaque chaîne, seuls 20 ou 30 sont en réalité engagés dans le site antigénique ; ces acides aminés forment trois à quatre segments dits hypervariables sur les chaînes H et L. Chaque site anti-

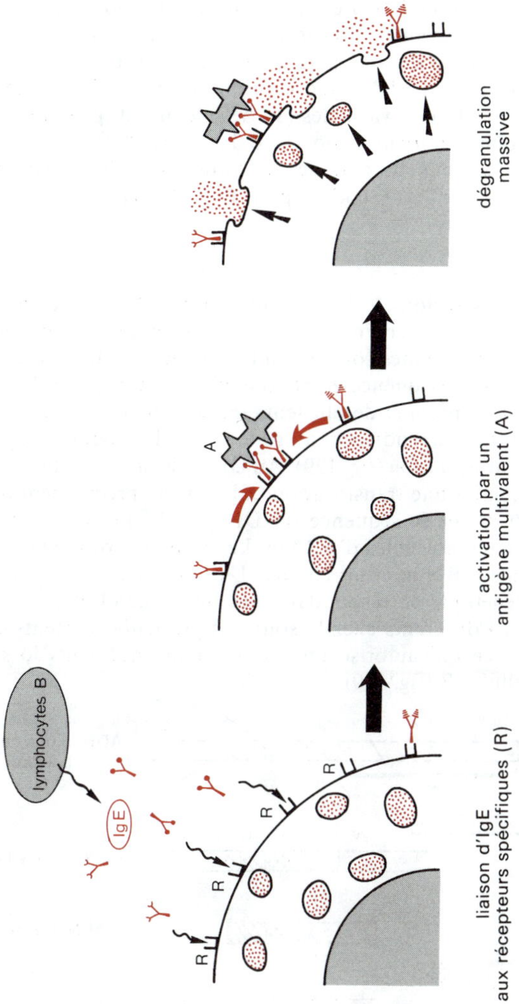

FIG. 128. — *Dégranulation des mastocytes provoquée par la liaison d'un antigène aux IgE fixées sur leurs récepteurs membranaires.* La libération massive du contenu des granules (histamine en particulier) est en grande partie responsable de réactions allergiques.

corps est donc de dimensions limitées : il ne peut reconnaître que des déterminants antigéniques dont la taille n'excède pas 5 ou 6 résidus de sucres simples (oses) par exemple.

Compte tenu de l'extrême diversité des molécules d'anticorps (on estime qu'une souris possède un répertoire d'anticorps de l'ordre de 10^{10} à 10^{12} molécules différentes), le mécanisme génétique qui en assure la production est obligatoirement original car le matériel génétique n'est pas assez abondant pour disposer d'un gène différent pour chaque molécule d'immunoglobuline susceptible d'être synthétisée.

Une réorganisation de l'ADN a été mise en évidence lors de la maturation des lymphocytes B (cellules qui produisent les anticorps) : ainsi, dans des cellules embryonnaires de souris, qui n'élaborent pas encore d'immunoglobulines, les séquences d'ADN (non exprimées à ce stade) codant pour les segments constants (C) ou variables (V) des chaînes d'Ig sont situés sur des parties du génome différentes ; alors que dans les cellules d'un *myélome* de souris (tumeur de la moelle osseuse) qui produisent des Ig en grandes quantités, les séquences d'ADN codant pour C ou V sont proches l'une de l'autre.

Chaînes légères

Chez l'embryon, les régions V des chaînes légères sont codées par deux segments d'ADN : pour une chaîne de type λ par exemple, l'essentiel de la séquence des 110 acides aminés constituant le segment variable est codé par un gène V_λ, le reste de la séquence étant codé par un autre gène (J_λ = gène de jonction) distant du premier de plusieurs milliers de nucléotides. Le segment de gène J_λ est toujours adjacent au gène C_λ (codant pour la région C), dont il est séparé par un *intron* (fig. 129). Au cours de la maturation des cellules B, le gène V_λ subit une translocation qui l'amène précisément au côté du gène J_λ, ce qui donne la séquence d'ADN [V_λ -J_λ -intron-C_λ] qui peut alors être transcrite en molécules d'ARNm. Les introns seront éliminés lors de la maturation des ARN m et les chaînes L pourront être assemblées.

Dans le pool génétique correspondant aux immunoglobulines, il existe plusieurs segments J différents chez la souris et plusieurs segments codant pour V également, ce qui autorise une variété d'arrangements lors de la maturation des cellules B (fig. 130).

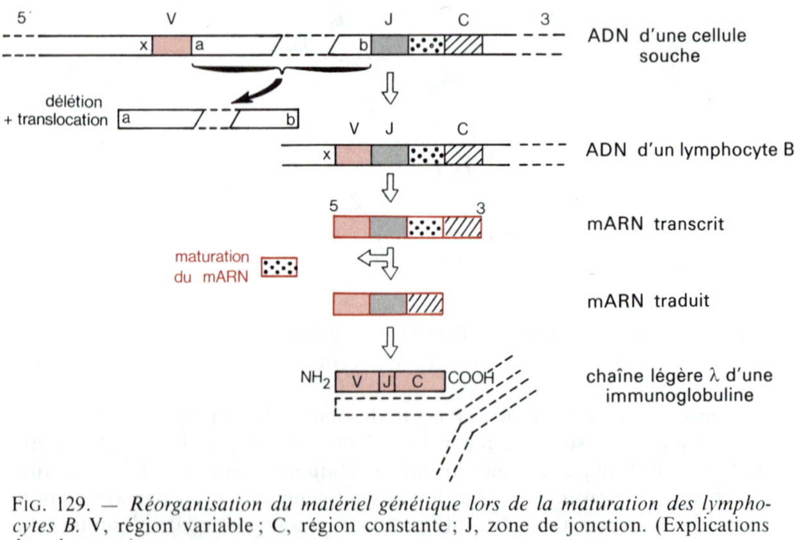

FIG. 129. — *Réorganisation du matériel génétique lors de la maturation des lymphocytes B.* V, région variable ; C, région constante ; J, zone de jonction. (Explications dans le texte.)

Chaînes lourdes

Les processus d'assemblage des gènes codant pour la région variable des chaînes H (V_H) est plus complexe. Un segment de gène J est impliqué également mais, en outre, certains acides aminés de l'une des régions hypervariables de V_H sont codés par un segment de gène séparé, le segment D (D pour diversité). Il existe vraisemblablement plus de 10 segments D différents et 5 segments J répertoriés chez la souris. Des recombinaisons aléatoires associent les segments de gènes V_H, D, J_H et C_H pour donner des gènes codant pour une grande diversité de chaînes polypeptidiques lourdes complètes, élaborées lors de la différenciation des diverses cellules B.

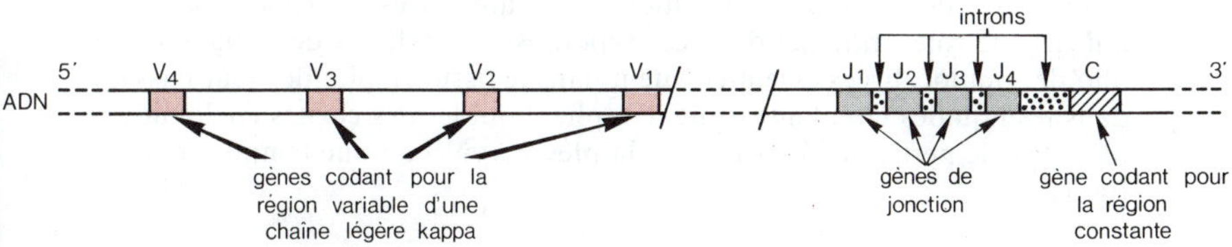

FIG. 130. — *Représentation du matériel génétique d'une cellule embryonnaire de souris correspondant aux chaînes légères de type κ des Ig.* (Explications dans le texte.)

La diversité des Ig est encore accrue par les combinaisons des segments de gènes codant pour les régions V_L et V_H. Les Vertébrés peuvent élaborer des milliers de chaînes L et encore bien plus de chaînes H d'isotypes différents ; l'association de ces deux types de chaînes pour former les molécules d'immunoglobuline permet des millions de combinaisons. Ce nombre peut encore être augmenté par l'existence de *mutations somatiques* ponctuelles affectant les segments de gènes codant pour les régions variables lors de la multiplication des cellules B.

D. *Organes et cellules impliqués dans les réponses immunitaires*

Au sein d'un organisme, les divers mécanismes élémentaires qui ont été envisagés ci-dessus vont intervenir dans l'élaboration d'une réponse globale contre l'élément étranger. On distingue classiquement deux grands types de réponses immunitaires :

— la réponse à « médiation humorale », qui pourrait encore être appelée réponse par anticorps circulants (les anciens auteurs appelaient « humeurs » les liquides extracellulaires) ;

— la réponse à médiation cellulaire.

Ces deux modalités seront abordées dans le paragraphe suivant mais ne peuvent être bien comprises sans avoir auparavant situé les relations établies entre divers tissus de l'organisme, à la fois dans l'espace et dans le temps.

1. *Notion de lignées cellulaires*

La figure 121 rappelle quelles sont les diverses lignées cellulaires de l'*hématopoïèse* (formation des cellules présentes dans le sang). La moelle osseuse, en particulier, est la source des lignées :

- érythrocytaire,
- granulocytaire (myéloïde),
- lymphoïde,
- mégacaryocytaire.

Bien que le déroulement complet des réponses immunitaires nécessite la coopération de plusieurs populations cellulaires, c'est la *lignée lymphoïde* qui tient le rôle principal dans ces réponses. Les cellules de la lignée lymphoïde sont localisées essentiellement dans le tissu lymphoïde ; leur passage dans les liquides circulants (sang, lymphe, liquides des cavités coelomiques telles que le péricarde, le péritoine, la plèvre...) n'étant que temporaire (voir fig. 120).

2. *Le tissu lymphoïde*

Il a deux composantes.

a. Tissu lymphoïde diffus

Représenté par des cellules colonisant les espaces conjonctifs de divers organes (chorion des muqueuses digestives et respiratoires par exemple).

b. Organes lymphoïdes

Les organes lymphoïdes primaires (ou centraux) sont la moelle osseuse et le thymus chez les Mammifères, la bourse de Fabricius (évagination dorsale du tube digestif, au niveau du cloaque) chez les Oiseaux.

Les organes lymphoïdes secondaires (ou périphériques) sont la rate, les ganglions lymphatiques, les plaques de Peyer de la paroi intestinale, les amygdales, etc. Ces divers organes lymphoïdes secondaires sont placés comme des organes de filtration du sang ou de la lymphe (fig. 131). Le tissu lymphoïde est fait d'une trame vasculaire ou lymphatique formant un réseau tridimensionnel dans lequel sont situées les cellules des lignées lymphoïde et monocytaire (macrophages). Les vaisseaux sanguins et lymphatiques ont une disposition qui facilite les migrations des leucocytes (capillaires sinusoïdes de la rate, sinus lymphatiques dans les ganglions).

3. *Cellules engagées dans les réponses immunitaires*

a. Système macrophagique

Les *monocytes* (2 à 8 % des leucocytes circulants) prennent naissance dans la moelle osseuse, transitent dans le système circulatoire sous forme de grands monocytes et terminent leur maturation dans le tissu conjonctif et les organes lymphoïdes périphériques sous forme de macrophages.

Les *macrophages,* sortis des vaisseaux au niveau des capillaires ou des

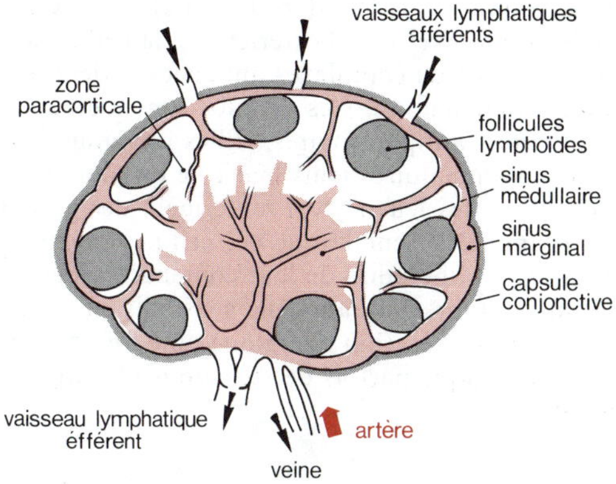

FIG. 131. — *Structure générale schématique d'un ganglion lymphatique.* Les lymphocytes B sont situés dans les follicules lymphoïdes (corticaux), les lymphocytes T surtout dans la zone paracorticale.

veinules, ont une synthèse protéique accrue par rapport aux monocytes et une densité de microtubules et microfilaments augmentée, dispositions propices à la phagocytose active.

Dans l'organisme, les macrophages sont rencontrés :

— dans les cavités séreuses, les alvéoles pulmonaires, les espaces conjonctifs (dans ce dernier cas, ils sont appelés histiocytes) ;

— dans la moelle osseuse, les organes lymphoïdes secondaires, les capillaires sanguins *(cellules de Kupffer* du foie), les lymphatiques...

Les macrophages ont un rôle essentiel de nettoyage de toutes les cellules mortes ou des substances étrangères (voir phagocytose) et sont susceptibles de sécréter les *hydrolases acides* de leurs lysosomes, ce qui détruit la trame extracellulaire du tissu conjonctif. Les macrophages sont encore à l'origine des substances antimicrobiennes et antivirales (cf. page 212), sécrètent des pyrogènes endogènes (cf. p. 161), certaines molécules appartenant au système du complément (cf. p. 191), du lysozyme, des polyamines, etc.

b. Granulocytes

Les granulocytes, ou leucocytes polynucléaires, sont regroupés dans trois catégories, en fonction de leurs affinités tinctoriales.

Les *neutrophiles* (60 à 70 % des leucocytes) ont des granulations apparentées à des lysosomes, qui renferment des protéines basiques à activité bactéricide. Ils séjournent peu dans la circulation : leur demi-vie dans le sang est inférieure à 24 h chez l'homme. Ils quittent le sang par diapédèse (migration à travers l'endothélium au niveau des capillaires et migrent vers les espaces conjonctifs où des substances chimiotactiques sont susceptibles de les attirer. Leur activité phagocytaire est intense.

Les *éosinophiles* (1 à 4 % des leucocytes) sont remplis de granulations colorables par les colorants acides (dont l'éosine) et renferment de l'histamine. Les granules sont déversés à l'extérieur de la cellule lorsque les éosinophiles sont en présence de complexes antigènes-anticorps, ce qui contribue à la réaction inflammatoire. Ces cellules sont toujours associées aux réactions immunitaires antiparasitaires. Elles apparaissent tardivement dans les réactions inflammatoires mais leur rôle est alors incertain.

Les *basophiles* (0,5 % des leucocytes) renferment des granulations riches en héparine et histamine. Il semble que ces cellules soient la forme circulante des mastocytes. La libération de leur contenu est massive (« dégranulation des basophiles ») lorsque l'antigène sensibilisant réagit avec les IgE fixées sur leur membrane (réaction allergique, une forme d'hypersensibilité immédiate), ce qui provoque parfois des réactions plus ou moins violentes, locales ou généralisées.

c. Lymphocytes

Ce sont les cellules essentielles de l'immunité : des préparations de lymphocytes pures administrées à un animal irradié (on connaît la sensibilité des cellules de la moelle osseuse aux irradiations) restaurent les défenses immunologiques de celui-ci, qui acquiert alors les particularités du donneur (sensibilité aux antigènes contre lesquels le donneur était immunisé par exemple).

La lignée lymphoïde (lymphoblastes, lymphocytes et plasmocytes) débute par la multiplication de cellules souches dans la moelle osseuse ; des cellules migrent vers le thymus alors que d'autres reçoivent une induction qui oriente leur maturation en cellules B. Les deux lignées lymphocytaires sont appelées T et B. Ces deux catégories cellulaires ne peuvent être différenciées, sur des critères morphologiques. Par contre, divers antigènes membranaires spécifiques permettent de les distinguer grâce à des «marqueurs » caractéristiques de ces populations cellulaires.

α) *Lymphocytes T*

La maturation se fait en deux étapes : une étape centrale (dans le thymus) et une étape périphérique (organes lymphoïdes périphériques). Les lymphocytes T (T pour thymo-dépendants) reçoivent une induction dans la zone corticale du thymus, puis terminent leur maturation dans les organes lymphoïdes périphériques (leur prolifération devient cette fois dépendante de la présence de stimuli antigéniques).

— *Étape centrale*

Dans le cortex thymique, les lymphocytes T prolifèrent rapidement, ce qui permettrait une *diversification clonale* (cf. p. 208). Lors du séjour dans le thymus, les lymphocytes acquièrent progressivement, sous l'influence de facteurs hormonaux (hormones thymiques, dont la *thymosine,*), les caractères de la lignée T :

— motifs antigéniques spécifiques sur leur membrane ;
— aptitude à gagner les zones thymodépendantes des organes lym-

phoïdes secondaires (on parle de « homing » ou d'*écotaxie*, faisant se diriger les cellules vers certains micro-environnements tissulaires) ;
— réponse à certains agents mitogènes (lectines par exemple).

— *Étape périphérique*

Les lymphocytes T subissent une deuxième induction dans les organes lymphoïdes périphériques, sous stimulation antigénique étrangère, leur conférant leurs caractères spécifiques de sous-population T.

β) *Lymphocytes B*

La différenciation des lymphocytes B (B pour « burso dépendant ») se fait également en deux étapes.

— *Étape centrale*

Les cellules souches présentes dans la moelle osseuse évoluent en lymphocytes B dans la bourse de Fabricius chez les Oiseaux, et probablement dans la moelle osseuse (« bone marrow » en Anglais, d'où le maintien de l'initiale « B » pour cette lignée) chez les Mammifères. Les lymphocytes B acquièrent alors les marqueurs membranaires qui permettent de les identifier :
— récepteurs pour le composant C3 b du système du complément ;
— immunoglobulines de membranes : les premières à apparaître sont les IgM et les IgD (fig. 132). Ultérieurement, ces mêmes cellules feront la synthèse des autres Ig.

— *Étape périphérique*

Les lymphocytes B colonisent ensuite les aires thymo-indépendantes des

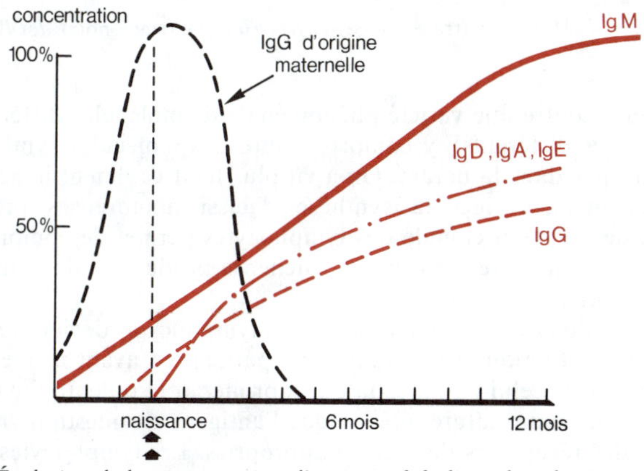

FIG. 132. — *Évolution de la concentration d'immunoglobulines dans le sérum des fœtus et nouveau-nés humains (en pourcentage de la concentration de l'adulte). En rouge,* Ig élaborées par le fœtus ou le nouveau-né ; *en noir,* Ig d'origine maternelle. Les premières Ig qui apparaissent sont les Ig M.
(Modifié, d'après : *Immunologie,* IgL CORDELIER, tome 1.)

organes lymphoïdes périphériques, au niveau desquels ils finiront leur différenciation, pour devenir *plasmocytes,* sous l'influence de stimuli antigéniques appropriés, et avec l'aide des cellules T et des macrophages.

γ) Circulation des lymphocytes

On distingue la colonisation des lymphocytes, depuis les organes centraux vers les organes périphériques (déplacement de cellules en différenciation, qui ne se produit qu'une fois), et la *recirculation* des lymphocytes, qui suivent un trajet complexe, *via* les voies lymphatiques, le sang ou même le tissu conjonctif (fig. 133). Sur la base de cette recirculation, les lymphocytes ont été parfois assimilés à des cellules « à la recherche d'antigènes » (notion d' « état de vigilance »).

δ) Théorie de la sélection clonale des lymphocytes

Les diverses espèces animales connues peuvent élaborer des anticorps

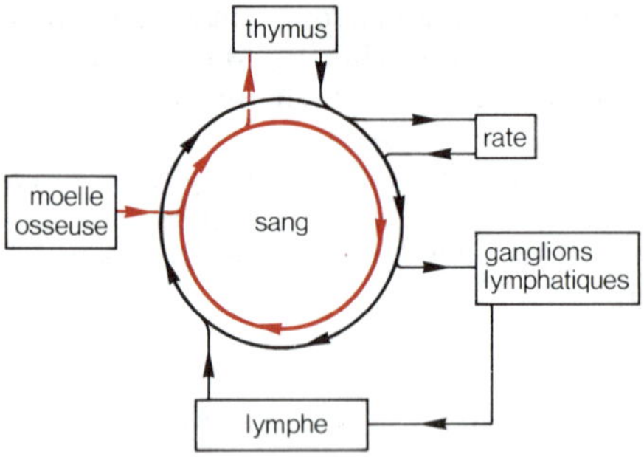

FIG. 133. — *Migration* (tracé rouge) *et recirculation* (tracé noir) *des lymphocytes.*

spécifiques contre une variété phénoménale de molécules différentes (10^6 à 10^8 antigènes différents), y compris contre des molécules synthétiques qui n'existent pas dans la nature. On a vu plus haut comment le génome peut, potentiellement, diriger la synthèse d'aussi nombreuses protéines. Le concept de sélection clonale des lymphocytes permet de comprendre comment chaque antigène pourrait déclencher la production de grandes quantités d'anticorps spécifiques.

Au cours du développement, quelques lymphocytes deviendraient spécialisés dans la réaction avec un antigène particulier, avant même d'avoir été en contact avec celui-ci. La cellule n'exprimerait la potentialité de se multiplier et de devenir mature que lorsque l'antigène en question viendrait réagir avec des récepteurs de surface appropriés. Les lymphocytes issus de la multiplication de ces cellules souches constitueraient alors des clones ayant acquis la même spécificité que celle du lymphocyte d'origine.

Parmi les arguments expérimentaux étayant cette conception :

— Lorsqu'une population de lymphocytes provenant d'un animal non immunisé est mise en présence d'antigènes divers, seule une faible proportion (moins de 1 pour 10000) de cellules réagit avec l'un ou l'autre des antigènes.

— Lorsque des lymphocytes provenant d'un animal non immunisé sont séparés par chromatographie d'affinité (cf. tome I) sur une colonne chargée avec un antigène donné, la sous-population recueillie en sortie de colonne ne comporte plus de lymphocytes sensibles à l'antigène imprégnant la colonne, alors que ces mêmes cellules restent sensibles à d'autres antigènes. Le système de reconnaissance semble donc bien exister avant tout contact avec l'antigène.

E. *La réponse immunitaire*

Une réponse immunitaire est observée lorsque les lymphocytes B et/ou T ayant reconnu certains déterminants antigéniques (phase de reconnaissance), il s'ensuit une transformation lymphoblastique, suivie de mitoses, donnant naissance à un clone cellulaire (phase de spécialisation).

La dédifférenciation cellulaire (transformation lymphoblastique, qui s'observe *in vitro*) est suivie d'une multiplication et d'une spécialisation des cellules informées, ce qui aboutit à la formation des clones T et/ou B spécifiques. Ces cellules effectrices sont impliquées dans les divers aspects des réponses immunitaires.

1. *Réponse à médiation « humorale »* (par anticorps circulants)

a. Approche expérimentale

Parmi les techniques qui permettent l'analyse des réponses immunitaires, outre diverses techniques vues précédemment (histologie, interventions diverses sur l'organisme étudié, cytochimie...), on peut mentionner :

— les dosages ou l'analyse qualitative des immunoglobulines et de leurs diverses classes dans le sérum (précipitation différentielle, électrophorèse, chromatographie, électrofocalisation...) ;

— l'utilisation de souris irradiées (« animaux éprouvettes ») ;

— de nombreuses techniques *in vitro*, en particulier pour caractériser les relations antigène-anticorps, ou les interrelations cellulaires ;

— la recherche *in vitro* des plasmocytes sécrétant les anticorps, en utilisant par exemple des techniques d'immunofluorescence et la technique des plages de lyse ;

— l'utilisation d'anticorps monoclonaux ;

— la génétique des Ig et du complexe majeur d'histocompatibilité.

b. Réponses primaire et secondaire

Quand un antigène est administré pour la première fois à un animal, une réponse immunitaire apparaît après un temps de latence de 48 à 72 h, augmente progressivement, puis chute (fig. 134). Lors d'une injection ultérieure, la réponse secondaire est beaucoup plus rapide et plus intense.

Lorsque des lymphocytes entrent pour la première fois en contact avec un antigène donné, certains sont stimulés et se multiplient (fig. 135) pour donner des cellules effectrices (T ou B) alors que d'autres se différencient en cellules mémoires.

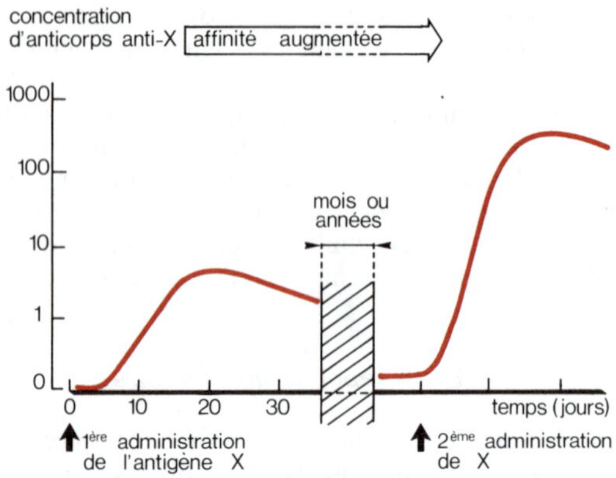

FIG. 134. — *Réponses primaire et secondaire à l'administration d'un antigène.* Le taux d'anticorps, dans le plasma, est très rapidement augmenté lors d'un deuxième contact avec l'antigène (échelle logarithmique).

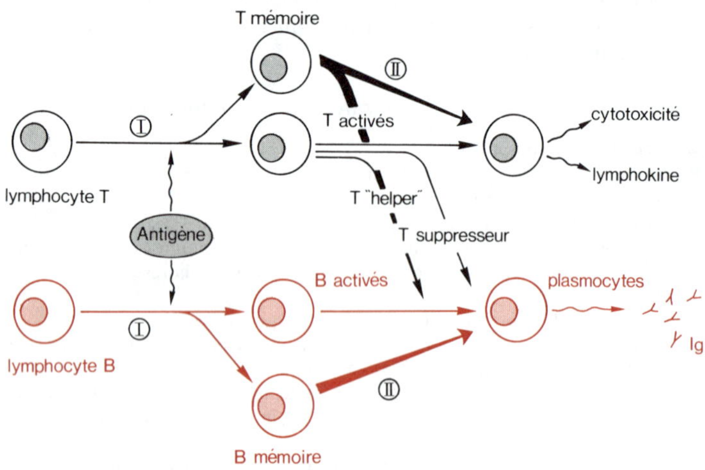

FIG. 135. — *Représentation schématique des étapes d'une réponse immunitaire.* I : première exposition à l'antigène. II : deuxième exposition : les lymphocytes « mémoires » permettent une réponse beaucoup plus rapide.

c. Coopération entre cellules

Il a été montré, *in vivo* et *in vitro*, que les cellules B dépendent des macrophages et des lymphocytes T pour produire les anticorps dirigés contre la majorité des antigènes. Les macrophages (ou les monocytes ou des cellules apparentées) ont un rôle dans la présentation des déterminants antigéniques (après phagocytose et digestion partielle de l'antigène) aux lymphocytes qui possèdent les récepteurs spécifiques de ces déterminants. Ainsi, les lymphocytes T activés par l'antigène libèrent des molécules qui vont aider les cellules B à entrer dans le processus de prolifération.

Des expériences comparables à celle qui est décrite dans la figure 136 illustrent cette notion essentielle de coopération cellulaire : des souris irradiées et privées de thymus perdent leur aptitude à répondre à un antigène donné. Ni les lymphocytes T ni les lymphocytes B, prélevés dans la moelle osseuse ou le thymus d'une souris consanguine ne permettent, seuls, une restauration de la réponse immunitaire ; alors que l'association des deux populations cellulaires restaure la réponse immunitaire. Des lymphocytes T ont dans ce cas un rôle adjuvant (« T helper » des Anglo-Saxons) et sont le support de la mémoire immunitaire impliquée dans la réponse secondaire.

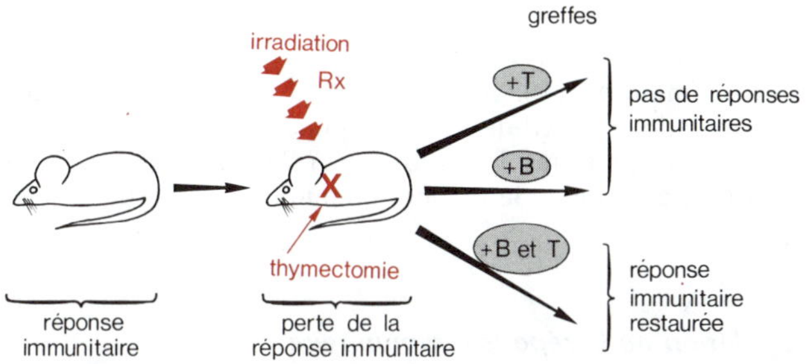

FIG. 136. — *Principe des expériences démontrant la nécessité d'une coopération cellulaire entre lymphocytes B et lymphocytes T.* L'irradiation (rayons X) détruit les cellules B de la moelle osseuse, la thymectomie prive l'animal de son stock de lymphocytes T. La réponse immunitaire ne peut être restaurée que si les deux populations cellulaires, provenant d'un animal consanguin, sont greffées au premier animal.

2. *Réponses immunitaires à médiation cellulaire*

Dans ce cas, les anticorps circulants ne sont pas la forme de réponse à l'intrusion d'éléments étrangers dans l'organisme (les deux types de réponses coexistent dans la plupart des cas). Ce sont des lymphocytes T cytotoxiques, porteurs de systèmes de reconnaissance spécifiques des antigènes, qui sont recrutés dans ce type de réponse.

a. Données expérimentales

La démonstration de l'existence d'une réponse à médiation cellulaire est obtenue par des expériences telles que celles-ci :

— Si le transfert passif de l'immunité ne peut être effectué par administration de sérum, on démontre que les anticorps ne sont pas impliqués ; par contre, l'immunité est rétablie par transfert de lymphocytes.

— Lorsqu'on provoque une déplétion des lymphocytes T (thymectomie néonatale, injection de sérum antilymphocytaire...), on supprime toute réponse immunitaire à médiation cellulaire (à l'origine de la survie des greffes tissulaires).

— La *transformation lymphoblastique* est l'ensemble des modifications morphologiques et métaboliques qui s'observent *in vitro* lorsque des lymphocytes d'un sujet immum sont mis en présence de l'antigène : elle est obtenue par culture mixte *in vitro*, de lymphocytes normaux provenant de deux individus allogéniques (base de la recherche d'histocompatibilité entre deux sujets). Deux phases peuvent être distinguées : prolifération puis cytotoxicité. L'analyse de la prolifération est réalisée avec des marquages avec de la 3 H thymidine ; celle de la cytotoxicité en mesurant la libération de ^{51}Cr par des cellules cibles précédemment marquées.

b. Coopérations cellulaires

In vivo, comme *in vitro*, une prolifération cellulaire se produit, avec plusieurs populations spécifiques de lymphocytes T. Les cellules effectrices sont les Tc (lymphocytes T cytotoxiques). D'autres types cellulaires interviennent tout au long de la réponse immunitaire et participent à sa régulation.

3. *Régulation de la réponse immunitaire*

Lymphocytes T adjuvants ou amplificateurs (T_H, pour T « helper »). Cette classe de lymphocytes T, activés par l'antigène, intervient pour faciliter la réponse des cellules B (transformation en plasmocytes) et T (transformation en Tc) mises en présence d'un antigène.

Les cellules T_H sécrètent alors diverses substances regroupées sous le nom de *lymphokines*. Les lymphokines ne réagissent pas avec les antigènes qui ont déclenché leur production mais présentent diverses actions locales :

— activation de la phagocytose des macrophages (MAF, pour « macrophage activating factor », facteur activateur des macrophages et facteur inhibiteur de la migration des macrophages : MIF, pour « macrophage migration inhibition factor ») ;

— prolifération des cellules T induite par l'*interleukine 2*, puissant mitogène ;

— action inflammatoire (histamine).

Lymphocytes T cytotoxiques (Tc)

Lorsque des lymphocytes T sont au contact de cellules étrangères, ou de cellules infectées par un virus, ils sont activés en quelques jours et deviennent des cellules effectrices cytotoxiques qui se lient spécifiquement aux cellules cibles qui ont provoqué leur activation et les tuent. Les mécanismes moléculaires sont mal connus : la cellule T établit un contact avec la cellule cible et en quelques minutes il se produit une lésion irréversible de cette dernière, sans que la cellule T ne soit endommagée.

Lymphocytes T suppresseurs

Une classe de lymphocytes T (qui ont été appelés suppresseurs) interviendrait dans l'inhibition des réponses cellulaires et humorales. Les niveaux auxquels ils agiraient restent mal connus et l'existence de cette classe de lymphocytes ne peut être prouvée par l'existence de marqueurs spécifiques.

4. *Diverses formes de l'expression de la réponse immunitaire*

La réponse immunitaire est le plus souvent stéréotypée ; son expression peut être disproportionnée par rapport à l'agression. On distingue :

— l'hypersensibilité immédiate (à médiation humorale)
  — allergie,
  — anaphylaxie,
  — réaction d'Arthus ;
— l'hypersensibilité retardée (à médiation cellulaire) :
  — rejets de greffe,
  — réaction à la tuberculine, etc.

II. RÉGÉNÉRATION ET PROCESSUS CICATRICIELS

Les animaux présentent, à des degrés divers, la capacité de restaurer certaines parties de l'organisme qui ont pu être endommagées ou simplement nécessitent un renouvellement périodique.

La *régénération* peut se définir comme la reconstitution naturelle d'une partie vivante qui a été détruite, la *cicatrisation* comme une simple réparation d'une lésion. Le processus de régénération est plus élaboré puisqu'il restaure la partie manquante, avec toutes ses caractéristiques morphofonctionnelles.

Seuls quelques exemples seront mentionnés ici, aucune approche synthétique ne paraissant possible dans l'état actuel des connaissances.

A. *La régénération*

La régénération est un processus d'autant plus fréquent que l'on s'adresse à des organismes plus primitifs. Elle a été particulièrement étudiée chez les Planaires, les Annélides ou les Échinodermes, animaux dont les capacités de régénération sont grandes. Les Arthropodes, les Amphibiens, peuvent régénérer, pour certains, diverses parties de leur organisme.

1. *Régénération caudale chez les Planaires et les Annélides*

Chez la planaire *Polycelis nigra,* une section en arrière des ovaires est suivie de la régénération caudale complète en une semaine à la température du laboratoire. Des observations basées en particulier sur l'activité des cellules neurosécrétrices cérébrales indiquent une influence possible d'une neurosécrétion sur le processus de régénération.

Chez diverses Annélides, l'amputation de la partie caudale est également suivie d'une activation de cellules neurosécrétrices des *ganglions cérébroïdes,* avec sécrétion de leur contenu dans l'heure qui suit l'intervention. Dans ce cas, des interventions diverses (amputations, greffes de tronçons surnuméraires, ablations des ganglions nerveux...) ont clairement montré l'existence de la libération d'une substance (hormone, neuromédiateur ?) commandant la régénération. La substance en question, issue des ganglions supraœsophagiens, aurait d'autres fonctions, en particulier sur la maturation génitale.

2. *Capacités de régénération chez les Mammifères*

Dans ce groupe, les capacités de régénération sont limitées à quelques territoires tels que :

— les couches germinatives de la peau,
— les muqueuses du tractus gastro-intestinal, de l'endomètre...,
— le foie,
— l'endothélium des capillaires...

La régénération (lorsque le processus est très intense) ou le simple renouvellement d'un tissu peuvent s'effectuer de deux façons :

- duplication de cellules différenciées déjà en place, ce qui produit des cellules filles identiques ;
- différenciation de cellules souches non différenciées.

a. Duplication de cellules différenciées

Dans le cas des cellules du foie, des reins, ou des cellules endothéliales des vaisseaux, le processus normal de renouvellement des cellules, par duplication, est considérablement accéléré après une lésion importante du tissu.

L'intégrité de ces tissus est protégée par un mécanisme homéostatique qui permet un ajustement permanent du taux des divisions cellulaires au taux des disparitions cellulaires (cette situation existe bien évidemment dans les autres tissus puisque l'individu adulte reste à peu près semblable à lui-même pendant de longues périodes, mais la vitesse d'ajustement du taux de mitoses et l'ampleur du phénomène ne sont pas les mêmes dans tous les tissus).

Foie

Parmi les techniques couramment mises en œuvre pour apprécier l'activité mitotique des hépatocytes, on peut citer l'autoradiographie (cf. tome I) faisant suite à l'injection de thymidine radioactive (seul précurseur spécifique de l'ADN). En prélevant le foie (ou en faisant une simple biopsie de cet organe) des animaux en expérience, à des temps variables après un stimulus déterminé, il est possible de suivre la proportion d'hépatocytes entrés en phase S du cycle cellulaire (synthèse d'ADN objectivée par l'incorporation du précurseur marqué au niveau des noyaux cellulaires) en fonction du temps (fig. 137). La vitesse de régénération hépatique est considérable : en une semaine, un rat peut régénérer les 2/3 de son foie. Des petites peptides, d'origine hépatique, semblent intervenir dans les ajustements rapides de l'activité mitotique.

Si les atteintes sont trop fréquentes, les hépatocytes ne se renouvellent pas assez vite et ce sont des *fibroblastes* qui envahissent plus ou moins largement le foie, provoquant une cirrhose (fréquente chez les alcooliques).

Endothélium des capillaires

L'endothélium des capillaires est toujours régénéré rapidement après blessure ou simplement lors du remodelage permanent de tissus tels que l'endomètre utérin ou l'os. Ce sont les tissus environnants qui gouvernent la multiplication des cellules endothéliales.

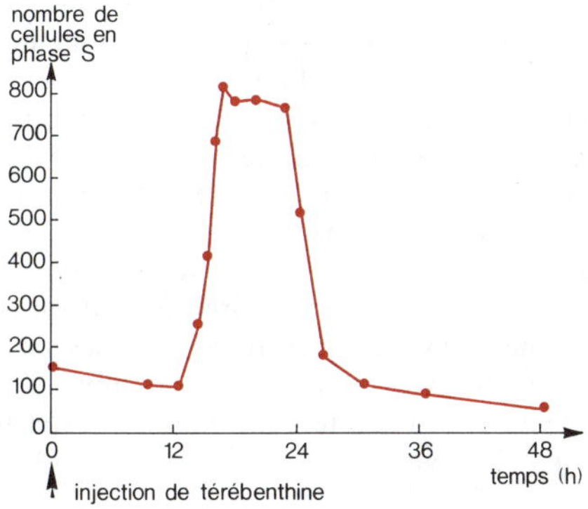

FIG. 137. — *Étude* in vivo *de la division des hépatocytes.* Il est possible de déclencher une vague de division des hépatocytes chez des rats de 10 jours soumis à une injection sous-cutanée unique (to) d'un agent irritant (la térébenthine par exemple). Le principe de l'exploration est le suivant : à des temps divers après to, une injection de thymidine tritiée est effectuée, suivie du prélèvement hépatique 30 minutes plus tard. Le foie est fixé et des coupes histologiques sont réalisées puis soumises à une autoradiographie. Après un délai suffisant, le nombre de noyaux *marqués,* c'est-à-dire ayant noirci, localement, l'émulsion photographique, est compté, sur les coupes (un champ microscopique représente en moyenne 4000 cellules). On obtient ainsi le nombre d'hépatocytes entrés en phase S (synthèse d'ADN). Seules les valeurs moyennes ont été représentées ici.

(D'après divers travaux de C. NADAL *et al,* 1973-1976.)

Reins

Après l'ablation d'un rein, on note une hypertrophie compensatrice du rein contralatéral. Il existe là encore des signaux spécifiques de l'organe.

Facteurs de croissance et chalones

Des *facteurs de croissance* ont pu être isolés de divers tissus animaux. Il s'agit le plus souvent de polypeptides, très actifs *in vitro* sur la prolifération de certaines catégories cellulaires.

Dans les divers cas où l'on assiste à une accélération des mitoses après ablation partielle d'un tissu, il semble que le mécanisme déclenchant soit le plus souvent une *levée d'inhibition* plutôt qu'une stimulation. Sous le terme de *chalones,* on groupe les substances (dont certaines ont pu être au moins en partie caractérisées) qui inhibent les mitoses dans un tissu donné. Ces molécules sont en général des polypeptides ou des glycoprotéines.

b. Division de cellules souches

Les cellules souches d'un tissu peuvent être définies par les propriétés suivantes :

— elles ne sont pas l'aboutissement d'une voie de différenciation ;

— elles peuvent se diviser indéfiniment ;

— après division, chaque cellule fille peut soit rester une cellule souche à son tour, soit subir une différenciation.

La régénération par division de cellules souches concerne en particulier les tissus dont le renouvellement est très rapide : épithélium intestinal, épiderme, cellules sanguines, cellules de la lignée spermatogénétique (voir plus loin). Parmi les facteurs qui déclenchent la différenciation d'une cellule fille plutôt que son maintien à l'état de cellule souche, la perte du contact avec la lame basale, dans le cas des épithéliums, semble déterminant, sans que le mécanisme soit compris actuellement.

Certaines populations cellulaires, enfin, ne peuvent être remplacées : c'est le cas pour les cellules dont le nombre définitif est atteint très tôt au cours du développement. Les cellules nerveuses, les cellules cardiaques, celles du cristallin, les ovocytes, et un certain nombre d'autres cellules ne peuvent plus se diviser chez l'adulte des Mammifères et toute destruction est irrémédiable dans ces divers cas.

B. *Cicatrisation*

Après lésion d'un tissu, l'exsudation locale de sang est suivie de la formation d'un caillot de fibrine (voir plus loin). Les débris cellulaires et la fibrine sont alors éliminés par des macrophages.

La région est ensuite progressivement envahie par des capillaires sanguins néoformés à partir de bourgeonnements depuis la vascularisation périphérique. Des éléments nerveux et des vaisseaux lymphatiques colonisent également la région, l'ensemble baignant dans une matrice extracellulaire riche en protéoglycanes d'abord puis en fibres de collagène sécrétées par des fibroblastes dans un second temps (environ une semaine après le début de cicatrisation dans le cas de la peau).

La cicatrisation d'une région épithéliale est accompagnée d'une prolifération rapide des cellules épithéliales voisines, jusqu'à ce que la partie lésée soit à nouveau couverte.

La cicatrisation nécessite des apports en vitamine C et en divers acides aminés. Elle est retardée par de fortes concentrations de corticostéroïdes.

III. PHYSIOLOGIE DE L'HÉMOSTASE

Les divers mécanismes qui participent à l'arrêt d'une hémorragie sont regroupés sous le terme d'hémostase.

A. *Éléments de phylogénie*

Chez les Invertébrés dépourvus d'un exosquelette rigide et dont la pression des liquides extracellulaires est faible (vers marins, Echinodermes dépourvus d'un test calcaire, etc.), le principal mécanisme assurant l'hémostase est simplement une contraction des parois du corps ou de la musculature incluse dans les parois vasculaires. Lorsque la paroi du corps est rigide, ou si la pression sanguine est élevée, ce mécanisme ne suffit pas. Chez les oursins, par exemple, les cellules sanguines peuvent s'agréger, au site de lésion, pour former un bouchon hémostatique mou. Le mécanisme est amélioré chez divers Arthropodes ou Mollusques : les cellules sanguines s'agrègent avant de former une masse syncytiale cohérente. Chez d'autres Arthropodes, l'hémostase est assurée par un processus mettant en jeu la coagulation d'une protéine apparentée au fibrinogène *(coagulogène)* élaborée et sécrétée par des cellules sanguines qui se lysent très rapidement lors d'une lésion (cellules « explosives » des Crustacés, coagulocytes des Insectes).

On retrouve les éléments de la coagulation associés aux cellules sanguines plutôt qu'au plasma chez les Poissons, alors que les autres Vertébrés ont essentiellement des facteurs circulants.

Chez les Mammifères, l'hémostase correspond à une séquence d'événements qui se succèdent rapidement :

— contraction et rétraction de la paroi vasculaire lésée ;

— interaction des plaquettes avec la surface lésée et formation d'un *thrombus blanc* (« clou plaquettaire ») ;

— activation de la coagulation qui permet la formation d'un réseau de fibrine consolidant le thrombus plaquettaire.

Par commodité, on distingue deux phases principales, l'hémostase primaire (formation du thrombus blanc) et l'hémostase secondaire (coagulation proprement dite).

L'ensemble du processus résulte d'interactions complexes qui mettent en jeu la paroi vasculaire, les plaquettes et les facteurs de coagulation. La masse formée par la fibrine et les plaquettes obture la brèche vasculaire, pendant que la cicatrisation débute ; le caillot est ensuite résorbé par le système fibrinolytique.

B. *Mécanismes de l'hémostase primaire*

L'hémostase primaire résulte de la rupture de l'équilibre d'interactions moléculaires complexes entre la paroi vasculaire, les plaquettes et les facteurs de la coagulation du sang. Elle aboutit à un arrêt du saignement des petits vaisseaux.

1. *La paroi vasculaire*

a. Cellules endothéliales

Les cellules endothéliales forment une monocouche continue (sauf dans les quelques territoires tels que le foie ou la rate, où existent des sinusoïdes) séparant la lumière des vaisseaux sanguins du reste de l'organisme. Ces cellules ont une activité synthétique et sécrétoire intense ; elles élaborent en particulier :

— les composants de la matrice extracellulaire sur laquelle elles reposent (collagène de type IV, fibronectine, glycosaminoglycanes) ;

— plusieurs molécules libérées dans la circulation, qui ont un rôle dans la coagulation (« facteur * » de von Willebrand ou facteur VIII ; facteur tissulaire thromboplastique, complexe moléculaire qui intervient dans la voie extrinsèque de la coagulation, envisagée plus bas) ;

— certains activateurs du plasminogène, l'α 2 macroglobuline, l'antithrombine III...

b. Sous-endothélium

C'est la région de l'intima (voir chap. 2) des vaisseaux sur laquelle sont fixées les cellules endothéliales. Cette région est thrombogène ; elle permet l'adhésion des plaquettes sanguines et l'activation de la voie intrinsèque de la coagulation, *via* le facteur Hageman (voir plus loin).

c. Cellules musculaires lisses de la média vasculaire

Ces cellules assurent les variations du calibre du vaisseau, en réponse aux diverses stimulations locales, nerveuses ou hormonales. En particulier, la *sérotonine* ou le *thromboxane A2* (voir plus loin) libérés par les plaquettes provoquent leur contraction.

2. *Plaquettes sanguines (thrombocytes)*

a. Structure

Ce sont des disques de 2 µm de diamètre environ, cellules anucléées issues de la fragmentation des *mégacaryocytes* de la moelle osseuse. Les deux tiers circulent dans le sang (150 000 à 350 000 par mm^3), le reste étant stocké dans la rate. Leur durée de vie est d'environ 10 jours chez l'homme.

L'ultrastructure d'une plaquette reflète la spécialisation de ses divers territoires (fig. 138) : membrane et ses prolongements, cytosquelette, organites.

- **Système membranaire des plaquettes**

La membrane plasmique possède les diverses caractéristiques de composition, fluidité, perméabilité déjà mentionnées (tome I). Un glycocalyx épais renferme divers facteurs plasmatiques de la coagulation (fibrinogène, facteurs V, VIII-C, XI...).

Le métabolisme des phospholipides de la membrane plaquettaire est relativement bien connu : les phospholipides sont précurseurs des prostaglandines, du PAF-acether (« platelet activating factor », facteur d'activation plaquettaire) et du facteur plaquettaire 3 (FP3) mentionné plus loin.

Un système canaliculaire ouvert, formé d'invaginations de la membrane

* Les facteurs qui interviennent dans les réactions aboutissant à la coagulation du sang sont désignés par des chiffres romains le plus souvent (voir tableau 14).

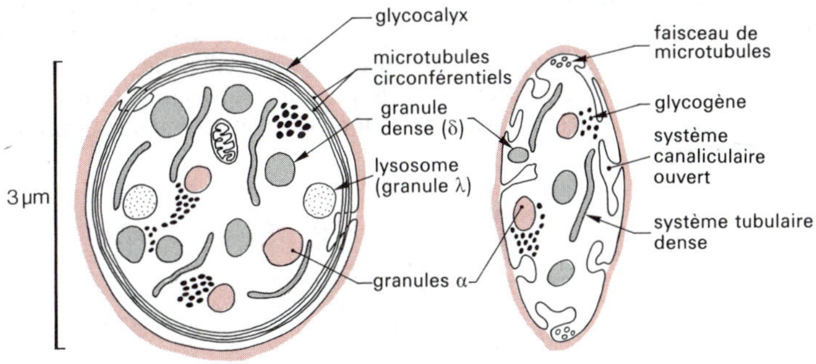

FIG. 138. — *Représentation schématique de l'ultrastructure d'un thrombocyte en coupe équatoriale* (à gauche) *et en coupe tranversale* (à droite).

plaquettaire permet l'accès des substances plasmatiques à l'intérieur de la plaquette, ainsi que le drainage des sécrétions issues des granules cytoplasmiques.

Un système tubulaire dense, comparable, sur le plan physiologique, au réticulum sarcoplasmique du muscle, permet une accumulation d'ions Ca^{2+} susceptibles d'intervenir lors de l'activation du système contractile des plaquettes ou lors de l'activation des enzymes du métabolisme des prostaglandines.

- **Cytosquelette**

Les protéines fibrillaires sont aussi abondantes dans les plaquettes que dans une cellule musculaire lisse (environ 20 % des protéines sont représentées par l'actine et la myosine).

L'activation du système contractile est contrôlée par divers mécanismes mettant en jeu la calmoduline et la concentration de Ca^{2+} ainsi que des protéines phosphorylées et le système adénylcyclasique.

- **Organites**

Outre des mitochondries et des dépôts de glycogène, les plaquettes renferment une variété de granules de sécrétion :

— granules denses (δ) renfermant ADP, ATP, Ca^{2+}, sérotonine ;

— granules α renfermant diverses protéines telles que du fibrinogène, l'accélérine (facteur V), le facteur VIII, la fibronectine, de la β thromboglobuline, des facteurs mitogènes plaquettaires, le facteur plaquettaire 4 (FP4, facteur anti-héparinique);

— lysosomes (granules λ) riches en hydrolases acides, cathepsine (une protéase), proélastase, collagénase...

b. Activation plaquettaire

- **Définition**

Après interaction de certaines substances (ADP, adrénaline, acide arachidonique et dérivés, thrombine, PAF acéther...) avec des récepteurs membranaires spécifiques, les plaquettes changent de forme, s'agrègent (fig. 139) puis sécrètent le contenu des granules α et δ, éventuellement de leurs lysosomes. Ces sécrétions amplifient alors le phénomène d'agrégation. Le processus fait intervenir des mouvements d'ions Ca^{2+} et le système contractile des plaquettes.

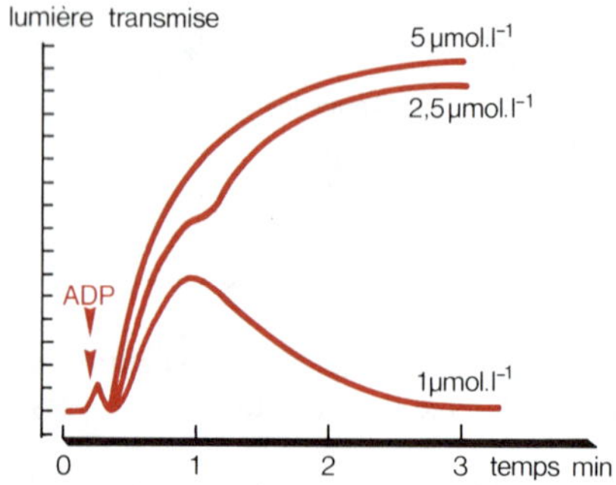

FIG. 139. — *Mesure de l'agrégation plaquettaire.* L'enregistrement continu du pourcentage de transmission d'un faisceau lumineux à travers une suspension de plaquettes (en milieu citraté) permet de suivre le degré d'agrégation et la réversibilité du phénomène. Une faible concentration d'ADP (1 $\mu mol.l^{-1}$) entraîne une agrégation réversible, sans sécrétion plaquettaire. Avec des concentrations plus fortes (2,5 et 5 $\mu mol.l^{-1}$), une deuxième vague d'agrégation se produit, par suite de la formation de TXA^2 (voie de l'acide arachidonique) et de l'exocytose du contenu des granules plaquettaires ; le phénomène est alors irréversible.
(Modifié, d'après B. BONEU et J. P. CAZENAVE, Boehringer, 1982.)

- **Mécanismes d'activation plaquettaire**

Plusieurs mécanismes peuvent être à l'origine de l'activation des plaquettes. Parmi ceux-ci, certains sont assez bien connus :

— *Voie de l'ADP*

L'ADP provoque l'activation plaquettaire en se fixant à un récepteur spécifique, ce qui entraîne une diminution de la concentration d'AMPc intraplaquettaire, un changement de forme de la plaquette et une mobilisation des sites récepteurs du fibrinogène associés à la membrane.

— *Voie de l'acide arachidonique*

Il suffit de faibles concentrations de collagène ou de thrombine pour déclencher l'activation d'enzymes spécifiques de la membrane plaquettaire (fig. 140) et provoquer la libération d'acide arachidonique à partir du carbone 2 des glycérophosphatides membranaires. L'acide arachidonique est ensuite transformé en *prostaglandines* :

— prostaglandines endoperoxydes : PG G_2 et PG H_2, cette dernière donnant le thromboxane A_2 (TXA_2) ;

— prostaglandines stables : PG D_2, PG E_2, PG $F_{2\alpha}$.

Certaines prostaglandines sont de puissants inducteurs des sécrétions plaquettaires (PG G_2, PG H_2, TX A_2), d'autres sont inhibitrices (PG D_2 par exemple) et c'est l'équilibre entre les concentrations des diverses prostaglandines qui régit en grande partie l'état d'activation plaquettaire.

La voie de l'acide arachidonique est bloquée par l'acide acétylsalicylique (aspirine), inhibiteur de la cyclooxygénase (fig. 140).

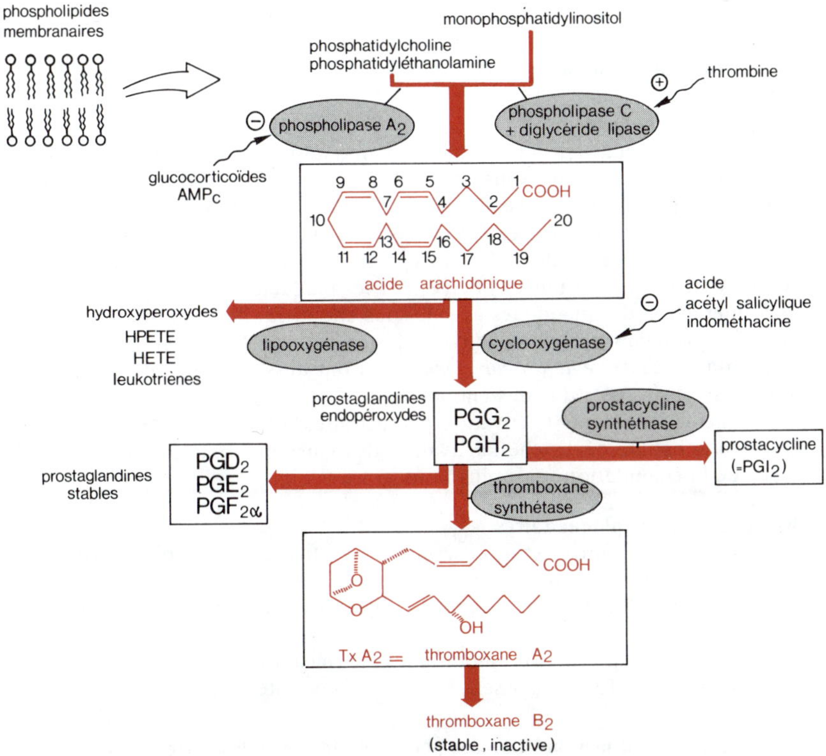

FIG. 140. — *Quelques voies du métabolisme de l'acide arachidonique.* La libération d'acide arachidonique peut se faire à partir de plusieurs phospholipides membranaires, lorsque les plaquettes entrent en contact avec de faibles concentrations de collagène ou de thrombine. Les enzymes dont l'acide arachidonique est le substrat peuvent alors produire divers composés qui mèneront à des prostaglandines, des thromboxanes ou des leukotriènes.

— *Autres voies d'activation*

Lorsque les concentrations de collagène ou de thrombine sont très élevées, l'inhibition de la cyclooxygénase n'empêche pas l'activation des plaquettes. Des substances dérivées de l'action des phospholipases pourraient alors être en cause (acide phosphatidique, PAF-acéther ?).

3. Phases initiales de l'hémostase normale

Après une blessure, l'hémostase normale fait intervenir les plaquettes, la paroi vasculaire et la coagulation du sang ; le saignement cesse en 4 à 8 minutes. La séquence d'événements peut se décomposer ainsi :
— agrégation et sécrétion plaquettaires ;
— stimulation du métabolisme des phospholipides membranaires endogènes ;
— stimulation de la coagulation.

a. Adhésion plaquettaire

La première étape de l'hémostase est une adhésion des plaquettes aux composants de la surface sous-endothéliale mise à nu par la lésion : collagènes de types III et IV (membranes basales) et microfibrilles. L'adhésion est facilitée par le ralentissement du débit sanguin qui fait suite à la vasoconstriction locale déclenchée vraisemblablement par la sérotonine, le TXA_2, et d'autres substances libérées par les plaquettes.

L'interaction des plaquettes avec le sous-endothélium serait modulée par diverses protéines présentes dans le plasma, comme la *fibronectine* et des composants du *système du complément* qui ont aussi une affinité marquée pour les constituants du sous-endothélium.

En même temps que l'activation plaquettaire, la mise à nu de la surface sous-endothéliale déclenche l'activation des voies extrinsèques et intrinsèques de la coagulation (voir plus loin).

b. Les sécrétions plaquettaires

— ADP, Ca^{2+}, fibronectine et sérotonine participent à l'amplification du phénomène d'agrégation ;
— facteur V, facteur plaquettaire 4 et fibrinogène influencent la coagulation ;
— enzymes lysosomiaux : modifient la perméabilité vasculaire ;
— sérotonine, TXA_2 : agissent sur la vasomotricité locale.

c. Stimulation du métabolisme des phospholipides membranaires

La membrane plaquettaire permet la formation de PG G_2, PG H_2 et TX A_2 (fig. 140) à partir de l'acide arachidonique. Les phospholipides de la membrane des cellules endothéliales donnent également des prostaglandines PG G_2 et PG H_2 mais l'enzyme thromboxane synthétase étant absent de ces cellules, il se forme de la *prostacycline* (PG I_2) par action d'une prostacycline synthétase (fig. 141).

L'équilibre entre les concentrations de thromboxane A_2 d'origine plaquettaire (favorisant l'agrégation) et de prostacycline d'origine endothéliale (inhibant l'agrégation) conditionne l'importance de l'activation et de l'agrégation plaquettaires.

Après agrégation plaquettaire, la coagulation du sang est rapidement stimulée.

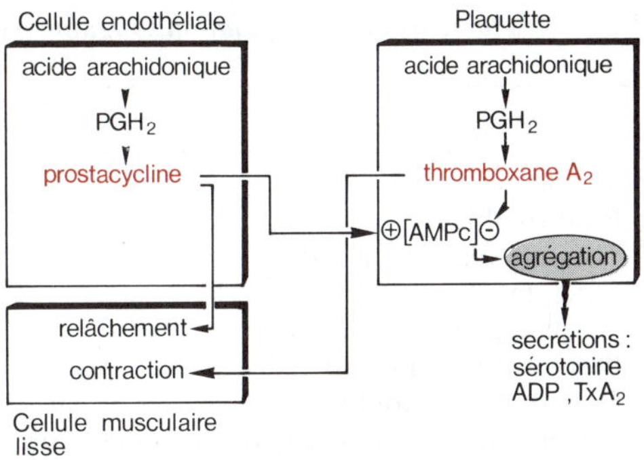

FIG. 141. — *Interactions possibles entre cellules endothéliales et plaquettes lors des phases initiales de l'hémostase.*
(Modifié, d'après J. TEPPERMAN, *Metabolic and Endocrine Physiology*, 4th ed. 1980, Year book Medical Publishers.)

C. *Hémostase secondaire : la coagulation du sang*

1. *Le mécanisme*

Lors de l'agrégation plaquettaire, le facteur plaquettaire 3 (FP 3 : complexe phospholipoprotéique membranaire riche en particulier en phosphatidylsérine) accélère l'activation du facteur X (facteur Stuart) et la transformation de la prothrombine en thrombine.

La thrombine catalyse la polymérisation de la fibrine, ce qui stabilise le thrombus plaquettaire et participe à la stimulation de l'activation plaquettaire. La production de prostacycline par la cellule endothéliale est également augmentée et limite, par contre, l'expansion du thrombus plaquettaire.

2. *La cascade d'activations enzymatiques*

La coagulation est le résultat de la succession rapide d'activations enzymatiques, selon une séquence bien précise (chaîne d'activations) et avec un phénomène d'amplification du signal initial lors de chaque étape.

Chaque enzyme (tableau 14) est présent dans le plasma sous forme d'un précurseur inactif et une amputation spécifique d'un fragment de la molécule suffit à l'activer. Les facteurs antihémophilique A (facteur VIII-C) et l'accélérine (facteur V) sont seulement des cofacteurs, dépourvus d'activité enzymatique.

Il a été montré *in vitro* que deux voies sont possibles pour initier la coagulation (fig. 142).

- **Voie endogène** (les diverses substances impliquées sont exclusivement d'origine sanguine).

Le contact du sang avec une surface « mouillable » ou électronégative entraîne sa coagulation en quelques minutes, par suite de l'activation du

TABLEAU 14. — *Les facteurs de la coagulation sanguine (synonymes).*

Facteur	
I	Fibrinogène
II	Prothrombine
III	Thromboplastine tissulaire
IV	Calcium
V	Proaccélérine, facteur labile
VII	Proconvertine, facteur stable
VIII	Facteur antihémophilique A
IX	Facteur antihémophilique B, facteur christmas
X	Facteur Stuart-Prower
XI	Précurseur de la thromboplastine plasmatique
XII	Facteur Hageman, facteur contact
XIII	Facteur stabilisant de la fibrine

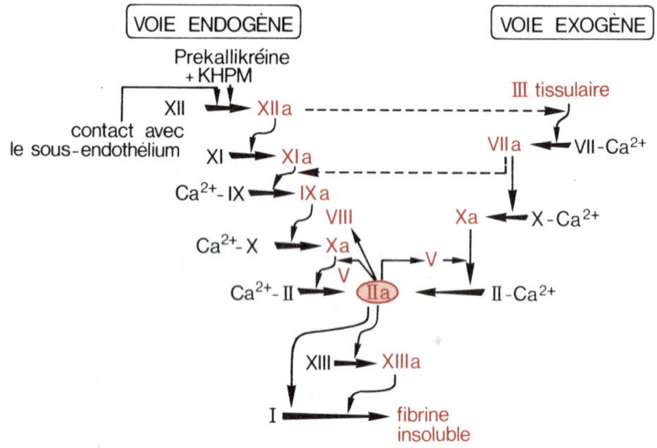

FIG. 142. — *Les deux voies d'initiation de la coagulation chez l'homme.* KHPM, kininogène de haut poids moléculaire. (Explications dans le texte.)

facteur Hageman (facteur XII), au contact des phospholipides de la membrane plaquettaire (FP 3).

• **Voie exogène** (certaines substances étrangères au sang activent cette voie).

Lorsque le sang entre en contact avec certains phospholipides appartenant à des membranes tissulaires (« *thromboplastine* » tissulaire ou facteur III), la coagulation se produit en 10 à 15 secondes.

Chez un individu sain, les deux voies coexistent le plus souvent et il est difficile d'attribuer une influence prépondérante à l'une ou à l'autre.

Les divers facteurs de la coagulation sont d'origine hépatique (à l'exclusion des facteurs VIIIC et III). La *vitamine K*, dont on connaît les propriétés antihémorragiques intervient dans la synthèse de plusieurs d'entre eux (facteurs II, VII, IX et X). La vitamine K contrôle également la synthèse de la protéine C (voir plus loin).

Plusieurs facteurs sont consommés lors de la coagulation du sang et sont ainsi absents du sérum (fraction liquide exsudée par le sang coagulé) :

— le fibrinogène (soluble) est transformé en fibrine ;

— la prothrombine donne la thrombine, rapidement inactivée ;

— l'accélérine et le facteur antihémophilique A (VIII C) sont inactivés par la thrombine ;

— le facteur stabilisant de la fibrine (XIII) est inactivé.

3. *Régulation de la coagulation*

Les facteurs de la coagulation sont en large excès dans le sang : la quantité de prothrombine présente dans un volume de sang suffirait à produire la thrombine nécessaire à la coagulation de cent fois ce volume. Compte tenu du caractère autocatalytique des réactions de la coagulation, la mise en jeu de mécanismes régulateurs puissants est nécessaire pour éviter une propagation du phénomène.

Parmi les nombreux inhibiteurs plasmatiques qui s'opposent à l'action des facteurs activés dès que ceux-ci s'éloignent de la surface du thrombus plaquettaire, on connaît bien :

— l'inactivation de la thrombine par la fibrine ;

— l'action de l'antithrombine III dont les effets portent sur la plupart des enzymes activés de la coagulation (l'*héparine*; libérée par les mastocytes, accélère ces effets) ;

— l'$_{\alpha 2}$ macroglobuline du plasma possède un fort pouvoir antithrombine ;

— la *protéine C*, de découverte récente, inactive le facteur V (accélérine) et le facteur antihémophilique A ; son action est contrôlée par un inhibiteur circulant.

D. *Fibrinolyse*

La fibrinolyse correspond à la digestion enzymatique du thrombus secondaire formé par les plaquettes agrégées et la fibrine. L'enzyme qui attaque la fibrine est la *plasmine* (ou *fibrinolysine*), dont le précurseur, inactif, est le plasminogène, élaboré par les cellules hépatiques.

Comme la coagulation, la fibrinolyse est précisément réglée par le jeu d'activateurs (facteur Hageman activé, kallikréine, activateurs endothéliaux mobilisés lors de l'anoxie ou de stress divers) et d'inhibiteurs (α_2-antiplasmine, α_2-macroglobuline) de la conversion du plasminogène en plasmine (fig. 143), ce qui lui confère un caractère localisé.

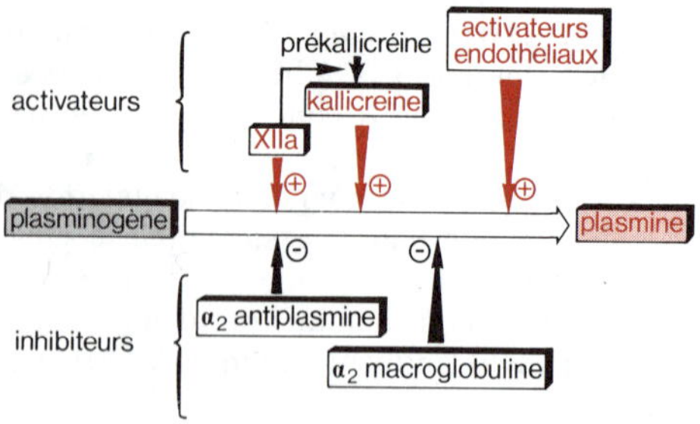

FIG. 143. — *Éléments de régulation de la fibrinolyse.*

IV. RÉPONSES GLOBALES DE L'ORGANISME AUX AGRESSIONS

Lorsqu'un organisme subit une agression (traumatisme, infection, douleur, changement marqué des conditions de l'environnement...) prise dans le sens d'une sollicitation exagérée des capacités d'ajustements physiologiques, un certain nombre de processus orientés vers la survie de l'individu, face à la situation d'urgence, sont rapidement activés. On se limitera aux Mammifères, dans ce paragraphe, pour aborder quelques aspects de ces réactions aux agressions.

A. *La notion de stress*

Il n'existe pas de définition simple du stress. Le terme est souvent abusivement employé pour désigner aussi bien les facteurs extérieurs à l'organisme générateurs de contraintes que les réactions physiologiques elles-mêmes à ces contraintes. On doit considérer le mot stress comme une commodité de langage qui permet de regrouper une famille de situations très diverses qui se traduisent toutes par des réactions de l'organisme en grande partie non spécifiques.

Parmi les situations susceptibles de représenter un stress, on peut mentionner :

— les modifications marquées des caractéristiques de l'environnement (hydratation, température, niveau sonore, teneur en oxygène...) ;

— les agressions d'ordre physique (traumatismes, hémorragies, douleurs, infections, exercices physiques intenses et prolongés...) ;

— les contraintes d'ordre émotionnel (nouvelles situations, entassement, anxiété, compétitions, combats...).

Il n'existe pas non plus d'échelle de mesure de l'intensité du stress subi par un organisme : la réaction à une situation donnée peut être extrêmement variable selon les individus. Certaines races de porc sont, par exemple, excessivement sensibles aux manipulations, ou aux transports et une assez forte proportion des individus peut développer dans ces conditions un état de choc en quelques minutes avec une mortalité élevée (syndrome de stress aigu du porc).

Lors d'un stress, c'est le système neuro-endocrinien de l'organisme qui est immédiatement recruté et la mise en jeu plus ou moins prolongée de réactions non spécifiques permet de définir deux modes principaux de réaction aux agressions.

B. *La réaction d'alarme* (ou d'urgence)

En quelques secondes, ou minutes après l'exposition à un stress, la mise en jeu globale du système nerveux sympathique se traduit par une libération massive de noradrénaline par les terminaisons nerveuses et de noradrénaline et adrénaline par la glande médullosurrénale (fig. 144). Après un temps

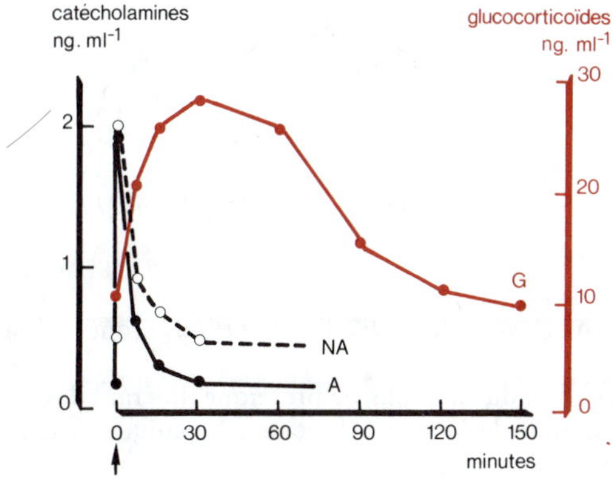

FIG. 144. — *Évolution de la concentration de glucocorticoïdes* (G), *d'adrénaline* (A) *et de noradrénaline* (NA) *dans le plasma d'un mouton, lors des manipulations associées à la tonte.* La libération des catécholamines est fugace, alors que la sécrétion de glucocorticoïdes se maintient pendant près de deux heures.

(Redessiné, d'après R. DANTZER et P. MORMÈDE, *Le stress en élevage intensif*, Masson, 1979.)

de latence, l'hypophyse antérieure libère de l'ACTH (voir tome I), qui stimule la sécrétion de corticostéroïdes par la glande corticosurrénale. Un certain nombre d'autres hormones sont libérées dans les minutes ou l'heure qui suit l'agression (aldostérone, ADH, STH, glucagon, hormones thyroïdiennes...) sans que l'on comprenne clairement leur signification physiologique.

La libération rapide des catécholamines entraîne diverses modifications physiologiques préparant l'organisme à la *fuite* ou à une *lutte* ; par exemple,

— augmentation de la fréquence et de la force des contractions cardiaques ;

— dilatation bronchique améliorant les échanges gazeux respiratoires ;

— glycogénolyse hépatique, augmentant la concentration de glucose dans le sang ;

— redistribution du sang prioritairement vers les muscles, par le jeu des différences territoriales de la vasomotricité.

L'activation de la corticosurrénale, qui fait suite à la libération d'ACTH (fig. 145) permet de faire face à un stress éventuellement de longue durée ;

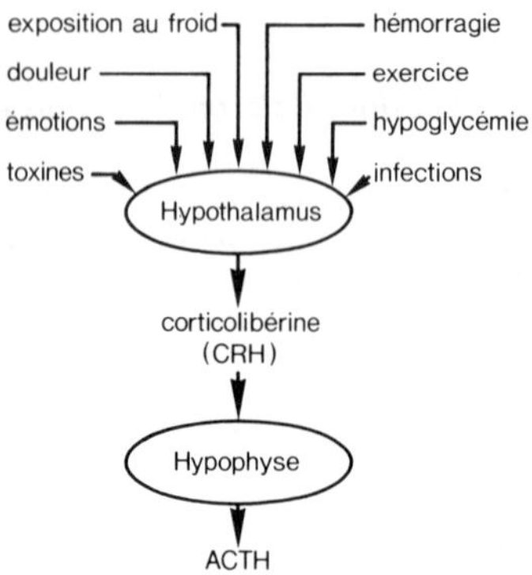

FIG. 145. — *Facteurs déclenchant une sécrétion d'ACTH par l'hypophyse.*

les concentrations élevées de cortisol (ou corticostérone, selon les espèces) assurent :

— une stimulation du catabolisme protéique, libérant des acides aminés ;

— une stimulation de la gluconéogenèse hépatique, à partir des acides aminés circulants ;

— une stimulation de la libération de triglycérides à partir du tissu adipeux ;

— une inhibition de la consommation de glucose par de nombreuses cellules (sauf neurones).

L'action conjointe des hormones libérées dans les réactions d'urgence permet de faire face à une forte demande de substrats énergétiques par les muscles : mobilisation des réserves, redistribution des ressources, préparation au jeûne.

C. *Le syndrome général d'adaptation*

Un *syndrome* est un ensemble de signes et de symptômes caractéristiques d'une affection particulière.

Le syndrome général d'adaptation est caractérisé par la succession de trois phases :

— la *réaction d'alarme* (vue ci-dessus) ;

— la phase de *résistance au stress,* dans laquelle l'organisme parvient à faire face aux contraintes qu'il subit ;

— la phase d'*épuisement* qui indique un dépassement des capacités de réaction et se termine par la mort.

Au cours de la phase de résistance au stress, les glucocorticoïdes sont sécrétés de façon particulièrement abondante et peuvent avoir alors des effets pathologiques. S'ils favorisent la mobilisation et l'utilisation des substrats énergétiques, et par là entretiennent et prolongent l'action des catécholamines, ils ont des effets moins bénéfiques à long terme car :

— ils retardent la cicatrisation (inhibition de la synthèse de collagène) ;

— ils inhibent la formation d'anticorps ;

— ils diminuent le nombre des lymphocytes circulants et des granulocytes éosinophiles ;

— ils provoquent une régression du thymus et des autres organes lymphoïdes.

Des troubles gastriques apparaissent fréquemment dans le syndrome général d'adaptation : les ulcérations gastriques se rencontrent dans toutes les espèces soumises à des stress fréquents. L'hypersécrétion de suc gastrique (par excès de *gastrine*), la diminution de la vitesse de renouvellement des cellules épithéliales, la diminution de la sécrétion de mucus sont à l'origine des ulcérations.

Parmi les autres effets nocifs, des fortes concentrations des glucocorticoïdes, on connaît l'accélération du développement de l'hypertension artérielle et de l'athérosclérose, troubles plus fréquents dans les populations soumises à des stress permanents.

11

LES FONCTIONS DE REPRODUCTION

I. REPRODUCTION ASEXUÉE ET REPRODUCTION SEXUÉE

La reproduction est le processus biologique par lequel de nouveaux organismes d'une espèce sont produits à partir d'individus préexistants.

La *reproduction asexuée* permet à un organisme unique de produire des descendants sans passer par le recours à des cellules sexuées. Cette forme de reproduction peut se faire par scissiparité (chez des Protozoaires, Spongiaires, divers Annélides...) ou par bourgeonnement (Spongiaires, Cnidaires, Bryozoaires...). On peut voir certains avantages à la reproduction asexuée : plus grande simplicité des mécanismes par rapport à la reproduction sexuée, production possible de nombreux individus formant un clone à partir du parent, situation favorable à la colonisation rapide d'un environnement stable s'il est favorable. Dans le cas de modifications de l'environnement, la reproduction asexuée devient par contre défavorable.

La *reproduction sexuée* présente un certain nombre d'avantages pour les espèces qui peuvent y avoir recours :

— Le mélange des génomes qui intervient par suite des recombinaisons génétiques accompagnant la méiose, puis par le hasard de la rencontre des gamètes, permet une grande diversification génétique à chaque génération, situation avantageuse pour la survie de l'espèce, dans le cadre de l'adaptation à des fluctuations climatiques, biotiques ou autres de l'environnement.

— Les méthodes d'étude de la génétique des populations ont pu montrer que la reproduction sexuée permet, par le brassage génétique qu'elle entraîne dans une population, une *dissémination* beaucoup plus rapide d'allèles indépendants favorables à l'espèce (un allèle est une variante d'un gène apparue par mutation). Dans le cas de la reproduction asexuée, les individus porteurs de plusieurs allèles différents n'apparaissent que par le cumul de mutations successives dans un même clone, phénomène plus rare que les recombinaisons du génome accompagnant la reproduction sexuée.

— La reproduction sexuée est également la condition du maintien de la diploïdie, propriété des organismes qui permet un *enrichissement* plus rapide du génome de l'espèce (dissémination des nouveaux gènes formés par duplication de certains fragments chromosoniques). Dans les espèces à reproduction asexuée, c'est encore le cumul des événements duplication du gène puis mutation (deux événements rares) dans un même clone qui permet la création de nouveaux gènes.

Comme pour d'autres fonctions vues précédemment, la variété des modalités de reproduction rencontrées chez les animaux est considérable. On limitera ce chapitre à certains aspects de la reproduction sexuée et aux problèmes de régulations qu'elle peut poser, en se référant le plus souvent aux Mammifères ou à des espèces qui représentent des modèles favorables à certaines recherches.

II. OVOGENÈSE ET PHYSIOLOGIE SEXUELLE FEMELLE

A. *Principales phases de l'ovogenèse*

L'ovogenèse présente des variantes selon les diverses espèces mais les principales étapes sont toujours les suivantes (fig. 146) :

— Colonisation des gonades primitives par des cellules germinales primordiales, d'origine extra-gonadique (par exemple chez les Mammifères) ou extra-embryonnaire (Oiseaux).

— La multiplication des ovogonies, et leur augmentation de taille, donne une population d'*ovocytes primaires* (cellules diploïdes) qui entrent en prophase méiotique.

— La première division de méiose débute mais s'arrête en cours de prophase pour une période allant de quelques semaines à plusieurs années selon les espèces. C'est durant cette période de pause que la maturation de l'ovocyte a lieu : accumulation de réserves, stockage d'ARN... C'est également pendant cette pause que les ovocytes de certaines espèces présentent une décondensation des chromosomes, lors des synthèses d'ARN (*chromosomes en écouvillons*, ou « lamp brush », des Amphibiens) et que beaucoup d'ovocytes dégénèrent.

— La fin de la maturation ne peut intervenir que chez la femelle sexuellement mûre : achèvement de la méiose, avec une première division (peu avant l'ovulation chez les Mammifères), inégale, du cytoplasme, donnant l'*ovocyte secondaire* (haploïde) et un premier *globule polaire* (haploïde également), puis une seconde division (après pénétration d'un spermatozoïde) donnant l'ovule (qui a conservé l'essentiel des réserves accumulées par l'ovocyte primaire) et un second globule polaire.

Le processus de *reprise de la méiose* des ovocytes fait l'objet de nombreux travaux utilisant souvent le modèle des ovocytes d'amphibiens à l'heure actuelle. Ce modèle présente les avantages suivants : grande taille de la cellule, facilité d'obtention en grand nombre, pas de sensibilité notable aux changements de température du laboratoire... Chez les Amphibiens (le Xénope par exemple), la reprise de la maturation de l'ovocyte est déclenchée par une augmentation de la concentration de progestérone issue des cellules folliculaires. Il se produit une rupture de la membrane nucléaire, l'émission du premier globule polaire et un blocage en métaphase de deuxième division de méiose. Une particularité intéressante concerne le mode d'action de la *progestérone* sur ce modèle cellulaire : l'hormone agit par une interaction directe avec la membrane de l'ovocyte. En effet, une micro-injection de progestérone ne provoque pas la reprise de la méiose ; par contre, des dérivés stéroïdiens liés de façon covalente à des polymères de haut poids moléculaire peuvent déclencher la maturation. Divers arguments expérimentaux laissent penser que la progestérone pourrait agir sur

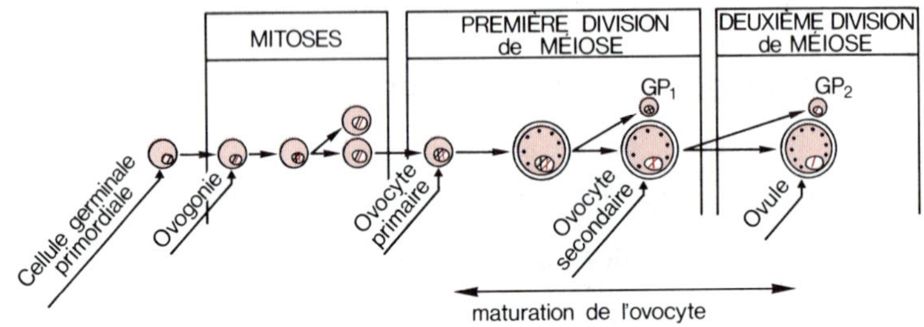

FIG. 146. — *Principales étapes caractéristiques de l'ovogenèse ;* GP_1 et GP_2, premier et deuxième globules polaires.

un site de reconnaissance inclus dans le feuillet interne de la membrane plasmique, situation qui, si elle se confirme, vient compliquer singulièrement le schéma de l'action des hormones stéroïdiennes, jusqu'ici très satisfaisant pour l'esprit... (cf. tome I).

B. *L'ovocyte mûr*

L'ovulation (libération du gamète à partir de l'ovaire) et la fécondation éventuelle peuvent intervenir à des moments différents de la séquence finale de maturation selon les espèces (fig. 147).

A maturité, le gamète femelle est souvent appelé *ovule* ; il devient un *œuf* (diploïde) après la fécondation par un spermatozoïde. Les ovocytes sont des cellules de grande taille par rapport aux autres cellules de l'organisme : 60 à 150 µm de diamètre pour les ovocytes humains ou ceux de l'oursin, 1 à 2 mm de diamètre chez la plupart des Amphibiens et Poissons et plusieurs centimètres chez les Oiseaux et Reptiles... Le grand volume atteint par ces cellules est essentiellement lié à l'accumulation de réserves nutritionnelles (*vitellus*, riche en protéines) qui assureront une autonomie relative à l'œuf, au moins pendant les premières phases de la segmentation.

Par rapport aux potentialités des cellules somatiques, les ovocytes présentent une capacité de croissance extrêmement rapide. Plusieurs conditions permettent une telle vitesse de croissance :

— les ovocytes étant en prophase de méiose lors des synthèses cela leur permet de disposer d'un stock d'ADN tétraploïde (deux jeux complets de chromosomes), situation favorable aux synthèses d'ARN ;

— certains ovocytes présentent en outre la capacité de multiplier un grand nombre de fois certains gènes (par exemple les gènes nécessaires aux synthèses des ARN ribosomaux sont parfois présents dans l'ovocyte d'amphibien en maturation à raison de plus de 10^6 copies par cellule...) ;

— la plupart des ovocytes sont aidés par d'autres cellules de l'organisme dans la constitution de réserves :

• cellules nourricières chez des Invertébrés, où des ponts cytoplasmiques peuvent s'installer entre celles-ci et l'ovocyte qui est alors « gavé » de macromolécules (ARN, protéines...) ;

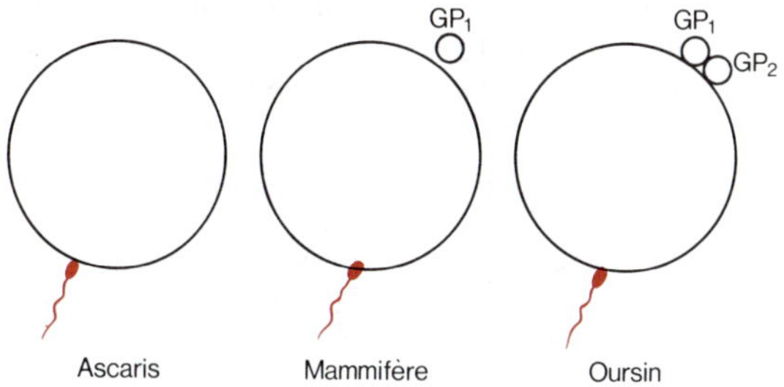

FIG. 147. — *Étapes finales de la maturation de gamètes femelles dans trois espèces animales :* le spermatozoïde féconde l'« ovule » avant la 1re division de maturation de l'ovocyte chez l'Ascaris, entre les deux divisions de maturation dans l'espèce humaine et après la maturation complète chez l'oursin.

• cellules folliculaires chez la plupart des Vertébrés, avec établissement de jonctions lacunaires (cf. tome I) entre elles et l'ovocyte, ce qui permet le passage de petites molécules précurseurs des synthèses de macromolécules ;

• intervention de territoires extra-ovariens ; chez les Amphibiens et les Oiseaux, les protéines du vitellus sont élaborées par les hépatocytes puis exportées sous forme de *« vitellogénine »,* jusqu'aux ovocytes, par voie sanguine. Les ovocytes incorporent les protéines par un processus d'endocytose médiée par des récepteurs spécifiques (cf. tome I).

La production de vitellogénine par des territoires extra-ovariens est également connue chez des Crustacés.

L'enveloppe des ovocytes est toujours formée d'une matrice extracellulaire riche en glycoprotéines et présente dans toutes les espèces une couche d'un matériel protecteur vis-à-vis des agressions mécaniques, au contact immédiat de l'ovocyte : *membrane pellucide,* glycoprotéique, des ovocytes mammaliens ou *membrane vitelline* chez les autres Vertébrés et les Invertébrés.

Des enveloppes complémentaires sont souvent sécrétées par les cellules qui entourent l'ovocyte lors de sa maturation : *gangue* gélatineuse des ovocytes d'amphibiens, *albumine* et coquille entourant les « œufs » d'Oiseaux, *chorion* résistant autour des ovocytes d'Insectes.

C. *L'ovogenèse des Mammifères*

La reproduction des Mammifères a été particulièrement étudiée pour diverses raisons, en particulier pour des considérations économiques (élevage) ou dans le souci de mieux cerner le contrôle de la fertilité humaine.

1. *Données histologiques*

Les ovocytes sont formés très tôt au cours du développement (période fœtale chez la plupart des Mammifères) : voir figure 148. Chaque ovocyte est entouré de quelques cellules, l'ensemble formant un *follicule primordial.* Les follicules primordiaux sont localisés dans le cortex ovarien tant qu'ils ne sont pas engagés dans leur phase de croissance.

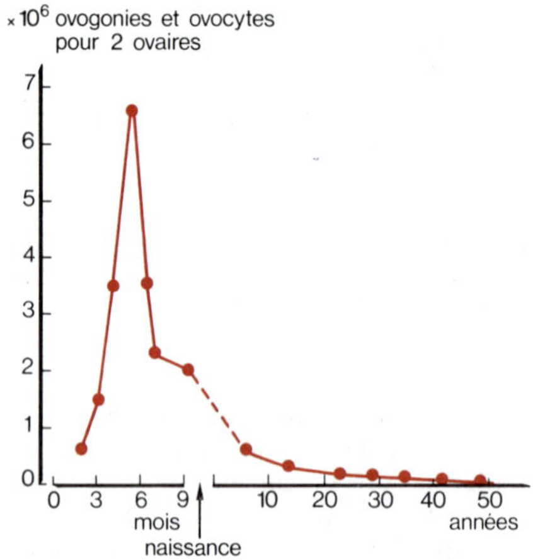

FIG. 148. — *Évolution du nombre d'ovocytes en fonction de l'âge dans l'espèce humaine.* La réserve initiale est constituée très précocement, avant la naissance, et elle s'épuise au fur et à mesure que l'individu prend de l'âge. A la ménopause, le stock initial est à peu près épuisé.

La croissance folliculaire n'intervient que chez les femelles sexuellement matures. Il se produit alors, au niveau de quelques follicules, une multiplication des cellules folliculaires qui formeront la *granulosa* (fig. 149 a). Une *thèque interne* et une *thèque externe,* toutes deux conjonctives, sont séparées de la granulosa par une membrane basale. Une cavité, l'*antrum,* se forme lorsque les cellules de la granulosa commencent à sécréter vers le centre du follicule.

Lorsqu'un follicule croît, il gagne la zone centrale de l'ovaire, pour revenir en périphérie lorsqu'il est au stade de *follicule de De Graaf* (gros follicule à antrum, prêt à subir l'ovulation).

Les thèques des follicules à antrum sont richement irriguées (sang et lymphe) et innervées. Les cellules de la granulosa, au contraire, séparées des éléments sanguins par une basale, n'entretiennent que des échanges métaboliques indirects avec le milieu intérieur (fig. 149 a). Les cellules de la granulosa sont étroitement unies entre elles, ainsi qu'à l'ovocyte, par des jonctions lacunaires portées par de nombreux prolongements (fig. 149 b).

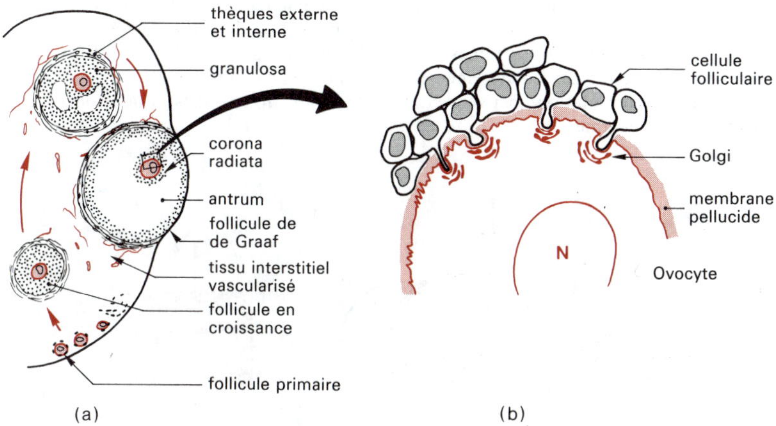

FIG. 149. — **a,** *schéma simplifié de l'évolution d'un follicule.* **b,** *détails des relations entre les cellules de la granulosa et l'ovocyte.*

2. *Des techniques d'approche expérimentale*

Parmi les très nombreuses techniques qui peuvent être appliquées à l'analyse des divers aspects de la physiologie sexuelle (mâle ou femelle), certaines méritent d'être citées pour leur portée générale :

— Techniques désormais classiques d'ablations, greffes, injections d'extraits semi-purifiés de préparations tissulaires, shunts vasculaires...

— Étude des variations cycliques d'un organe sur un même animal, par exemple en utilisant une greffe d'un fragment de cet organe dans la chambre antérieure de l'œil, ce qui autorise l'examen microscopique régulier, sans intervention chirurgicale, en observant simplement le greffon au travers de la cornée transparente (applicable à des fragments d'ovaires ou d'endomètre par exemple).

— Dosages radio-immunologiques (cf. tome I) des hormones impliquées dans les régulations de la physiologie sexuelle, sur des prélèvements de sang (ou de liquide folliculaire, épididymaire...).

— Dosages de la quantité et de l'affinité des récepteurs des hormones au niveau de leurs organes cibles.

— Utilisation de substances bloquant certaines voies de biosynthèse (on connaît plusieurs bloquants spécifiques d'enzymes impliquées dans le métabolisme des hormones stéroïdiennes), ou d'*anti-hormones,* molécules qui peuvent entrer en compétition avec certaines hormones endogènes au niveau des sites récepteurs de celles-ci (l'acétate de cyprotérone est un anti-androgène).

— Dosages des catabolites urinaires des hormones stéroïdiennes ; on sait en effet que les hormones stéroïdiennes sont éliminées par le rein après avoir été rendues solubles dans l'eau par *sulfo* ou *glycuroconjugaison* au niveau du foie. Les dosages des *phénolstéroïdes* (dérivés des œstrogènes) et du *prégnandiol* (dérivé de la progestérone) dans les urines de 24 h sont un bon index du niveau de sécrétion des hormones ovariennes...

— Cultures *in vitro* de gonades, de fragments de gonades, de cellules isolées, de follicules, d'ovocytes... avec manipulation de la composition du milieu de culture.

— *Déafférentations* de certaines régions du cerveau pour étudier les effets éventuels de certains noyaux du système nerveux central sur la physiologie de régions voisines ; les déafférentations peuvent être réalisées sur animal anesthésié, soit à l'aide d'une très fine lame (fig. 150) qui permet de sectionner les connexions entre des

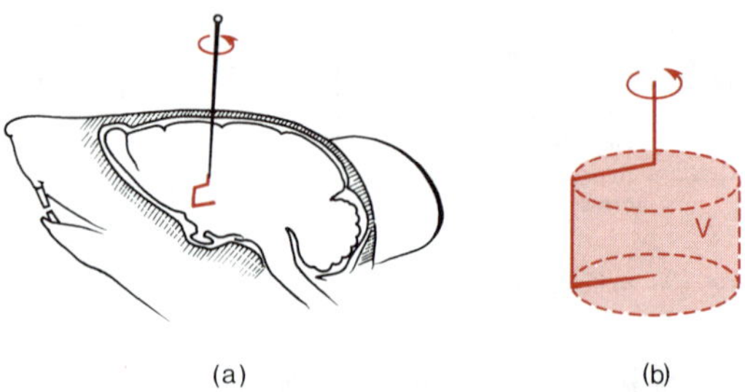

FIG. 150. — *Principe de la déafférentation chirurgicale :* la lame est mise en place **(a)** et un mouvement circulaire permet d'isoler le volume V de tissu nerveux, par section de toutes les connexions nerveuses avec les régions voisines **(b)**. En faisant varier la forme, la dimension et le site d'implantation de la lame, on peut explorer de nombreux territoires cérébraux.

régions bien délimitées du cerveau, soit à l'aide de courants de fréquence radio appliqués entre des microélectrodes placées en des points bien déterminés (dans tous les cas, un contrôle histologique *a posteriori* permet de valider les résultats obtenus ou de les rejeter si la lésion n'est pas conforme au schéma expérimental prévu).

— *Infusions chroniques* de diverses substances ou de cocktails hormonaux (pendant plusieurs jours ou semaines) à l'aide de micropompes mécaniques (systèmes souvent programmables sur de longues périodes à l'heure actuelle) ou de *micropompes osmotiques* (fig. 151 a).

Ce dernier système est particulièrement intéressant chez les animaux de petite taille. Les pompes osmotiques fonctionnent, comme l'indique leur nom, par effet osmotique (cf. tome I).

Il s'agit de structures ovoïdes de petite taille (2 à 4 cm de longueur selon les modèles), dont l'enveloppe est faite d'un matériau fibreux très bien supporté par l'organisme, ce qui permet de les placer dans une cavité naturelle, telle que la cavité abdominale, ou dans une poche sous-cutanée.

Les cristaux présents entre la poche élastique interne et l'enveloppe de la pompe osmotique provoquent un appel d'eau, par effet osmotique, et l'augmentation régulière de la pression dans le compartiment central entraîne une compression très progressive du réservoir souple, ce qui chasse la substance que l'on souhaite administrer. Le choix des matériaux permet un calibrage précis et les débits obtenus sont de l'ordre de 0.5 μl à 10 μl par h. selon les modèles. Certains artifices techniques permettent de délivrer les substances de manière séquentielle (fig. 151 b).

3. *Croissance folliculaire et synthèse des stéroïdes ovariens*

On retiendra que la vitesse de croissance des follicules n'est pas une constante, contrairement à ce que laissent penser certains schémas didactiques sur lesquels on voit par exemple un follicule primordial évoluer en 14

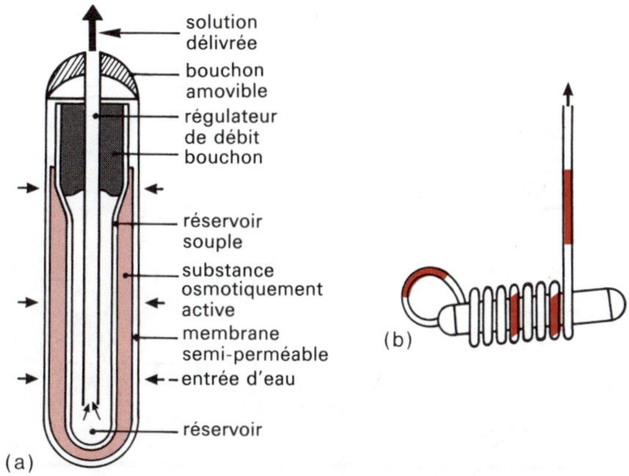

FIG. 151. — **a,** *coupe longitudinale d'une minipompe osmotique.*
b, *dispositif permettant de délivrer deux substances de manière séquentielle (après calibration du débit horaire de la pompe).*
(D'après documentation Alzet ; Scientific Marketing Associates.)

jours en follicule de De Graaf chez la femme. La croissance folliculaire dure en réalité plusieurs cycles pour être complète (plusieurs mois), et le follicule quittant la réserve des follicules primordiaux croît jusqu'à ce qu'il ovule ou qu'il involue (phénomène d'*atrésie folliculaire*). C'est pour cette raison que les divers stades de l'évolution folliculaire sont présents dans les coupes histologiques d'un seul ovaire.

L'entrée en croissance de quelques follicules, périodiquement, semble être un phénomène réglé localement, au niveau de l'ovaire (l'hypophysectomie ne bloque pas ce phénomène). Par contre, après formation de l'antrum, la croissance folliculaire dépend de l'imprégnation de l'organisme en *gonadotropines* : FSH et LH.

La FSH hypophysaire stimule la multiplication des cellules de la granulosa et la formation de l'antrum, d'autant plus fortement s'il existe une imprégnation préalable de l'organisme par l'*œstradiol.*

La LH ne stimule pas les multiplications ni la croissance des follicules mais permet la différenciation des cellules de la thèque interne, qui acquièrent leur capacité stéroïdogène (fig. 152).

La synthèse de stéroïdes par les cellules folliculaires débute lorsque l'antrum se forme. La concentration en stéroïdes est 100 à 1 000 fois plus élevée dans l'antrum que dans le sang veineux ovarien, aussi bien en ce qui concerne les œstrogènes (*17 β œstradiol* et *œstrone* chez la femme) que pour les androgènes (*testostérone* et *androstènedione* chez la femme) ou la *progestérone.* Cette situation est due à la très forte *polarité fonctionnelle* (cf. tome I) des cellules folliculaires, qui sécrètent vers l'antrum. L'absence d'irrigation

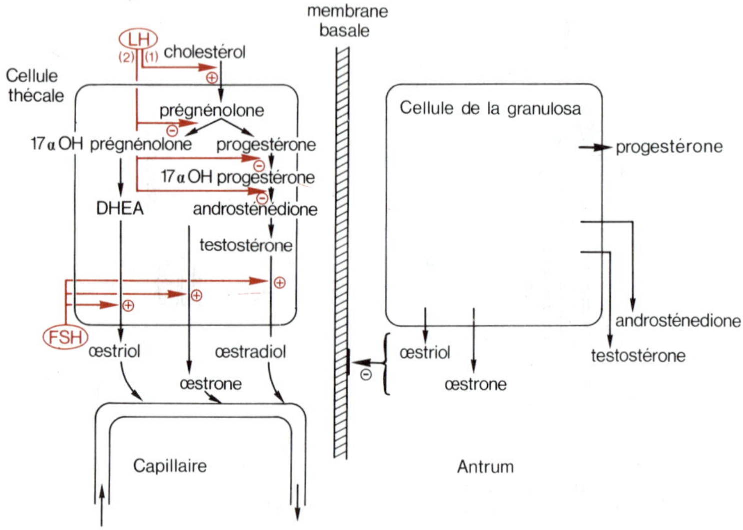

FIG. 152. — *Stéroïdes élaborés par les cellules de la thèque interne et de la granulosa d'un follicule en croissance.* En conditions basales, les hormones hypophysaires, FSH et LH (1) stimulent la production d'œstrogènes. Lors de la décharge ovulante, la LH (2) inhibe la voie de synthèse menant au DHEA (déhydroépiandrostérone) et à l'œstriol, ainsi que la formation de 17 α OH progestérone et androstène dione. Au total, la sécrétion de progestérone est favorisée. Après formation du corps jaune, les sécrétions des cellules de la granulosa ont également accès aux capillaires sanguins et les concentrations de progestérone augmentent encore.
(Modifié, d'après C. THIBAULT et M. C. LEVASSEUR, *La fonction ovarienne chez les Mammifères,* Masson, 1979.)

sanguine dans cette partie du follicule participe à la très forte rétention de la progestérone, qui ne se retrouve pas dans le plasma alors qu'elle est synthétisée en quantités comparables à celles de l'œstradiol dès le début de la croissance folliculaire. Les stéroïdes élaborés par les cellules de la thèque interne (œstrogènes et androgènes), par contre, peuvent être drainés par les capillaires et se retrouvent dans la circulation générale. La figure 152 résume les capacités de stéroïdogenèse du follicule en croissance.

Reprise de la méiose

La méiose reprend dès qu'un ovocyte est séparé des cellules de la granulosa ; celles-ci élaborent un « facteur » inhibiteur (OMI, pour « oocyte maturation inhibitor », inhibiteur de la maturation ovocytaire) qui transite par les cellules du *cumulus oophorus* avant d'atteindre le gamète, *via* des ponts cytoplasmiques entre les diverses cellules. La décharge ovulante (LH surtout et FSH à moindre degré) libère l'ovocyte de cet effet inhibiteur, par un mécanisme encore mal compris.

4. *Ovulation*

L'augmentation rapide du taux de *gonadotropines* dans le sang ou « décharge ovulante », en fin de phase folliculaire (fig. 153) déclenche :

— la fragilisation de la membrane du follicule (action due surtout à FSH) ;

— la dissociation des cellules du *cumulus oophorus*, qui reliaient l'ovocyte à la granulosa (effet déclenché directement par FSH et LH) ;

— la fin de la maturation ovocytaire (émission du premier globule polaire) ;

— la rupture de la paroi folliculaire (contraction de l'ovaire).

Ces divers événements se déroulent en une dizaine d'heures après le début de la décharge ovulante chez la lapine, environ quarante heures chez

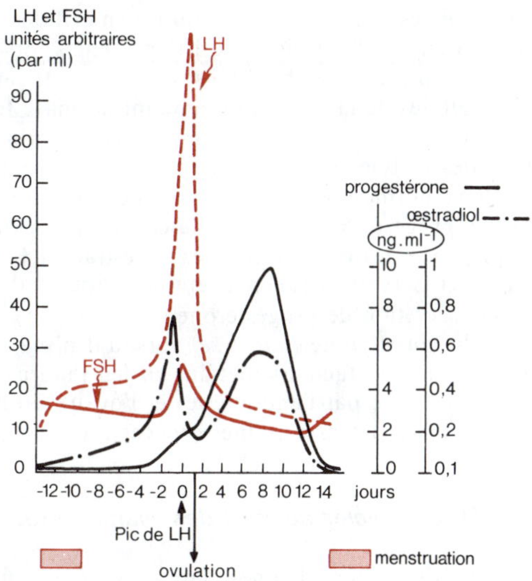

FIG. 153. — *Concentration des hormones gonadotropes hypophysaires (LH et FSH), de l'œstradiol et de la progestérone dans le plasma au cours du cycle sexuel de la femme.* Le cycle est daté à partir du jour où le pic de LH est détecté.
(Modifié, d'après SPEROFF, L. & VAN DE WIELE, *Am. J. Obstet. Gynecol.*, **109,** 234, 1971.)

la femme. L'ensemble du processus, tel qu'il est actuellement perçu, est complexe et fait intervenir à la fois la granulosa (sécrétion de progestérone indispensable à la stimulation des activités collagénases puis production de prostaglandines), les thèques du follicule et la région périphérique de l'ovaire (sources des activités collagénases), ainsi que l'épithélium ovarien (libération d'enzymes lysosomiales).

L'expulsion finale du contenu libre du follicule, dont l'enveloppe tournée vers l'extérieur de l'ovaire est fragilisée à l'extrême, intervient à la suite de contractions ovariennes. L'ovocyte est libéré en entraînant la *corona radiata* (fig. 149) ensemble des cellules qui étaient à son contact immédiat dans le follicule, et qui restent ancrées dans la membrane pellucide.

5. *Le corps jaune*

Après l'ovulation, les cellules de la granulosa et de la thèque interne du follicule rompu forment une glande endocrine temporaire, le *corps jaune.*

La vascularisation sanguine et lymphatique du futur corps jaune prend place peu avant l'ovulation, lorsque la lame basale qui entourait les cellules de la granulosa disparaît. Après l'ovulation, les cellules de la granulosa se transforment en *cellules lutéales* (multiplication cellulaire, hypertrophie, polyploïdie très souvent), sécrétrices de progestérone (vers le sang), en même temps que des cellules de la thèque interne prolifèrent, à des degrés variables, et peuvent envahir également l'espace laissé vacant par la rupture du follicule.

La *transformation* des cellules de la granulosa en cellules lutéales dépend directement des fortes concentrations de LH présentes lors de la décharge ovulante : cette action n'est possible que si des taux suffisants de FSH ont pu atteindre les cellules de la granulosa pendant la phase folliculaire.

La *sécrétion* de progestérone (essentiellement) par le corps jaune nécessite une stimulation des cellules lutéales par la LH et la prolactine ; l'une ou l'autre de ces deux hormones hypophysaires peut suffire pour maintenir une sécrétion de progestérone, mais celle-ci reste alors inférieure à ce qu'elle est en présence des deux hormones. L'œstradiol 17 β et les prostaglandines (PG) E_1 et E_2 (voir p. 221) peuvent participer, à des degrés divers, au maintien de la sécrétion de progestérone.

La régression du corps jaune *(lutéolyse),* lorsqu'il n'y a pas eu fécondation, dépend de nombreux facteurs mettant en jeu l'utérus, (rôle lutéolytique de la PG $F_{2\alpha}$, sécrétée par l'endomètre) et l'ovaire lui-même (synthèse d'œstrogènes et de PG $F_{2\alpha}$ dans certaines espèces).

D. *Les cycles sexuels des Mammifères*

L'action des hormones stéroïdiennes élaborées par l'ovaire sur leurs tissus cibles est simplement rappelée dans le tableau 15.

Seules seront abordées dans ce paragraphe quelques données contemporaines sur le *contrôle neuroendocrinien* du fonctionnement de l'ovaire ; les cycles sexuels sont la conséquence de ce contrôle.

TABLEAU 15. — *Actions des hormones ovariennes sur divers tissus cibles chez la femme.*

ŒSTROGÈNES (œstradiol, œstrone, œstriol).

- Croissance et développement de l'utérus, du vagin, des glandes annexes.
- Participent à la croissance des glandes mammaires (canaux, acini, accrétion de lipides).
- Développement de la pilosité axillaire et pubienne.
- Pigmentation des régions aréolaires et génitales.
- Prolifération des muqueuses utérine et vaginale à chaque cycle.
- Sécrétion des glandes du col utérin.
- Actions sur les glandes mammaires (développement des canaux galactophores).
- Rétro-action sur les sécrétions hypophysaires.
- Actions sur le métabolisme (à forte concentration), rétention d'eau et sels ; rétention azotée (effet limité).

PROGESTÉRONE.

- Action sur l'endomètre (développement, sécrétions...).
- Stimulation des sécrétions des glandes du col utérin.
- Modifications de la cytologie de la muqueuse vaginale.
- Action en synergie avec les œstrogènes pour moduler les sécrétions de gonadotropines hypophysaires en fin de cycle (menstruation).
- Prolifération des acini de la glande mammaire.
- Action thermogène.

1. *Variété des cycles sexuels des femelles de Mammifères*

Chez de nombreux Mammifères, la reproduction intervient pendant une période limitée de l'année, comme dans la plupart des autres groupes animaux. Chez l'homme, divers autres primates et certains Mammifères domestiques ou commensaux de l'homme, la reproduction ne suit pas ou peu les rythmes saisonniers.

L'*œstrus* est un état physiologique de la femelle qui accepte l'accouplement. Le cycle œstrien correspond au délai qui sépare deux périodes d'œstrus. Il est classiquement divisé en plusieurs phases, durant lesquelles on peut distinguer des différences morphofonctionnelles au niveau de certains organes reproducteurs de la femelle (fig. 154).

Selon les espèces, les femelles peuvent présenter un seul cycle œstrien par an ou plusieurs, voire une succession ininterrompue de cycles pendant toute la durée de la maturité sexuelle (tableau 16).

La lapine et quelques autres Mammifères (furet, chat, chameau...) présentent une situation particulière, avec *œstrus permanent* durant de longues périodes. Chez une lapine adulte, bien que la réceptivité sexuelle puisse

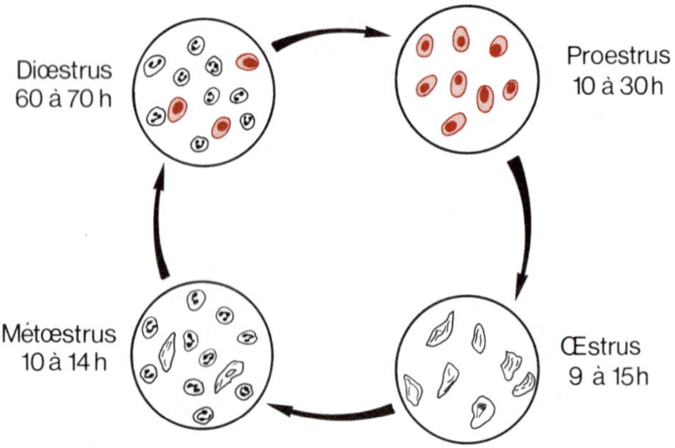

FIG. 154. — *Représentation schématique de l'évolution des types cellulaires observés dans un frottis vaginal de ratte au cours d'un cycle sexuel.* Le cycle dure 4 à 5 jours dans cette espèce et 4 stades sont distingués. Au cours de l'*œstrus,* l'épithélium vaginal est le siège de nombreuses mitoses et les cellules des couches superficielles deviennent cornées et s'exfolient. Le *metœstrus* succède à l'ovulation ; le vagin est envahi par de nombreux leucocytes, les cellules cornées étant peu nombreuses. Pendant le *dioestrus,* les leucocytes sont toujours abondants et quelques cellules épithéliales nucléées apparaissent ; ces dernières sont le type dominant observé dans un frottis réalisé durant le *prœstrus.*

(Adapté de C.D. TURNER & J. T. BAGNARA, *General Endocrinology,* 6th ed., Saunders, 1976.)

TABLEAU 16. — *Cycles sexuels de quelques Mammifères femelles à ovulation spontanée*

(d'après R. SADLEIR, in *Reproduction in Mammals,* pp. 85-102, Austin, C. R. & R. V. Short, Cambridge Univ. Press, 1973).

Espèce	*Cycle*	*Durée du cycle*	*Durée de l'œstrus*
Chien	Monoœstrus	—	9 jours
Cobaye	Polyœstrus	17 jours	6 à 11 h
Souris	—	4 à 5 jours	3 h
Mouton	—	16	30 à 36 h
Vache	—	20	12 à 22 h
Porc	—	21	2 à 3 jours
Cheval	—	22	4 à 6 jours
Singe Rhésus	Menstruel	28	*
Chimpanzé	—	35	*
Homme	—	28	*

* Accouplement possible à tout moment du cycle.

fluctuer, les ovaires renferment en permanence des follicules matures dont l'ovulation est déclenchée par les stimulations mécaniques du vagin accompagnant la copulation (femelle à *ovulation provoquée*).

Le cycle menstruel des Primates obéit au même type de régulations neurohormonales que les cycles des autres Mammifères, mais il diffère des autres cycles par la *menstruation*, régression et nécrose de la partie superficielle de l'endomètre utérin qui s'accompagne d'une perte de sang plus ou moins marquée selon les espèces et qui termine le cycle.

2. *Contrôle du cycle sexuel des Primates*

Chez les Primates, le cycle sexuel est contrôlé à la fois par le système nerveux central et par les ovaires.

Les processus physiologiques affectant le système reproducteur se déroulent au cours de cycles dont les rythmes sont lents, d'une durée supérieure à

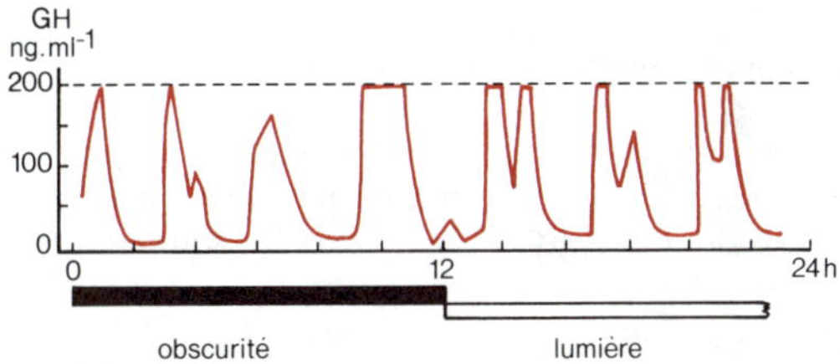

FIG. 155. — *Exemple de rythme sécrétoire de période inférieure à 24 h :* variations de la concentration d'hormone de croissance (GH : $ng.ml^{-1}$), chez un rat, au cours d'un nycthémère. Les prélèvements de sang ont été réalisés toutes les 15 minutes grâce à un cathéter placé à demeure dans la veine jugulaire externe, sans perturber le comportement de l'animal. Afin de ne pas anémier ce dernier, les hématies lui sont injectées à nouveau, après centrifugation du sang. Le dosage de GH est réalisé sur le plasma, par dosage radio-immunologique. *Le pointillé horizontal* indique la limite de précision du dosage, pour les valeurs élevées ($> 200\ ng.ml^{-1}$). La périodicité des sécrétions de GH est de 3,3 h environ en moyenne, si l'étude est faite sur plusieurs animaux.
(D'après G. S. TANNENBAUM & J. B. MARTIN, *Endocrinology*, **98**, 562-570, 1976.)

24 h et considérés pour cette raison comme des cycles de basse fréquence. Depuis quelques années, on a montré que des cycles de haute fréquence (période inférieure à 24 h) sont impliqués dans la commande de l'activité sécrétoire de l'hypothalamus et de l'hypophyse, en particulier pour ce qui concerne la physiologie sexuelle (mais des cycles de haute fréquence existent également pour la commande de l'axe hypothalamus-hypophyse-cortico-surrénales ou pour les sécrétions d'hormone somatotrope par exemple : voir fig. 155).

Les variations des concentrations hormonales et la hiérarchie qui existe entre les trois étages impliqués dans le contrôle des cycles sexuels commencent à être relativement bien compris chez les Primates supérieurs : le système nerveux central est à l'origine de la rythmicité des sécrétions hypophysaires mais les ovaires exercent un rétrocontrôle du fonctionnement hypophysaire par leurs sécrétions hormonales (fig. 156).

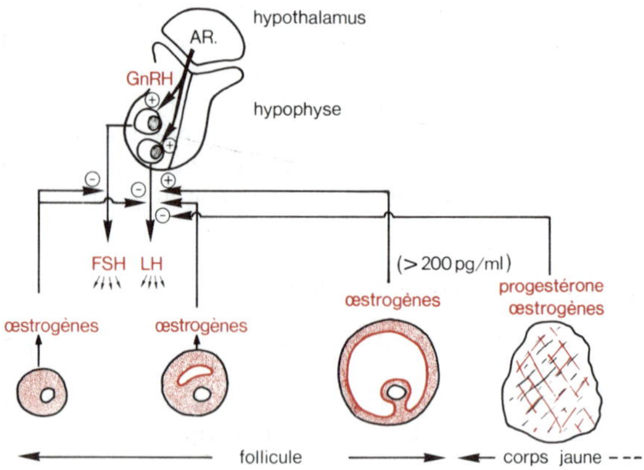

FIG. 156. — *Représentation schématique du contrôle du cycle sexuel d'une femelle de Mammifère.* AR, noyaux arqués. (Explications dans le texte.)

L'essentiel des travaux récents a porté sur la femelle du « singe Rhésus » *(Macacus rhesus),* dont la physiologie sexuelle s'apparente à celle de la femme :

— cycle de 28 à 33 jours ;
— évolution des concentrations hormonales comparable ;
— structure histologique des organes génitaux présentant la même évolution lors d'un cycle.

Les principaux résultats obtenus dans cette espèce sont résumés ci-dessous et dans la figure 156.

La sécrétion de base des gonadotropines FSH et LH est pulsatile, avec un pic se produisant à peu près toutes les heures chez la femelle de singe rhésus (toutes les une ou deux heures chez la femme, selon les auteurs). Un tel rythme, proche d'une durée d'une heure, est appelé *circhoral.*

La rythmicité de la sécrétion des gonadotropines dépend de la décharge de *gonadolibérine* (FSH/LH-RH ou GnRH : cf tome I) dans le système porte hypophysaire par l'hypothalamus. Les neurones renfermant la gonadolibérine sont essentiellement localisés dans l'hypothalamus médio-basal, selon les études immunocytochimiques qui ont été faites dans cette espèce. Or, la *déafférentation* complète de cette région ne supprime pas la sécrétion circhorale des gonadotropines ; un signal nerveux oscillant prend donc naissance dans l'hypothalamus médio-basal.

Des nécroses précisément contrôlées de certains noyaux hypothalamiques ont montré que lorsque les *noyaux arqués* de l'hypothalamus sont détruits, les sécrétions de FSH et LH sont abolies alors que les autres sécrétions hypophysaires sont peu ou pas affectées. On en déduit que les noyaux arqués sont très probablement le siège de la rythmicité des sécrétions.

Chez des femelles porteuses de lésions bilatérales des noyaux arqués, seules des infusions séquentielles de GnRH à raison de 1 μg par minute, durant 6 minutes, une fois par heure, permettent une sécrétion normale de FSH et LH au cours du cycle. Toute autre forme d'administration du GnRH (séquences d'infusion plus ou moins fréquentes, concentrations plus élevées infusées continuellement...) reste inefficace pour maintenir les taux de FSH et LH à leurs niveaux normaux chez ces animaux.

(*NB :* des applications cliniques ont rapidement été tentées et des infusions séquentielles comparables ont permis de traiter avec succès certaines femmes qui présentaient des troubles de l'ovulation.)

Rétrocontrôles exercés par les ovaires

Les hormones sécrétées par l'ovaire exercent un rétrocontrôle sur les sécrétions de gonadotropines. A certaines concentrations, les œstrogènes et la progestérone exercent un *rétrocontrôle négatif* de la sécrétion de FSH et LH (fig. 156). La progestérone seule n'inhibe pas, toutefois, la sécrétion des gonadotropines. Par contre, elle renforce l'action des œstrogènes.

L'initiation de la décharge ovulante des gonadotropines est due par contre à un *rétrocontrôle positif* des œstrogènes : elle se produit quand la concentration d'œstradiol dans le sang dépasse environ 200 $pg.ml^{-1}$ durant deux jours (voir les courbes de la figure 153). La petite quantité de progestérone libérée pendant l'augmentation de concentration des gonadotropines qui précède l'ovulation est nécessaire pour une décharge ovulante complète chez la femme.

La question se posait depuis longtemps de savoir si les œstrogènes exerçaient un rétrocontrôle (positif ou négatif) sur l'hypothalamus *ou* sur l'hypophyse ; les arguments expérimentaux sont de plus en plus en faveur d'un rétrocontrôle portant sur l'hypophyse seule.

C'est ainsi la durée du développement folliculaire et la durée de vie des corps jaunes (facteurs lutéotropes et lutéolytiques) qui conditionnent la durée du cycle ovarien. Le système nerveux central a un rôle essentiellement permissif.

Il reste que la variété et la richesse des connexions nerveuses établies entre l'hypothalamus et le reste du système nerveux central sont souvent à l'origine de modulations ou de perturbations importantes du cycle menstruel, en particulier chez la femme.

III. SPERMATOGENÈSE ET PHYSIOLOGIE SEXUELLE MÂLE

Il n'existe pas chez les mâles de cycles sexuels comparables à ceux des femelles, bien qu'une synchronisation des périodes de reproduction soit effective dans toutes les espèces (les variations de la photopériode sont à l'origine des variations d'activité sexuelle chez la plupart des Mammifères ou Oiseaux).

A. *Les spermatozoïdes*

Les spermatozoïdes sont souvent de très petites cellules, contrairement aux ovocytes. Ces cellules ont deux fonctions essentielles :

— apporter un stock haploïde de gènes à l'ovocyte ;
— activer le programme de développement de l'œuf fécondé.

La plupart des spermatozoïdes sont dépourvus d'organites tels que ribosomes, réticulum endoplasmique, appareil de Golgi... mais contiennent de nombreuses mitochondries (fig. 157).

L'ADN contenu dans le noyau du spermatozoïde forme une masse très compacte et n'a aucune activité avant la fécondation. La *vésicule acroso-*

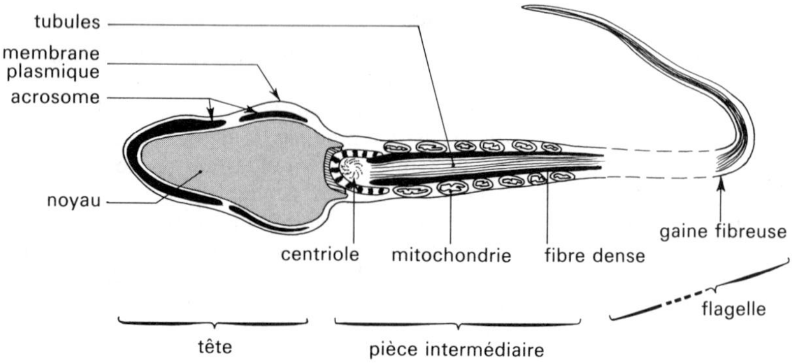

FIG. 157. — *Spermatozoïde de mammifère.*

miale renferme des enzymes hydrolytiques (chez certains Invertébrés, elle contient aussi des protéines spécifiques permettant l'ancrage du spermatozoïde à la membrane ovocytaire), susceptibles d'être libérés par exocytose.

Les mouvements du flagelle dépendent de la production d'ATP par les mitochondries de la pièce intermédiaire ; chez les Mammifères le principal métabolite énergétique est le *fructose*, produit par les vésicules séminales.

B. *Déroulement et contrôle de la spermatogenèse chez les Mammifères*

La production de spermatozoïdes ne commence qu'à la puberté mais elle se déroule alors de manière continue, à l'intérieur des tubes séminifères (fig. 158). Comme chez les femelles, la production de gamètes dépend d'une sécrétion adéquate des gonadotropines hypophysaires (LH et FSH).

Les cellules germinales immatures (*spermatogonies*, diploïdes) sont localisées à la périphérie du tubule et se multiplient par mitoses. Certaines cellules filles cessent de se diviser et se différencient en *spermatocytes primaires*, qui entrent en méiose. La méiose se déroule sans pause et produit deux *spermatocytes secondaires* (haploïdes), puis quatre *spermatides* qui se différencient en spermatozoïdes (cette dernière phase est appelée *spermiogenèse*).

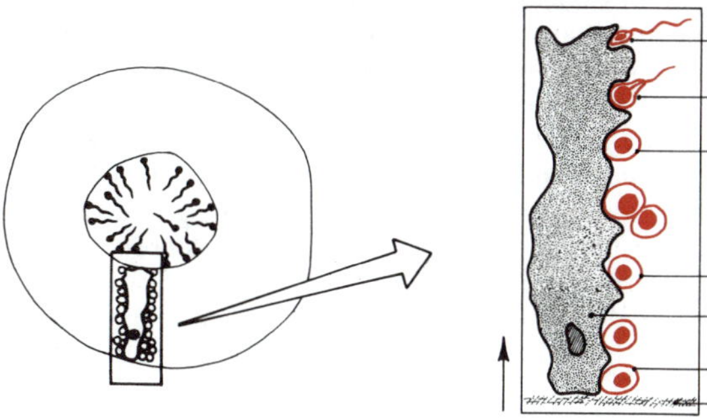

FIG. 158. — *Représentation schématique du déroulement de la spermatogenèse dans un tube séminifère.* La différenciation des cellules est centripète.

Une des particularités physiologiques des cellules germinales mâles est qu'elles ne terminent pas totalement leurs divisions cytoplasmiques, aussi bien lors des mitoses que lors des méioses, et elles restent ainsi unies en une sorte de *syncytium* jusqu'aux derniers stades de la spermiogenèse. Cette situation entraîne une synchronisation des divisions des cellules issues d'une même spermatogonie et des vagues de libération de spermatozoïdes le long des divers tubules séminifères (fig. 159).

Tout au long des diverses phases de la maturation des spermatozoïdes, qui durent quelques semaines chez la plupart des Mammifères (environ dix semaines s'écoulent pour qu'une spermatogonie donne un spermatozoïde chez l'homme), les divers types cellulaires dérivés des spermatocytes primaires restent fichés dans de profondes dépressions des *cellules de Sertoli,* cellules géantes en relation avec la membrane basale du tubule séminifère. On attribue un rôle nutritionnel aux cellules de Sertoli ; les cellules engagées dans la spermatogenèse s'éloignent de la paroi du tubule séminifère et n'ont plus d'accès immédiat aux métabolites circulants (formation d'une barrière hémo-testiculaire).

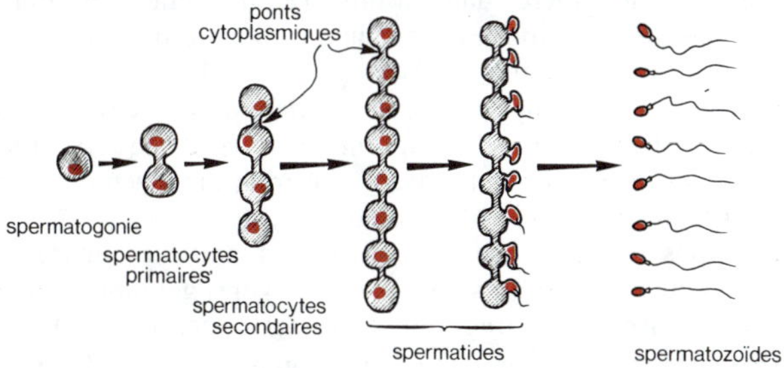

FIG. 159. — *Synchronisation des divisions cellulaires au cours de la spermatogenèse* (explications dans le texte). Dans la réalité, un grand nombre de spermatogonies restent unies par des ponts cytoplasmiques, ce qui explique la synchronisation de la maturation de nombreux spermatozoïdes (vagues spermatogénétiques).

Les cellules de Sertoli ont également une fonction endocrine. Elles sécrètent une hormone, l'*inhibine,* d'autant plus abondamment que la spermatogenèse est plus active (fig. 160). L'inhibine, dont la caractérisation chimique n'est pas achevée, règle la sécrétion de FSH par l'hypophyse. Enfin, sous l'action de la FSH ou/et de la testostérone, les cellules de Sertoli sécrètent une protéine liant les stéroïdes androgènes (*ABP,* pour Androgen Binding Protein = protéine liant les androgènes) qui, par suite d'une grande affinité pour les androgènes assure une forte concentration de testostérone dans la lumière du tubule séminifère, condition vraisemblablement indispensable à la physiologie des cellules du tubule ou de l'épididyme, situé en aval. La sécrétion d'AMH par les cellules de Sertoli est envisagée plus loin.

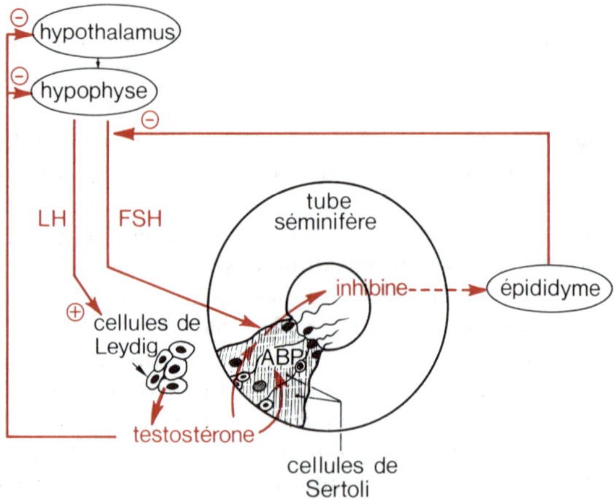

FIG. 160. — *Éléments de régulation de la spermatogenèse.* L'inhibine, libérée dans la lumière des tubules séminifères rejoint la circulation sanguine lors de son transit dans l'épididyme. ABP, protéine liant les androgènes.

Les spermatozoïdes libérés dans la lumière du tubule séminifère ne sont pas matures : ils sont immobiles. Leur maturation se poursuit au cours du transit dans les divers canaux qu'ils empruntent chez le mâle : *rete testis,* épididyme, canaux déférents et canal éjaculateur. Le séjour dans l'épididyme, en particulier, permet aux spermatozoïdes d'acquérir une *motilité « fléchante »,* c'est-à-dire linéaire, alors que plus précocement, les mouvements ont tendance à être circulaires, non orientés.

Dans certaines espèces, les spermatozoïdes doivent encore subir une *capacitation,* acquise lors d'un séjour dans les voies génitales d'une femelle en phase folliculaire (voir paragraphe fécondation, ci-dessous).

Les divers mécanismes régulateurs de la gamétogenèse du mâle par les hormones sont schématisés dans la figure 160.

La gamétogenèse mâle est particulièrement sensible à la température intratesticulaire chez presque tous les Mammifères : la position des testicules dans le *scrotum* leur assure une température de plusieurs degrés inférieure à celle de l'abdomen, situation favorable à la spermatogenèse. La *cryptorchidie*, défaut de migration des testicules dans le scrotum, est la cause d'une involution de toutes les cellules germinales, alors que les cellules de Sertoli et les cellules interstitielles ne sont pas affectées. Cet effet de la température semble être lié à une grande sensibilité thermique des lysosomes des spermatocytes et des spermatides, qui libèrent alors leurs enzymes et provoquent la régression des cellules germinales.

IV. FÉCONDATION ET ASPECTS DE LA PHYSIOLOGIE DU DÉVELOPPEMENT

A. *Fécondation*

La fécondation est la fusion d'un gamète mâle avec un gamète femelle. Elle se produit hors de l'organisme dans de nombreuses espèces (fécondation externe) ou à l'intérieur de l'organisme femelle (fécondation interne). Dans tous les cas, la fusion spécifique du spermatozoïde avec un ovule de la même espèce, et non avec une autre cellule de la femelle, repose sur des mécanismes de reconnaissance d'une grande fiabilité. La matrice extracellulaire entourant l'ovule (zone pellucide) ne peut être traversée que par un spermatozoïde de l'espèce, à quelques exceptions près.

Dans le cas des Mammifères, la *capacitation* des spermatozoïdes est liée à des sécrétions des voies génitales femelles en imprégnation œstrogénique. La capacitation modifie la composition lipidique de la membrane plasmique du spermatozoïde, fait disparaître des protéines de surface acquises dans les voies génitales mâles et permet la libération des enzymes stockées dans l'acrosome. La capacitation de spermatozoïdes humains peut être obtenue par un contact de ceux-ci avec de l'albumine. Cette modification est indispensable à la liaison de la tête du spermatozoïde à une glycoprotéine contenue dans la zone pellucide, après quoi la *réaction acrosomiale* permet une libération des hydrolases contenues dans l'acrosome. Ces enzymes digèrent partiellement la zone pellucide et permettent à la tête du spermatozoïde d'y pénétrer et d'aller fusionner avec la membrane du gamète femelle (fig. 161).

Après fusion des membranes du spermatozoïde et de l'ovule, le noyau du spermatozoïde est rapidement injecté dans l'œuf qui se forme et il y devient un *pronucléus mâle*. La fusion des pronuclei mâle et femelle se fait alors rapidement et l'œuf diploïde commence sa segmentation.

Un seul spermatozoïde peut fusionner avec l'ovule car dès que les membranes sont en contact, il se produit une *réaction corticale* de l'ovule, processus complexe qui fait intervenir une dépolarisation membranaire, des mouvements d'ions Ca^{2+} suivis d'une exocytose massive des *granules corticaux* qui sont situés juste sous la membrane plasmique des gamètes femelles (le

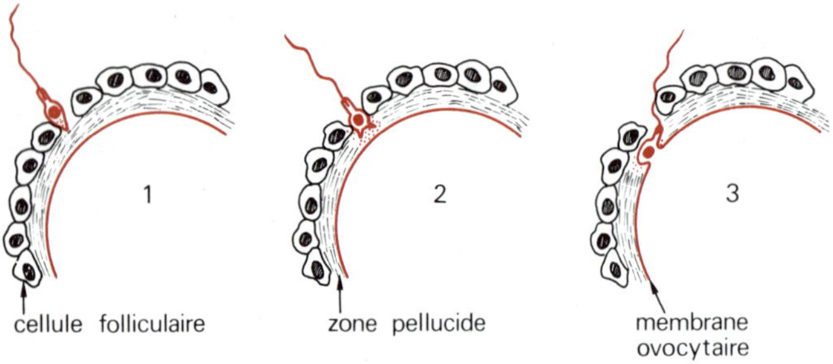

FIG. 161. — *Représentation schématique de la réaction acrosomiale d'un spermatozoïde de Mammifère, au moment de la fécondation.* L'interaction de protéines de la membrane plasmique du spermatozoïde avec une protéine spécifique de la membrane pellucide (1) déclenche la libération des enzymes contenus dans l'acrosome (2). Après pénétration de la tête du spermatozoïde dans la zone pellucide, les membranes plasmiques des gamètes fusionnent (3) et le noyau du spermatozoïde passe dans le cytoplasme ovocytaire. La réaction corticale de l'ovocyte et la reprise de la meiose n'ont pas été figurées ici.

mécanisme est bien connu chez l'oursin, où il se déroule en moins d'une minute, moins bien connu dans d'autres espèces).

B. *Régulations hormonales de la gestation chez les Mammifères*

Les modifications histologiques et fonctionnelles qui affectent l'utérus pendant la deuxième partie du cycle doivent être considérées comme une préparation de la nidation de l'œuf, et par conséquent, les sécrétions hormonales qui les déclenchent sont déjà une forme de contrôle de la gestation.

Dans certaines espèces, le corps jaune se maintient pendant toute la gestation et représente la source d'œstrogènes et progestérone essentielle ; dans d'autres espèces, le corps jaune est relayé en cours de gestation par le *placenta* (c'est le cas chez la femme). Au début de la gestation, l'involution du corps jaune (lutéolyse) ne se produit pas, car une gonadotropine est produite très tôt par l'embryon en développement, la CG (Chorionic Gonadotropin), hormone ayant une activité LH, produite par les *cellules trophoblastiques* dès la première semaine après l'implantation du blastocyste (fig. 162). Chez la femme, cette hormone est l'hCG (« h » pour human) ; elle a permis la mise au point des tests immunologiques précoces de grossesse.

Lors de la croissance du placenta, la production d'hormones stéroïdiennes augmente (fig. 163) alors que la concentration d'hCG diminue. Les hormones stéroïdiennes sont nécessaires à la croissance de l'utérus et au développement des glandes mammaires. Les *œstrogènes* stimulent la croissance de la masse musculaire de l'utérus ; la *progestérone* inhibe la contraction des fibres musculaires lisses de l'utérus, qui ne présentent que de légères fibrillations durant toute la gestation. Œstrogènes et progestérone

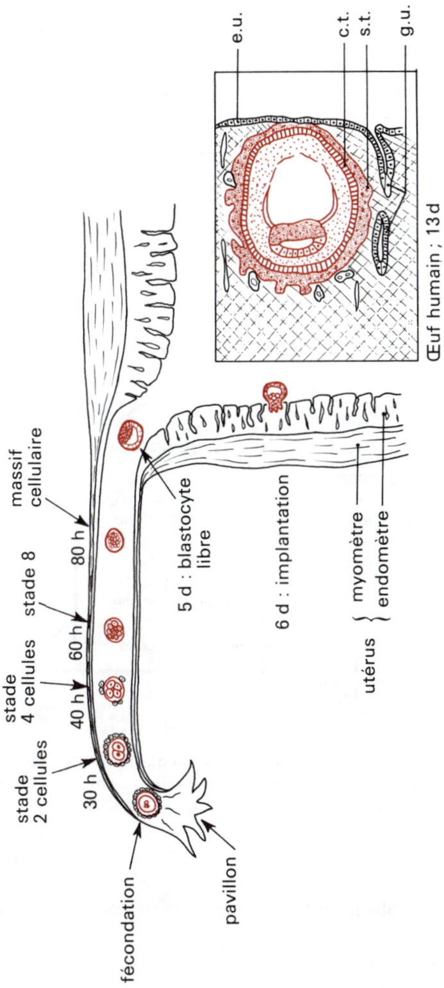

FIG. 162. — *Premiers stades du développement d'un œuf dans les voies génitales de la femme.* Entre 0 et 5 jours (« d » pour *dies*) l'œuf en segmentation transite dans la trompe. Au 6e jour, le blastocyste s'implante dans la muqueuse utérine de la mère. Les cellules qui enveloppent le germe sont appelées trophoblaste (voir *cartouche*) et deux couches cellulaires distinctes se mettent en place : le syncytiotrophoblaste (s.t.) enfoncé dans la muqueuse utérine et le cytotrophoblaste (c.t.), restant en contact avec le bouton embryonnaire ; e.u., épithélium utérin ; g.u., glandes utérines ;

stimulent la formation de nouveaux éléments glandulaires dans la glande mammaire, mais inhibent l'action de la prolactine sur la production du lait.

Le *placenta,* outre ses fonctions dans la nutrition de l'embryon, a de nombreuses actions hormonales : il sécrète l'hCG, la progestérone et des œstrogènes, ainsi que plusieurs molécules ayant des activités biologiques comparables à des hormones hypophysaires :

— la *somatomammotropine chorionique* a des actions trophiques (comparables à celles de l'hormone somatotrope) et lactogènes (comme la prolac-

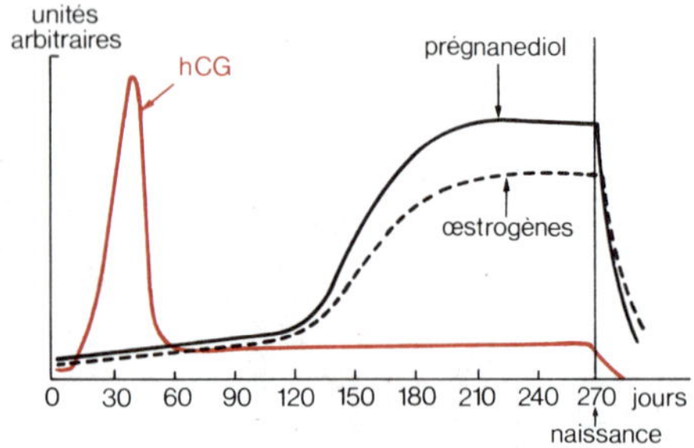

FIG. 163. — *Excrétion urinaire de l'hCG, du pregnanediol (catabolite de la Progestérone) et des œstrogènes au cours de la gestation, chez la femme.*

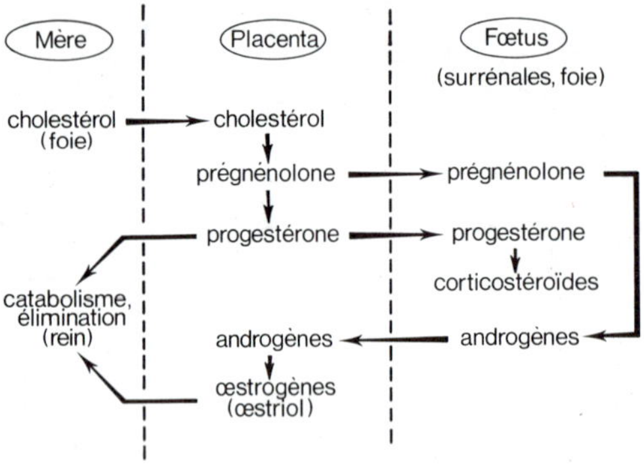

FIG. 164. — *L'unité fœto-placentaire.* Des déficiences enzymatiques du placenta et du fœtus sont à l'origine des transferts des divers précurseurs des hormones stéroïdes. Les taux urinaires d'œstrogènes de la mère sont un indice de la vitalité du fœtus.

tine) ; cette hormone est très abondante dans le sang maternel mais n'atteint guère le fœtus ;

— une *corticotropine placentaire* ;

— une *hormone thyréotrope.*

La synthèse des hormones stéroïdiennes fait l'objet d'une collaboration étroite du placenta et du fœtus *(« unité fœto-placentaire »)* ; les deux formations ont les enzymes complémentaires qui permettent la synthèse de l'*œstriol* en particulier, le plus abondant des œstrogènes produits pendant la gestation (fig. 164).

Les hormones polypeptidiques ne traversent pas la barrière placentaire et, en fin de gestation, le fœtus acquiert progressivement son *autonomie endocrinienne,* toutes les glandes endocrines étant potentiellement fonctionnelles à la naissance (même si leurs mécanismes régulateurs ne sont pas tous efficients).

C. *Différenciation sexuelle des fœtus de Mammifères*

La mise en place d'organes reproducteurs de type mâle ou femelle intervient très tôt au cours du développement, même si la fonction de reproduction ne s'exprime au contraire que tardivement. Chez les Mammifères, les voies génitales se différencient dans le sens mâle ou femelle sous l'influence des gonades précédemment différenciées.

1. *Développement des gonades*

Au moment de la fécondation, l'œuf devient génétiquement mâle ou femelle parce qu'il possède un chromosome Y ou non (sexe génétique). Le sexe gonadique ne s'acquiert que lorsque les ébauches des gonades vont se différencier. Le sexe somatique, ou phénotypique, enfin, s'acquiert après la différenciation des gonades et se détecte ultérieurement (par échographie pendant la grossesse, ou à la naissance chez l'homme).

a. Différenciation des gonades

Il ne semble pas que l'on puisse retenir aujourd'hui les schémas anciens selon lesquels l'ébauche gonadique, qui comprend un cortex (épithélium germinatif) et une médulla, évoluerait :

— en testicule lorsque des cordons sexuels ont bourgeonné et se sont enfoncés vers la région médullaire, où leur développement se continue ;

— en ovaire lorsque la prolifération d'une deuxième génération de cordons sexuels en provenance du cortex remplace les cordons médullaires dégénérés.

Le développement testiculaire a été particulièrement étudié chez le fœtus de rat, où la différenciation devient effective entre 12,5 et 14,5 jours de gestation (la gestation dure 21,5 jours dans cette espèce). Le premier signe de différenciation est l'apparition des cellules de Sertoli primitives, qui augmentent de volume et s'accolent les unes aux autres, en emprisonnant les cellules germinales entre elles. Il se forme alors les *cordons testiculaires,* futurs tubes séminifères. Les cellules interstitielles ne sont pas reconnaissables à ces stades.

La différenciation morphologique de l'ovaire est plus tardive : 16,5 jours de gestation chez le rat. Les « cordons secondaires » des anciens auteurs correspondent à des amas de cellules germinales restant souvent en contact par des ponts cytoplasmiques, et entourées de cellules mésenchymateuses. Les cellules germinales entrent en prophase méiotique à ce moment et les follicules ovariens commencent à se former autour des ovocytes les plus profonds, en méiose. La méiose s'interrompt alors et ne reprendra qu'au moment de l'ovulation, parfois plusieurs dizaines d'années plus tard chez la femme par exemple.

b. Déterminisme de la différenciation des gonades

La différenciation d'une gonade en testicule dépend de la présence du chromosome Y dans les noyaux des cellules ; les souris de sexe XO ne différencient que des ovaires fonctionnels, alors que les souris XXY ne développent que des testicules. Une situation comparable est retrouvée dans l'espèce humaine.

Il semble que la glande génitale des Mammifères suive un programme de différenciation femelle tant qu'un mécanisme dépendant du chromosome Y ne vient pas imposer un développement testiculaire. Cette notion de programme initialement femelle est retrouvée pour le développement des voies génitales (voir ci-dessous).

Un *antigène d'histocompatibilité* (cf. p. 195), l'*antigène H-Y*, glycoprotéine de surface, n'existe que si le génome est porteur du chromosome Y. Il avait été postulé, sans support expérimental réel, que cet antigène était à l'origine de la différenciation de la gonade en testicule, en permettant la reconnaissance des cellules qui s'organisent en tubules séminifères. Il semble que cette hypothèse doive être abandonnée : il existe en effet des souches de souris, porteuses d'un gène Sxr (reversion du sexe) dont les femelles (XX) développent des testicules sans posséder l'antigène H-Y.

2. *Différenciation des voies génitales*

a. Étapes de la différenciation

Les voies génitales des Mammifères se différencient à partir du rein transitoire (mésonéphros). Dans les deux sexes, deux canaux pairs sont issus du mésonéphros (fig. 165) :

— les *canaux de Wolff* relient les reins au sinus urogénital (urospermiductes à ce stade) ;

— *les canaux de Müller* se forment parallèlement aux canaux de Wolff, à partir de l'épithélium de surface du mésonéphros.

Chez le mâle, les canaux de Müller régressent très précocement et ce sont les canaux de Wolff qui forment les canaux déférents (spermiductes).

Chez la femelle, les canaux de Müller persistent et donneront l'oviducte et l'utérus, alors que les canaux de Wolff disparaissent.

b. Rôle des testicules dans la différenciation des voies génitales

Le rôle des gonades fœtales dans la différenciation sexuelle de l'appareil génital a pu être établi par des expériences de castration de fœtus *in utero*, à des stades précoces du développement.

Les travaux initiaux ont été réalisés chez le lapin, qui présente certaines caractéristiques favorables :

- La lapine a une ovulation provoquée par le coït, ce qui permet une datation précise du début de la gestation et par conséquent une grande précision dans la détermination de l'âge des fœtus.
- Les gonades sont différenciées au 14e jour de gestation, alors que les voies génitales se différencient progressivement entre le 20e et le 24e jour de gestation (la gestation dure 32 à 33 jours).
- La taille des fœtus, enfin, autorise les interventions avec un taux de réussite satisfaisant.

Quand la castration est réalisée au 19e jour de gestation, qu'il s'agisse de fœtus mâles ou femelles, l'appareil génital évolue dans le sens femelle (fig.

165), avec développement d'oviductes, cornes utérines, vagin et organes génitaux externes. Le testicule s'oppose donc à l'évolution des voies génitales selon le programme constitutif femelle.

La greffe de testicule fœtal dans un embryon femelle s'oppose à la différenciation des organes génitaux dans le sens femelle en provoquant :

— l'involution des canaux de Müller ;

— le maintien des canaux de Wolff.

Ces deux processus peuvent être dissociés et il a été montré que deux sécrétions hormonales différentes étaient en cause :

— La *testostérone* (ou d'autres androgènes) produite par les cellules interstitielles du testicule déclenche la masculinisation de l'appareil génital mais ne provoque pas la régression des canaux de Müller (alors qu'une greffe de testicule fœtal est efficace sur les deux processus dès que l'ensemble de l'équipement enzymatique permettant la synthèse de testostérone est présent).

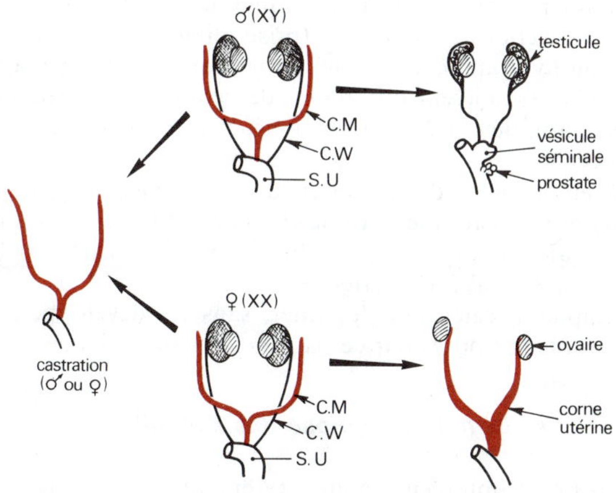

FIG. 165. — *Représentation schématique de la différenciation des conduits génitaux chez le fœtus de lapin.* C.M., canal de Muller ; C.W., canal de Wolff ; S.U., sinus uro génital.

(D'après divers travaux de A. JOST, 1947-1950.)

— L'*AMH* (« Anti Mullerian Hormone » ou hormone antimullerienne) appelée aussi *MIS* (pour Mullerian Inhibiting Substance) par certains auteurs, est une glycoprotéine sécrétée par les cellules de Sertoli, qui induit la régression des canaux de Müller.

Ces diverses données expérimentales sont totalement en accord avec les données de la pathologie :

— des déficiences enzymatiques congénitales sur la voie de biosynthèse des androgènes conduisent à des perturbations de la masculinisation et à la différenciation d'organes génitaux féminins ;

— dans les syndromes de résistance aux androgènes, les tissus cibles ne sont pas sensibles à la testostérone et les individus sont à des degrés divers incomplètement masculinisés ; dans ces cas, il s'agit vraisemblablement d'un défaut de la protéine réceptrice des androgènes (absente, inactive ?) ;

— les patients dysgénésiques (absence totale de gonades) ont toujours un appareil génital féminin ;

— chez les animaux, enfin, les freemartin sont connus de longue date ; ces jumeaux femelles de vache, de mouton ou de chèvre ont été masculinisés par leur jumeau mâle lorsque leurs circulations placentaires présentent des anastomoses (fréquent dans ces espèces).

V. LE PASSAGE À LA VIE AÉRIENNE AU COURS DU DÉVELOPPEMENT

De nombreux groupes animaux ont colonisé le milieu aérien en développant un certain nombre de caractéristiques physiologiques adaptées aux nécessités des fonctions de nutrition (prise alimentaire, respiration, excrétion, régulation hydrominérale...), de la thermorégulation, de la motricité... selon des modalités souvent différentes de celles qui permettent d'assurer ces fonctions en milieu aqueux. Ceci a été vu à plusieurs reprises dans les pages qui précèdent.

Or, le développement de ces animaux commence toujours en milieu liquide (œuf) et il existe une période de leur développement au cours de laquelle ils acquièrent, plus ou moins brutalement, les caractéristiques physiologiques d'un animal à vie aérienne.

Deux exemples permettront de situer, sans les développer, un certain nombre de problèmes posés par ce passage à la vie aérienne.

A. *La métamorphose des Amphibiens*

Dans le cas des Amphibiens anoures (grenouille par exemple), l'adulte a une vie essentiellement terrestre ; il est tétrapode, il respire par la peau et les poumons, possède un tube digestif court (carnivore) avec une large gueule et une langue de grande dimension, un équipement sensoriel et un système nerveux différents de ceux du têtard ainsi qu'un mode d'excrétion azotée uréotélique (cf. chap. 6).

Le têtard a des caractéristiques très différentes : vie aquatique obligatoire, nageoires, branchies (mais il existe une respiration cutanée en partie fonctionnelle), long tube digestif spiralé (herbivore) renfermant divers symbiontes, petite ouverture buccale, ligne latérale, pigments visuels différents de ceux de l'adulte, ammonotélie (pas d'enzymes du cycle de l'urée).

La *métamorphose* est un processus complexe qui implique une régression progressive des caractéristiques du têtard en même temps que l'acquisition de celles de l'adulte.

Le signal initiateur de la métamorphose est d'origine hypothalamo-hypophysaire et l'on connaît bien l'action des hormones thyroïdiennes dans ce processus. La métamorphose peut être accélérée en administrant des hormones thyroïdiennes au têtard (obtention de grenouilles naines) ou définitivement supprimée en pratiquant l'ablation de l'hypophyse ou de la thyroïde (les têtards continuent de croître).

La prolactine facilite la croissance des têtards mais elle inhibe la métamorphose.

B. *Naissance des Mammifères*

Le degré de maturité des Mammifères nouveau-nés est très variable selon les espèces ; un cobaye nouveau-né peut être séparé de sa mère immédiatement et avoir une vie autonome, alors que les jeunes rats par exemple naissent sans poils, les yeux fermés, et totalement incapables d'assurer leur thermorégulation (fig. 166). Tous les Mammifères doivent pourtant faire face au nouvel environnement dans lequel ils sont placés : respiration aérienne

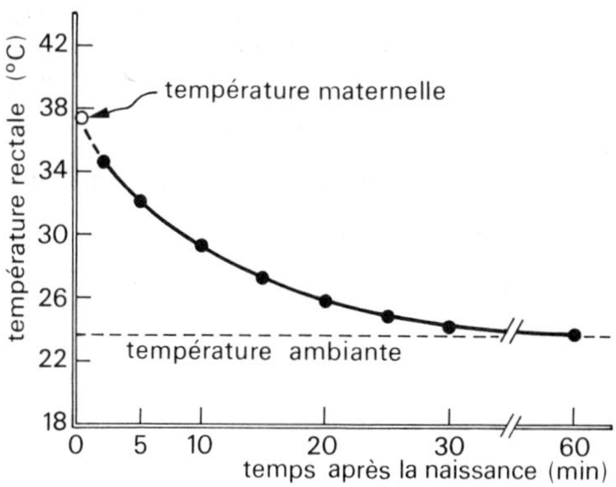

FIG. 166. — *Évolution de la température rectale de rats nouveau-nés placés à 24 °C dès la naissance.* (D'après Kervran *et al.*, 1976, *Diabetes,* 25, 1026-1030.)

(alors que les échanges gazeux respiratoires étaient assurés au niveau du placenta) changement de température, exposition à la lumière, aux sons non filtrés, action de la pesanteur, contact avec des objets solides, deshydratation cutanée... Tout ceci laisse penser que le *stress* de la naissance est probablement l'un des plus importants qu'un organisme puisse expérimenter.

L'adaptation du jeune organisme à ces nombreuses nouveautés physiologiques commence avant la naissance (mouvements respiratoires *in utero,* déglutitions, synthèse de surfactant pulmonaire, mise en place des activités enzymatiques du cycle de l'urée, etc.) mais certaines modifications sont acquises uniquement lors du passage à la vie aérienne, telles les modifications circulatoires qui accompagnent le changement de mode respiratoire (fig. 167) ou les adaptations métaboliques et endocrines qui permettent de faire face à la cessation brutale de tout apport de nutriments puis au changement de mode d'alimentation lorsque la têtée commence.

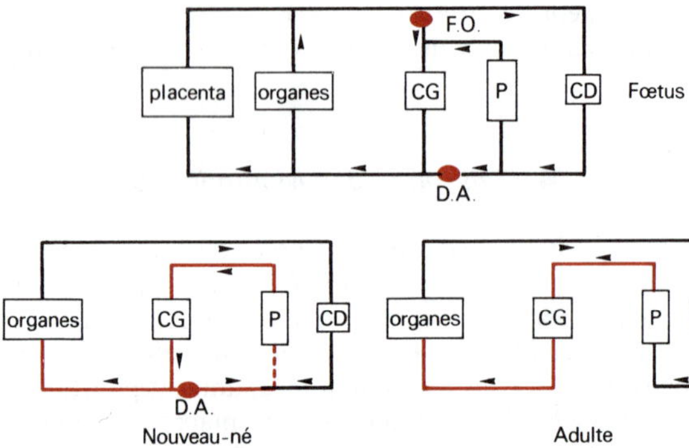

FIG. 167. — *Modifications circulatoires, à la naissance, chez un Mammifère.* Chez le fœtus, les deux ventricules travaillent en parallèle et conduisent le sang des veines vers les artères. A la naissance, le foramen ovale (F.O.) se ferme dès que le cordon ombilical n'est plus irrigué. Lorsque le *ductus artériosus* (D.A.) est fermé, la circulation de l'adulte est acquise et les ventricules travaillent en série.
C.G., cœur gauche ; P., poumon ; C.D., cœur droit.
(D'après BORN, G. V. *et al., Cold Spr. Harb. Symp. quant. Biol.,* **19,** 102-108, 1954.)

ANNEXE 1

Représentation schématique des diverses étapes du catabolisme conduisant des aliments aux produits de déchet terminaux

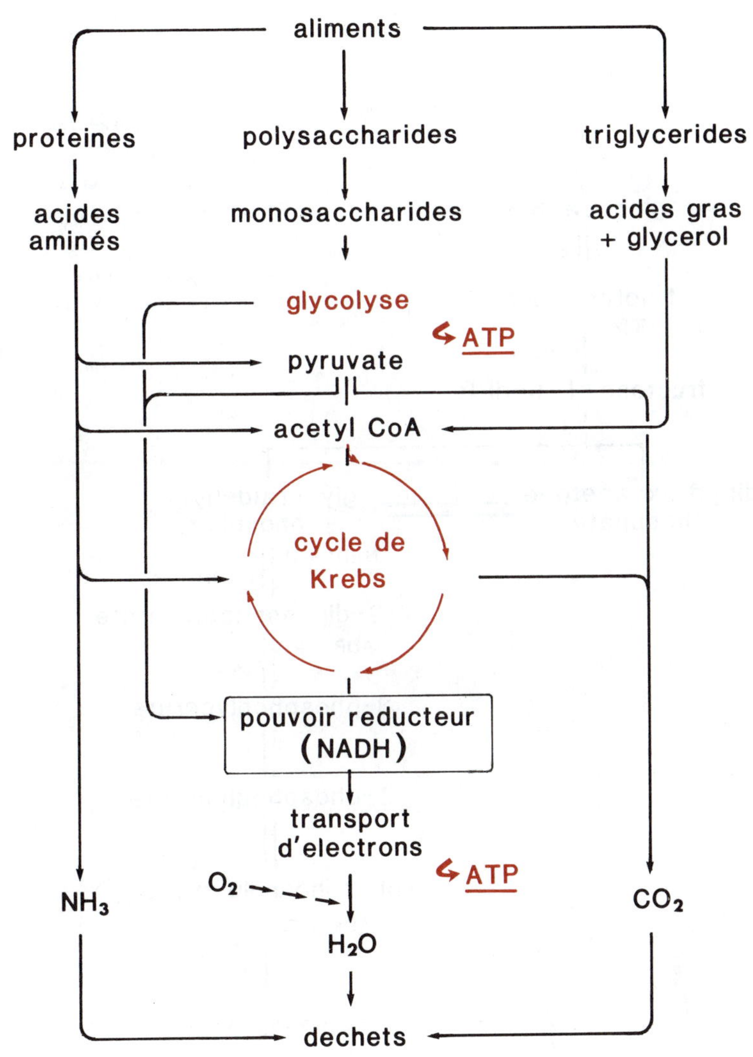

ANNEXE 2

Voie de la glycolyse

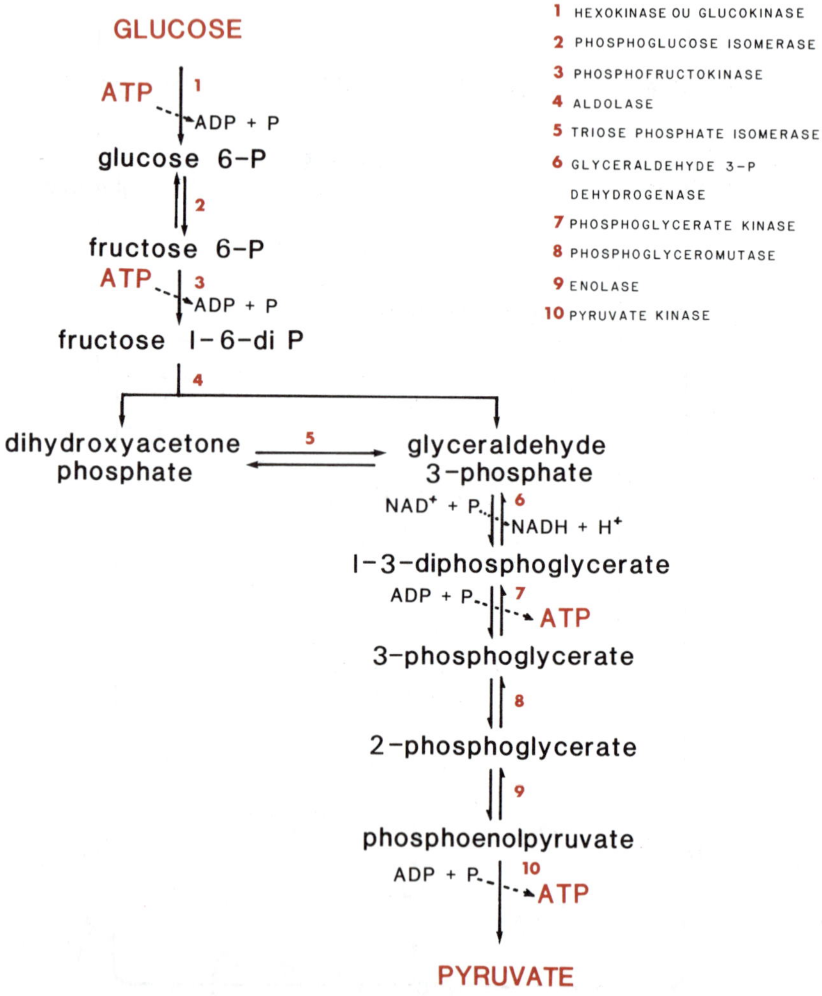

ANNEXE 3

Relations entre les voies de la glycogénolyse et de la gluconogenèse (GNG)

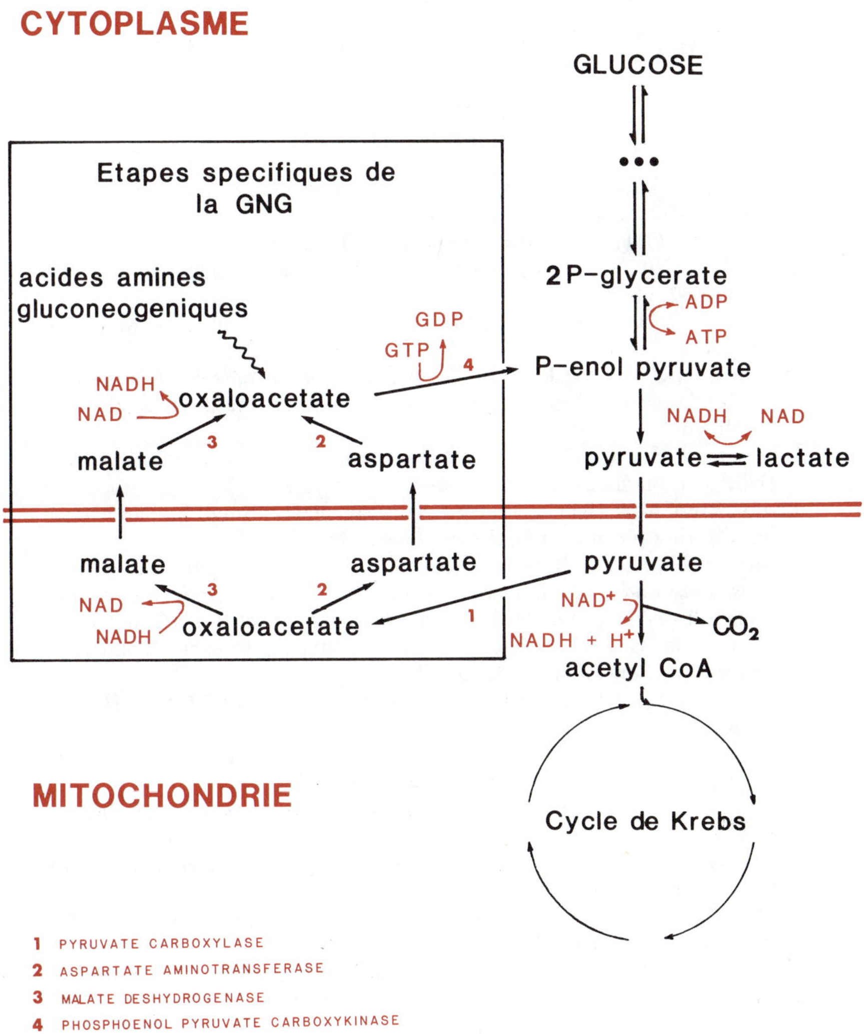

LECTURES CONSEILLÉES ET PRINCIPALES RÉFÉRENCES

ALBERTS, B., BRAY, D., LEWIS, J., RAFF, M., ROBERTS, K. et WATSON, J. D. (1985) : *Molecular biology of the cell,* Garland.

AMOS, W. M. G. (1981) : *Basic immunology,* Butterworths.

BACH, J.-F. (1982) : La reconnaissance du soi et ses dérèglements, *Pour la Science,* **52,** 68-79.

BACH, J.-F. et LESAVRE, Ph. (1981) : *Immunologie,* Flammarion Médecine Sciences.

BONEU, B. et CAZENAVE, J.-P. (1982) : *Introduction à l'étude de l'hémostase et de la thrombose,* Monographie publiée par Laboratoires Boehringer Ingelheim.

BONVALET, J.-P. Edr (1980) : *La fonction rénale : acquisitions et perspectives,* INSERM/Flammarion.

BORREGAARD, N. et HERLIN, T. (1982) : Energy metabolism of human neutrophils during phagocytosis, *J. Clin. Invest.,* **70,** 550-557.

BRAUTBAR, N., LEE, D. B. N. et KLEEMAN, C. R. : *The divalent ions ; calcium, phosphorus and magnesium and vitamin D ;* pp. 441-526 *in* Contemporary Metabolism, *vol. 2,* Edr N. Freinkel, Plenum Medical Book Company.

BRENGELMANN, G. L. (1983) : Circulatory adjustments to exercice and heat stress, *Ann. Rev. Physiol.,* **45,** 191-212.

CHAPMAN, R. F. (1982) : *The Insects : structure and function,* 3rd ed, Hodder & Stoughton.

CHRISTENSEN, N. J. et GALBO, H. (1983) : Sympathetic nervous activity during exercise, *Ann. Rev. Physiol.,* **45,** 139-153.

DEJOURS, P. (1981) : *Principles of comparative respiratory physiology,* 2nd ed, Elsevier.

DURCHON, M. et JOLY, P. (1978) : *L'endocrinologie des Invertébrés,* Presses Universitaires de France.

EPSTEIN, I., KUSTIN, K., DE KEPPER, P. et ORBÁN, M. (1983) : Les réactions chimiques oscillantes, *Pour la Science,* **67,** 69-79.

GALIFRET, Y. (1974) : *Sensibilité,* Encyclopedia Universalis, t. XVI, 873-882.

GANONG, W. F. (1985) : *Review of Medical Physiology,* 12th ed, Lange Medical Publications.

GINET, R. et ROUX, A. L. (1974) : *Les plans d'organisation du règne animal,* Doin.

GIRARD, J. et ASSAN, R. (1979) : *Régulation intracellulaire du métabolisme des substrats énergétiques,* Pathologie médicale, 2e éd. G. Tchobroutsky et B. Guy-Grand edrs., t. 11, pp. 31-69, Flammarion Médecine Sciences.

GIRARD, J.-P. et PAYAN, P. (1980) : Ion exchanges through respiratory and chloride cells in freshwater — and seawater — adapted teleosteans — *Am. J. Physiol.,* **238** (Regulatory Integrative Comp. Physiol. 7) : R 260-R 268.

HAINSWORTH, F. R. (1981) : *Animal Physiology — Adaptations in function,* Addison Wesley.

HANOUNE, J. (1977) : *Les régulations métaboliques* in Physiologie Humaine, Ph. Meyer edr, pp. 55-93, Flammarion Médecine Sciences.

HERS, H. G. et HUE, L. (1983) : Gluconeogenesis and related aspects of glycolysis, *Ann. Rev. Biochem,* 617-653.

HUDSPETH, A. (1983) : Les cellules ciliées de l'oreille interne, *Pour la Science,* **65,** 22-35.

JOST, A. (1980) : *Différenciation sexuelle* in Développement prénatal normal et pathologique, A. Boué, R. Henrion et G. David edrs, pp. 287-304, Flammarion Médecine Sciences.

JOUVENTIN, P., LE MAHO, Y. et MOUGIN, J.-L. (1980) : Les Manchots, *Pour la Science,* **30,** 79-91.

KLUGER, M. J. (1981) : La fièvre, *La Recherche,* **12,** 688-696.

LEDER, Ph. (1983) : L'origine génétique de la diversité des anticorps, *Pour la Science,* **67,** 81-92.

LEHNINGER, A. L. (1972) : *Bioénergétique,* Ediscience.

LEHNINGER, A. L. (1982) : *Principles of Biochemistry,* Worth publishers.

MAETZ, J. (1970) : L'équilibre hydrique chez les Téléostéens. Étude de la perméabilité branchiale à l'eau et du rôle de l'intestin dans l'osmorégulation en rapport avec la salinité du milieu externe, *Bulletin d'Informations Scientifiques et Techniques du Commissariat à l'Énergie Atomique,* **146,** 21-43.

MARTIN, D. W. Jr., MAYES, P. A. et RODWELL, V. W. (1985) : *Précis de Biochimie de Harper,* 6e éd., Presses de l'Université Laval/Éditions Eska.

MOOG, F. (1982) : La paroi de l'intestin grêle, *Pour la Science,* **51,** 25-35.

MUTT, V. (1982) : Gastrointestinal hormones : a field of increasing complexity, *Scand. J. gastroenterol.,* supp. 77, 133-152.

NELSON, G. E. et ROBINSON, G. G. (1982) : *Fundamental concepts of biology,* 4th ed, Wiley.

NEWSHOLME, E. A. et START, C. (1976) : *Regulation in metabolism,* Wiley.

PEUSNER, L. (1974) : *Concepts in bioenergetics,* Prentice, Hall.

POHL, C. R. et KNOBIL, E. (1982) : The role of the central nervous system in the control of ovarian function in higher-primates, *Ann. Rev. Physiol.,* **44,** 583-593.

PORTET, R. (1983) : Le tissu adipeux brun, *Pour la Science,* **66,** 64-71.

PRIGOGINE, I. (1972) : La thermodynamique de la vie, *La Recherche,* **3,** 547-562.

ROBINSON, S. (1980) : *Physiology of muscular exercise in* Medical Physiology, 14th ed., Mountcastle edr, pp. 1387-1416, Mosby Cy.

ROITT, I., BROSTOFF, J. et MALE, D. (1985) : *Immunologie fondamentale et appliquée,* MEDSI.

SADLEIR, R. M. F. S. (1973) : *Cycles and seasons in* Reproduction in Mammals, vol. 1, C. R. Austin and R. V. Short edrs, Cambridge University Press.

SCHMIDT-NIELSEN, K. (1979) : *Animal Physiology.* Cambridge University Press.

STRYER, L. (1985) : *La Biochimie,* Flammarion Médecine Sciences.

TEPPERMAN, J. (1980) : *Metabolic and endocrine physiology,* 4th ed., Year Book Medical Publishers.

THIBAULT, C. et LEVASSEUR, M.-C. (1979), *La fonction ovarienne chez les Mammifères,* Masson.

VANDER, A. J., SHERMAN, J. H. et LUCIANO, D. S. (1985) : *Human physiology — The mechanisms of body function,* 4th ed., Mc Graw Hill.

WAHREN, J. (1979) : *Metabolic adaptation to physical exercise in man in* Endocrinology, L. J. de Groot *et al* edrs, pp. 1911-1926, Grune and Stratton.

WEIR, D. M. (1980) : *Immunologie — Les bases fondamentales et chimiques,* MEDSI.

WILSON, J. A. (1979) : *Principles of animal physiology,* 2nd ed, Collier McMillan.

ZUCKER, M. (1980) : Plaquettes sanguines et coagulation, *Pour la Science,* **34,** 37-48.

INDEX

B

D

E

F

I

Q

R

S

T

4ᵉ tirage

MASSON Éditeur
120, boulevard Saint-Germain
75280 Paris Cedex 06
Dépôt légal : avril 1997

SNEL S.A.
rue Saint-Vincent 12 - B-4020 Liège
tél. 32(0)4 343 76 91 - fax 32(0)4 343 77 50
mars 1997